荣获中国石油和化学工业优秀教材奖
应用型人才培养"十四五"规划教材

建筑设备
施工与识图

汤万龙　主　编
胡世琴　副主编

第三版

化学工业出版社

·北京·

内容简介

本书系统地介绍了工程造价、建筑工程技术、工程监理等专业及其他非设备类专业所涉及的建筑设备施工和识图等主要内容。本书分为建筑给水工程施工，建筑排水工程施工，供热工程施工，通风空调工程施工，建筑给水排水、供暖及通风空调工程施工图识读，建筑电气设备施工，建筑供配电及照明工程施工，建筑电气施工图识读共八个单元；采用了现行的国家最新规范和行业标准。

本书开发了配套的视频资源，可通过扫描书中二维码获取。

本书适用于应用型本科、高等职业教育工程造价、建筑工程技术、建设工程监理等专业的教学用书，也可作为相关专业的师生及技术人员学习参考用书。

图书在版编目（CIP）数据

建筑设备施工与识图/汤万龙主编. —3 版. —北京：化学工业出版社，2021.5（2023.1重印）
ISBN 978-7-122-38680-9

Ⅰ.①建… Ⅱ.①汤… Ⅲ.①房屋建筑设备-建筑安装-工程施工-教材②房屋建筑设备-建筑安装-建筑制图-识图-教材 Ⅳ.①TU8②TU204.21

中国版本图书馆 CIP 数据核字（2021）第 043448 号

责任编辑：李仙华 王文峡　　　　　　　装帧设计：史利平
责任校对：王素芹

出版发行：化学工业出版社（北京市东城区青年湖南街13号　邮政编码100011）
印　　装：三河市延风印装有限公司
787mm×1092mm 1/16　印张17¼　字数425千字　2023年1月北京第3版第3次印刷

购书咨询：010-64518888　　　　　　　　售后服务：010-64518899
网　　址：http://www.cip.com.cn
凡购买本书，如有缺损质量问题，本社销售中心负责调换。

定　　价：49.80元　　　　　　　　　　　　　　　　　　　　版权所有　违者必究

编审委员会

顾　　　问	杜国城	高职高专土建类专业教学指导委员会施工类专业分委员会主任
主 任 委 员	李宏魁	河南建筑职业技术学院
副主任委员	魏鸿汉	天津市建筑工程职工大学
	黄兆康	广西建设职业技术学院
	张　伟	深圳职业技术学院

委　　　员（按姓名笔画排序）

王　辉	河南建筑职业技术学院
王永正	天津国土资源和房屋职业学院
白丽红	河南建筑职业技术学院
冯光灿	成都航空职业技术学院
朱　缨	河南建筑职业技术学院
刘正武	湖南城建职业技术学院
刘建伟	天津轻工职业技术学院
刘振华	宁夏建设职业技术学院
刘晓敏	黄冈职业技术学院
汤万龙	新疆建设职业技术学院
孙　刚	日照职业技术学院
苏　炜	中州大学
李会青	深圳职业技术学院
李宏魁	河南建筑职业技术学院
李社生	甘肃建筑职业技术学院
何世玲	开封大学
张　伟	深圳职业技术学院
张　健	四川电力职业技术学院
张　曦	四川建筑职业技术学院
张立秋	北京电子科技职业学院
陈　刚	广西建设职业技术学院
陈　栩	成都航空职业技术学院
周明月	河南建筑职业技术学院
周和荣	四川建筑职业技术学院
段永萍	青海建筑职业技术学院
侯洪涛	济南工程职业技术学院
桂顺军	青海建筑职业技术学院
贾莲英	湖北城市建设职业技术学院
高秀玲	天津城市建设管理职业技术学院
黄兆康	广西建设职业技术学院
梁晓丹	浙江建设职业技术学院
童　霞	河南建筑职业技术学院
魏鸿汉	天津市建筑工程职工大学

前·言

本教材第一版自 2010 年 9 月出版以来,在全国相关专业院校被普遍选用,受到学院、教师、学生的一致好评。2012 年被评为中国石油和化学工业出版物奖(教材奖)一等奖。为了使教材体现"四新"内容,贴近工程实际,2014 年教材第二版出版发行。

现根据需要,对教材第二版进行修订,本次修订保留了原教材课程教学与学生认知规律相结合、理论与实际相结合、学生能力与岗位能力相对接、注重针对性和实用性的特点;增加了国家 2014 年 8 月以来新出版的《工业建筑供暖通风与空气调节设计规范》(GB 50019—2015)、《通风与空调工程施工质量验收规范》(GB/T 50243—2016)、《建筑电气工程施工质量验收规范》(GB 50303—2015)等新规范;删除了不适合建筑工程技术专业特点的相关内容,以及已废止的图形符号、淘汰的直埋电缆敷设要求和避雷线的导线材料等与现行规范不相符的内容。同时教材注重传授节水、节能和环保的思想理念。另外对设备施工过程、工程图识读部分的内容进行了细化和提升,采用视频、动画、仿真等现代技术手段表现施工过程和识图部分的难点和重点,便于学生理解所学的知识和技能,为学生后期学习安装工程预算、建筑工程施工、工程监理等奠定良好的基础。可通过扫描书中二维码查看视频、动画等丰富的数字资源。

本书由汤万龙任主编,胡世琴任副主编。其中绪论、单元三、单元四由新疆建设职业技术学院汤万龙编写;单元一、单元二由新疆建设职业技术学院胡世琴编写;单元五由乌鲁木齐市建设工程质量监督站张小英编写;单元六~单元八由新疆建设职业技术学院张军和齐斌共同编写。

为强化教学,另编有《建筑设备学习指导与练习》,可配套使用。

本书提供有多媒体课件、电子教案、图片素材库,可登录网址 www.cipedu.com.cn 免费获取。

由于编者水平有限,书中不足之处恳请读者批评指正。

编　者
2021 年 3 月

第一版前言

本书根据全国高职高专教育土建类专业教学指导委员会制定的建筑工程技术专业培养标准和培养方案的基本要求编写，参考学时数为 50~60 学时。

"建筑设备施工与识图"是一门实践性很强的课程。教材的编写针对高职高专的培养目标、教学需求、学生特点、专业和课程特点等，力求使教材的编写体例、内容有较大改变，注重该门课程教学与学生认知过程相结合；注重理论与实际相结合；注重与岗位能力的对接，并融入了最新规范和标准以及编者长期的专业教学实践和经验，教学内容体现了针对性强，实用性好的特点。

本书由新疆建设职业技术学院汤万龙主编，胡世琴任副主编。其中绪论、单元三、单元四由新疆建设职业技术学院汤万龙编写；单元一、单元二由新疆建设职业技术学院胡世琴编写；单元五由乌鲁木齐市建设工程质量监督站张小英编写；单元六、单元七、单元八由新疆建设职业技术学院张军和齐斌共同编写。

由于编者水平有限，加之时间仓促，书中不足之处恳请读者批评指正。

本书提供有 PPT 电子教案，可发信到 cipedu@163.com 免费获取。

编 者
2010 年 5 月

第二版前言

本书根据全国高职高专教育土建类专业教学指导委员会制定的建筑工程技术专业培养标准和培养方案的基本要求编写，参考学时数为 50～60 学时。

第一版教材自 2010 年 9 月出版以来，在全国相关专业高等职业院校被普遍选用，受到学院、教师、学生的一致好评。2012 年荣获中国石油和化学工业出版物奖（教材奖）一等奖。

本次修订在第一版的基础上，融入了《民用建筑节水设计标准》（GB 50555—2010）、《建筑给水排水制图标准》（GB/T 50106—2010）、《建筑电气制图标准》（GB/T 50786—2012）、《住宅建筑电气设计规范》（JGJ 242—2011）和《智能建筑工程施工规范》（GB 50606—2010）等新规范，纳入了叠压供水、地源热泵、太阳能空调等新技术；新增了变配电所对土建专业的要求、新型照明光源、矿物绝缘电缆、电缆隧道内敷设、高层建筑防侧击和等电位连接、供电系统接地形式、施工现场电气消防技术要求、火灾探测器的安装及布线、通信及传输设备的安装等内容。删除了不适合建筑工程技术专业特点的相关内容：如热水的温度标准和热水管道布置等，以及已废止的图形符号、淘汰的直埋电缆敷设要求和避雷线的导线材料等与现行规范不相符的内容，并且对原教材进行了纠错补缺。本次修订不仅保留了原教材注重课程教学与学生认知过程相结合，理论与实际相结合，学生能力与岗位能力相对接，注重针对性和实用性的特点，而且更加突出了节水、节能和环保的理念。

本书由新疆建设职业技术学院汤万龙主编，胡世琴任副主编。其中绪论、单元三、单元四由新疆建设职业技术学院汤万龙编写；单元一、单元二由新疆建设职业技术学院胡世琴编写；单元五由乌鲁木齐市建设工程质量监督站张小英编写；单元六、单元七、单元八由新疆建设职业技术学院张军和齐斌共同编写。

由于编者水平有限，书中不足之处恳请读者批评指正。

本书提供多媒体课件、建筑设备辅导与练习册、电子教案和图片素材库，可发信到 cipedu@163.com 免费获取。

编　者

2014 年 4 月

目 录

绪 论 1

单元一　建筑给水工程施工 3

　　课题 1 ▶ 建筑给水系统的分类及组成 ………………………………………… 4
　　课题 2 ▶ 建筑给水系统常用管材、管件、附件与连接方法 ………… 5
　　课题 3 ▶ 建筑给水系统的给水方式及常用设备 ……………………… 14
　　课题 4 ▶ 建筑热水供应系统 ……………………………………………… 18
　　课题 5 ▶ 建筑给水系统安装 ……………………………………………… 20

单元二　建筑排水工程施工 42

　　课题 1 ▶ 建筑排水系统的分类及组成 ……………………………………… 42
　　课题 2 ▶ 建筑排水系统常用管材、管件及卫生器具 ………………… 45
　　课题 3 ▶ 屋面雨水排水系统 ……………………………………………… 49
　　课题 4 ▶ 建筑排水系统安装 ……………………………………………… 52

单元三　供热工程施工 68

　　课题 1 ▶ 供暖系统的组成及分类 ………………………………………… 69
　　课题 2 ▶ 室内供暖系统的系统形式 ……………………………………… 69
　　课题 3 ▶ 室内供暖工程施工 ……………………………………………… 74
　　课题 4 ▶ 散热器与辅助设备安装 ………………………………………… 78
　　课题 5 ▶ 地面辐射供暖施工 ……………………………………………… 86
　　课题 6 ▶ 热泵 ……………………………………………………………… 93
　　课题 7 ▶ 室内燃气管道安装 ……………………………………………… 96

单元四 通风空调工程施工　　103

- 课题1 ▶ 通风空调系统的分类及组成 …………………………… 104
- 课题2 ▶ 通风空调系统管道的安装 ……………………………… 106
- 课题3 ▶ 通风空调系统设备的安装 ……………………………… 111
- 课题4 ▶ 高层建筑防烟排烟 …………………………………… 116
- 课题5 ▶ 管道防腐与保温 ……………………………………… 119
- 课题6 ▶ 太阳能空调系统 ……………………………………… 123

单元五 建筑给水排水、供暖及通风空调工程施工图识读　　129

- 课题1 ▶ 建筑给水排水工程施工图 ……………………………… 130
- 课题2 ▶ 建筑供暖工程施工图 ………………………………… 137
- 课题3 ▶ 建筑给水排水及供暖工程施工图识读实训 …………… 139
- 课题4 ▶ 通风空调工程施工图 ………………………………… 150
- 课题5 ▶ 通风空调工程施工图识读实训 ………………………… 153

单元六 建筑电气设备施工　　163

- 课题1 ▶ 建筑电气设备、系统的分类及基本组成 ……………… 163
- 课题2 ▶ 建筑电气设备的构成及施工 …………………………… 178

单元七 建筑供配电及照明工程施工　　194

- 课题1 ▶ 供配电系统 …………………………………………… 195
- 课题2 ▶ 建筑电气照明 ………………………………………… 209
- 课题3 ▶ 建筑施工现场临时用电 ……………………………… 225
- 课题4 ▶ 建筑物防雷和安全用电 ……………………………… 229

单元八 建筑电气施工图识读　　246

- 课题1 ▶ 建筑电气施工图 ……………………………………… 246
- 课题2 ▶ 建筑电气施工图识读实训 …………………………… 253

参考文献　　266

配套资源目录

编号	资源名称	资源类型	页码
二维码 1-1	给水常用管材、管件	视频	6
二维码 1-2	升压设备	视频	16
二维码 1-3	加热贮热设备	视频	19
二维码 1-4	给水塑料管的连接	视频	24
二维码 2-1	排水常用管材及管件	视频	45
二维码 2-2	卫生器具安装	视频	56
二维码 3-1	管子调直	视频	74
二维码 3-2	管子切断	视频	74
二维码 3-3	管子套螺纹	视频	74
二维码 3-4	管子煨弯	视频	75
二维码 3-5	管道连接	视频	76
二维码 4-1	常用阀门的安装与检修	视频	108
二维码 6-1	可视化对讲门禁系统	视频	165
二维码 6-2	视频监控子系统	视频	165
二维码 6-3	CO_2 灭火系统演示	动画	166
二维码 6-4	火灾自动报警工作原理	动画	169
二维码 6-5	GST智能疏散系统	动画	169
二维码 6-6	低压断路器工作原理	动画	180
二维码 6-7	变压器结构	动画	183
二维码 7-1	直埋电缆敷设	视频	203
二维码 7-2	电缆桥架安装	视频	204
二维码 7-3	灯具安装	视频	221
二维码 7-4	开关插座安装	视频	222
二维码 8-1	锅炉房配电系统图识读	视频	253
二维码 8-2	锅炉房动力平面图识读	视频	254
二维码 8-3	总配电柜系统图识读	视频	255
二维码 8-4	配电干线系统图识读	视频	256
二维码 8-5	办公楼照明平面图识读	视频	257
二维码 8-6	火灾自动报警系统图识读	视频	259

绪论

一、建筑设备与其他专业的关系

建筑设备是建筑工程的重要组成部分。

建筑设备是指为在建筑物内生活、学习和工作的人们提供整套服务,并保障安全、卫生、舒适的各种设备和设施的总称。建筑设备包括:建筑给水排水及供暖工程,通风空调工程,建筑电气、电梯、智能化工程、燃气工程等。

随着现代科学技术发展,城市高层建筑增多及建筑传统功能不断完善,使现代建筑中的建筑设备系统增大增多且日趋复杂。因此从事建筑类各专业的技术人员均需对建筑设备工程各系统的工作原理和设备功能,以及在建筑物中设置和应用情况有所了解,以便于各专业在建筑工程设计、施工、管理过程中相互对接协调配合,如建筑设备与建筑结构和装饰的关系;建筑设备各工种之间与建筑的关系等,从而确保建筑工程安全、美观、经济、适用。

二、本课程的性质与任务

建筑设备施工与识图是建筑工程技术、工程造价及相关专业的专业基础课程,是一门实践性很强的必修课。其任务是学习建筑设备工程各系统的分类、构成、作用、工作原理、设备功能、布置敷设原则及安装要求;学习建筑给水排水及供暖、通风空调、建筑电气工程施工图的组成、内容和识读方法,从而为做好各专业之间设计、施工、管理协调配合奠定基础,以确保建筑工程的整体质量。

三、本课程的学习方法与要求

本门课程是一门相对独立的课程,但又与其他专业课程有着十分密切的联系。学习时应注意各单元列出的学习目标、学习要点、推荐阅读资料和专业配合注意事项。首先对各单元的学习内容、学习要求有一定了解,再通过听课、实习(训),并结合实际工程和课外阅读资料的学习较全面地掌握学习内容,最终掌握课程理论知识及施工要求,具有协调建筑工程专业关系和分析解决工程问题的能力。

结合课程的特点,课堂教学应重点掌握建筑设备各系统的分类、组成、作用、工作原理、设备功能、布置敷设原则及安装要求;施工图的一般规定、图例、组成及内容和识读方法。教学时可以采用实物展示、模拟实验、真实工程参观、录像等手段,使学生建立系统的概念,并对真实工程有足够的认识。实习实训课结合具体情况在校内实习工厂或按工程进度在施工现场进行,以专业施工基本安装操作技术训练为主,让学生亲自动手完成或参与施工操作环节,提高其动手能力、安全意识和团队协作能力。

施工图的识读训练是提高学生工程能力的重要环节。应遵循由浅入深、由单一到综合的训练方法。可在课堂内通过对施工图及标准图集举例、识读或在课堂外以施工图的绘制进行综合训练，也可结合真实工程施工图对照工程实物识读，从而使学生掌握识读设备施工图的基本要领，提高按图施工的能力和水平。

单元一
建筑给水工程施工

学习目标

了解建筑给水系统的分类、组成、布置与敷设；熟悉建筑给水系统常用管材、管件、附件和常用设备，能根据工程施工进度协调各专业关系。

学习要求

知识要点	能力要求	相关知识
建筑给水系统的分类及组成	了解建筑给水系统任务、分类和组成；掌握建筑给水系统的特点	《生活饮用水卫生标准》(GB 5749—2006)
建筑给水系统常用管材、管件、附件与连接方法	熟悉常用管材、管件、附件的种类、作用和适用条件	《建筑给水铜管管道工程技术规程》(CECS 171:2004) 《建筑给水硬聚氯乙烯管管道工程技术规程》(CECS 41:2004) 《建筑给水塑料管道工程技术规程》(CJJ/T 98—2014)
建筑给水系统的给水方式及常用设备	熟悉建筑给水系统的给水方式、类型和适用条件；了解建筑给水系统的常用设备	建筑给水系统所需水压的估算 《民用建筑节水设计标准》(GB 50555—2010)
建筑热水供应系统	熟悉建筑热水供应系统的分类和组成；了解热水的温度标准和集中热水供应系统管道布置	太阳能热水器的安装和使用
建筑给水系统安装	了解建筑给水系统管路的布置、敷设和安装程序；熟悉施工规范	《建筑给水排水及采暖工程施工质量验收规范》(GB 50242—2002)

课题 1 ▶ 建筑给水系统的分类及组成

建筑给水系统是指通过管道及辅助设备，按照建筑物和用户的生产、生活和消防的需要，把水有组织地输送到用水地点的网络系统。其任务是满足建筑物和用户对水质、水量、水压、水温的要求，以确保用水安全可靠。

一、建筑给水系统的分类

（1）生活给水系统　满足各类建筑物内的饮用、烹调、盥洗、淋浴、洗涤用水，水质必须符合国家规定的生活饮用水水质标准。

（2）生产给水系统　满足各种工业建筑内的生产用水，如冷却用水、锅炉给水等，水质标准满足相应的工业用水水质标准。

（3）消防给水系统　满足各类建筑物内的火灾扑救用水。

以上三类给水系统可独立设置，也可根据需要将其中二类或三类联合，构成生活消防给水系统、生产生活给水系统、生产消防给水系统、生活生产消防给水系统。

二、建筑给水系统的组成

建筑给水系统由以下几部分组成，如图 1-1 所示。

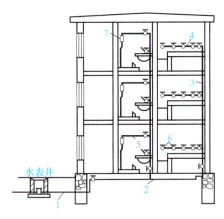

图 1-1　建筑给水系统的组成
1—引入管；2—干管；3—立管；4—横支管；
5—支管；6—水龙头；7—便器冲洗水箱

1. 引入管

引入管是由室外给水管引入建筑物的管段。引入管可随供暖地沟进入室内，或在建筑物的基础上预留孔洞单独引入。必须对用水量进行计量的建筑物，应在引入管上装设水表，水表宜设在水表井内，并且水表前后应装置阀门。住宅建筑物应装设分户水表，且在水表前装置阀门。

2. 给水干管

给水干管是引入管到各立管间的水平管段。当给水干管位于配水管网的下部，通过连接的立管由下向上给水时，称为下行上给式，这时给水干管可直接埋地，或设在室内地沟内或地下室内。当给水干管位于配水管网的上部，通过连接的立管由上向下给水时，称为上行下给式，这时给水干管可明装于顶层的顶棚下面、窗口上面或暗装于吊顶内。

3. 给水立管

给水立管是干管到横支管或给水支管间的垂直管段。给水立管一般设在用水量集中的位置，可明装也可暗装于墙、槽内或管道竖井内。暗装主要用于美观要求较高的建筑物内。

4. 给水横支管

给水横支管是立管到支管间的水平管段。横支管不得穿越生产设备的基础、烟道、风道、卧室橱窗、壁柜、木装修、卫生器具的池槽；不宜穿越建筑伸缩缝、沉降缝，如必须穿过时，应采取相应的技术措施。

5. 给水支管

给水支管是仅向一个用水设备供水的管段。

6. 给水附件

给水管道上的各种阀门和水龙头等。

7. 升压和贮水设备

当室外管网水压不足或室内对安全供水和稳定水压有要求时，需要设置各种辅助设备，如水泵、水箱（池）及气压给水设备等。

课题 2 ▶ 建筑给水系统常用管材、管件、附件与连接方法

一、建筑给水系统常用管材

1. 金属管

（1）焊接钢管　俗称水煤气管，又称为低压流体输送管或有缝钢管。通常用普通碳素钢中钢号为 Q215、Q235、Q255 的软钢制造而成。

按其表面是否镀锌可分为镀锌钢管（又称白铁管）和非镀锌钢管（又称黑铁管）。按钢管壁厚不同又分为普通钢管、加厚管和薄壁管三种。按管端是否带有螺纹还可分为带螺纹和不带螺纹两种。

每根管的制造长度：带螺纹的黑、白钢管为 4～9m；不带螺纹的黑钢管为 4～12m。焊接钢管的直径规格用公称直径"DN"表示，单位为 mm（如 $DN25$）。

普通焊接钢管用于输送流体工作压力小于或等于 1.0MPa 的管路，如室内暖卫工程管道，加厚焊接钢管用于输送工作压力小于或等于 1.6MPa 的管路。

（2）无缝钢管　用于输送流体的无缝钢管用 10、20、Q295、Q345 牌号的钢材制造而成。

按制造方法可分为热轧和冷轧两种。

热轧管外径有 32～630mm 的各种规格，每根管的长度为 3～12m；冷轧管外径有 5～220mm 的各种规格，每根管的长度为 1.5～9m。无缝钢管的直径规格用管外径×壁厚表示，符号为 $D×\delta$，单位为 mm×mm（如 $159×4.5$）。

无缝钢管用作输送流体时，适用于城镇、工矿企业给水排水、氧气、乙炔、室外供热管道。一般直径小于 50mm 时，选用冷轧钢管；直径大于 50mm 时，选用热轧钢管。

（3）铜管　常用铜管有紫铜管（纯铜管）和黄铜管（铜合金管）。紫铜管主要用 T2、T3、T4、Tup（脱氧铜）制造而成。

铜管常用于高纯水制备，输送饮用水、热水和民用天然气、煤气、氧气及对铜无腐蚀作用的介质。

（4）铸铁管　分为给水铸铁管和排水铸铁管两种。给水铸铁管常用球墨铸铁浇铸而成，出厂前内外表面已用防锈沥青漆防腐处理。按接口形式分为承插式和法兰式两种。按压力分为高压、中压和低压给水铸铁管。直径规格均用公称直径表示。承插式给水铸铁管如图 1-2 所示。

高压给水铸铁管用于室外给水管道，中、低压给水铸铁管可用于室外燃气、雨水等管道。

（5）铝塑管　是以焊接铝管为中间层，内、外层均为聚乙烯塑料，采用专用热熔胶，通过挤压成型的方法复合成一体的管材。可分为冷、热水用铝塑管和燃气用复合管。铝塑管常用外径等级为 $D14$、$D16$、$D20$、$D25$、$D32$、$D40$、$D50$、$D63$、$D75$、$D90$、$D110$ 共 11 个等级。

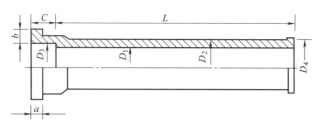

图 1-2 承插式给水铸铁管

2. 非金属管

（1）塑料给水管　是以合成树脂为主要成分，加入适量的添加剂，在一定的温度和压力下塑制成型的有机高分子材料管道。分为给水硬聚氯乙烯管（PVC-U）和给水高密度聚乙烯管（HDPE）两种。直径规格用外径表示。用于室内外（埋地或架空）输送水温不超过 45℃ 的冷热水。

（2）其他非金属管材　给水工程中除使用给水塑料管外，还经常在室外给水工程中使用自应力和预应力钢筋混凝土给水管。直径规格用公称内径表示。

二、建筑给水系统常用管件

各种管道应采用与该类管材相应的专用管件。

1. 钢管件

钢管件是用优质碳素钢或不锈钢经特制模具压制成型的。分为焊接钢管件、无缝钢管件和螺纹管件三类。

（1）焊接钢管件　用无缝钢管或焊接钢管经下料加工而成，常用的有焊接弯头、焊接等径三通和焊接异径三通等，如图 1-3 所示。

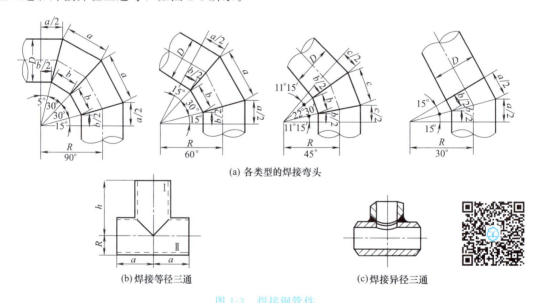

图 1-3 焊接钢管件

（2）无缝钢管件　用压制法、热推弯法及管段弯制法制成。常用的有弯头、三通、四通、异径管、管帽等。常用无缝钢管件如图 1-4 所示。

2. 可锻铸铁管件

可锻铸铁管件在室内给水、供暖、燃气等工程中应用广泛，配件规格为 $DN6 \sim$

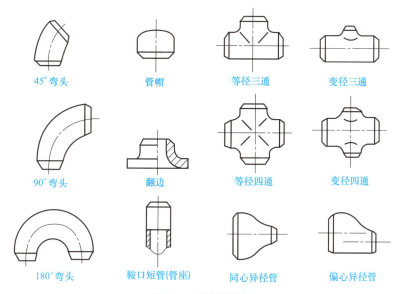

图 1-4 无缝钢管件

DN150，与管子的连接均采用螺纹连接，有镀锌管件和非镀锌管件两类，如图 1-5 所示。

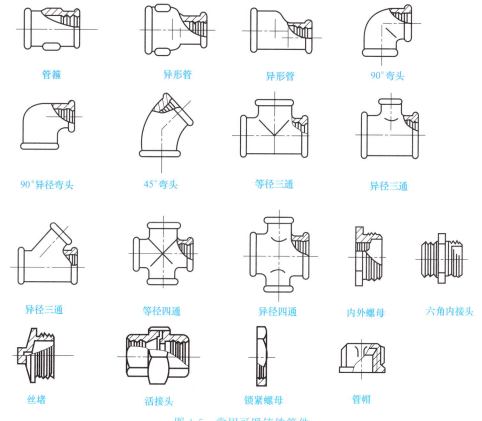

图 1-5 常用可锻铸铁管件

3. 铸铁管件

给水铸铁管件如图 1-6 所示。

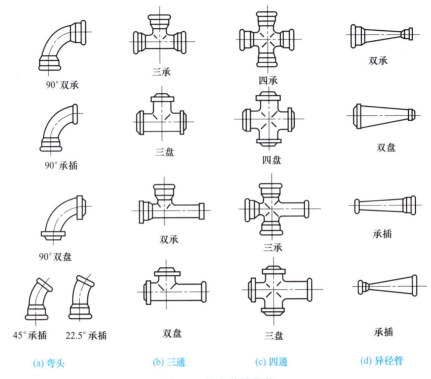

图 1-6　给水铸铁管件

4. 硬聚氯乙烯管件
给水用硬聚氯乙烯管件如图 1-7 所示。

5. 给水用铝塑管件
给水用铝塑管件材料一般是用黄铜制成，采用卡套式连接的管件，如图 1-8 所示。

三、建筑给水系统常用管材、管件的选用与连接方法

(一) 管材、管件的选用

建筑给水管道，应选用耐腐蚀和安装连接方便可靠的管材，可采用塑料给水管、塑料和金属复合管、铜管、不锈钢管及经可靠防腐处理的钢管。高层建筑给水立管不宜采用塑料管。

热水供应系统的管道应选用耐腐蚀和安装连接方便可靠的管材，可采用薄壁铜管、薄壁不锈钢管、塑料热水管、塑料和金属复合热水管等。当采用塑料热水管或塑料和金属复合热水管材时应符合下列要求：

（1）管道的工作压力应按相应温度下的许用工作压力选择；

（2）设备机房内的管道不应采用塑料热水管。

建筑小区室外埋地给水管道采用的管材，应具有耐腐蚀和能承受相应地面荷载的能力，可采用塑料给水管、有衬里的铸铁给水管、经可靠防腐处理的钢管。管内壁的防腐材料，应符合现行的国家有关卫生标准的要求。

(二) 管道的连接方法

1. 螺纹连接

螺纹连接是通过管端加工的外螺纹和管件内螺纹将管子与管子、管子与管件、管子与阀

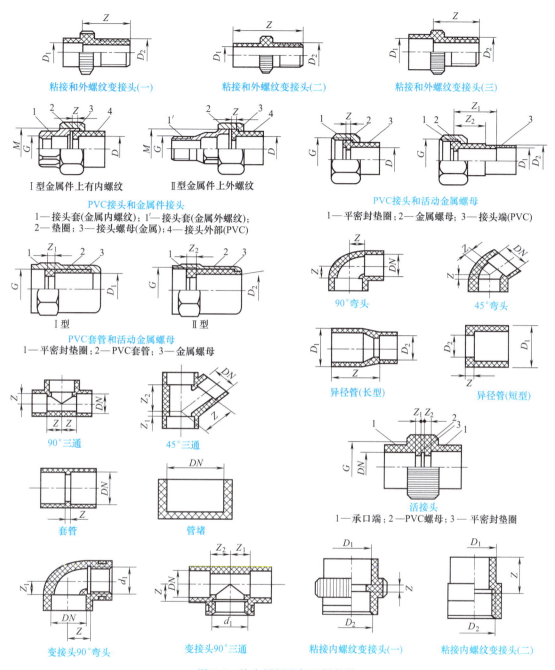

图 1-7 给水用硬聚氯乙烯管件

门紧密连接。它适用于 $DN \leqslant 100mm$ 的镀锌钢管连接，较小管径、较低压力焊接钢管、硬聚氯乙烯塑料管的连接，以及带螺纹的阀门及设备接管的连接。

2. 法兰连接

法兰连接是管道通过连接法兰及紧固件螺栓、螺母的紧固，压紧两法兰中间的法兰垫片而使管道连接起来的一种连接方法。法兰连接是可拆卸接头，常用于管子与带法兰的配件或设备的连接，以及管子需要拆卸检修的场所，如 $DN > 100mm$ 的镀锌钢管、无缝钢管、给水铸铁管的连接。

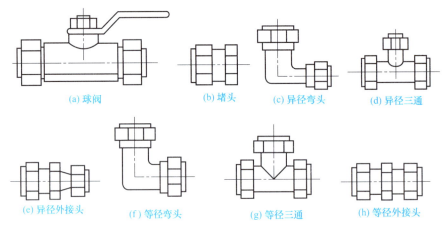

图 1-8 铝塑管的铜阀和铜管件

法兰有螺纹法兰，与管子的连接为螺纹连接，主要用于镀锌钢管与带法兰的附件连接。法兰还有平焊法兰，是管道工程中应用最为普遍的一种法兰，法兰与钢管的连接采用焊接。

3. 焊接连接

焊接连接是管道安装工程中应用最为广泛的一种连接方法。常用于 $DN>32\mathrm{mm}$ 的焊接钢管、无缝钢管、铜管的连接。

4. 承插连接

承插连接是将管子或管件的插口（小头）插入承口（喇叭头），并在其插接的环形间隙内填以接口材料的连接。一般铸铁管、塑料排水管、混凝土管都采用承插连接。

5. 卡套式连接

卡套式连接是由带锁紧螺母和螺纹管件组成的专用接头进行管道连接的一种连接形式，广泛应用于复合管、塑料管和 $DN>100\mathrm{mm}$ 的镀锌钢管的连接。

四、建筑给水系统常用附件

建筑给水系统中的附件是指在管道及设备上的用以启闭和调节分配介质流量压力的装置。有配水附件和控制附件两大类。

1. 配水附件

配水附件用以调节和分配水量，一般指各种冷、热水龙头，如图 1-9 所示。

2. 控制附件

控制附件用以启闭管路、调节水量和水压，一般指各种阀门。

（1）闸阀　其启闭件为闸板，由阀杆带动闸板沿阀座密封面做升降运动，从而切断或开启管路。按连接方式分为螺纹闸阀和法兰闸阀，如图 1-10 所示。

（2）截止阀　其启闭件为阀瓣，由阀杆带动，沿阀座轴线做升降运动，从而切断或开启管路。按连接方式分为螺纹式和法兰式两种。截止阀的构造如图 1-11 所示。

（3）止回阀　其启闭件为阀瓣，利用阀门两侧介质的压力差值自动启闭水流通路，阻止水的倒流。

按连接方式分为螺纹式和法兰式两种，按结构形式分为升降式和旋启式两大类。升降式止回阀结构如图 1-12 所示，旋启式止回阀结构如图 1-13 所示。

底阀也是止回阀的一种，是专门用于水泵吸水口，保证水泵启动、防止杂质随水流吸入泵内的一种单向阀，其类型也有升降式（图 1-14）和旋启式两种。

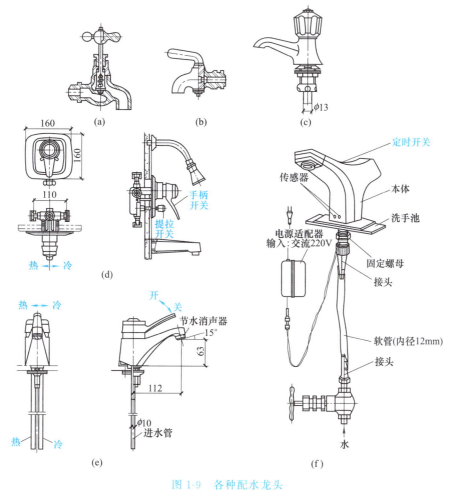

图1-9 各种配水龙头

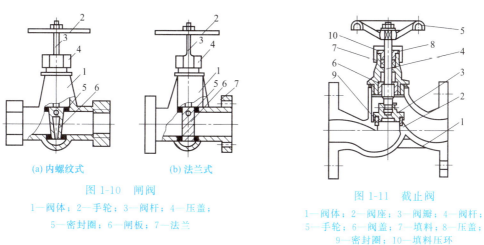

图1-10 闸阀
1—阀体；2—手轮；3—阀杆；4—压盖；
5—密封圈；6—闸板；7—法兰

图1-11 截止阀
1—阀体；2—阀座；3—阀瓣；4—阀杆；
5—手轮；6—阀盖；7—填料；8—压盖；
9—密封圈；10—填料压环

(4) 旋塞阀 其启闭件为金属塞状物，塞子中部有一孔道，绕其轴线转动90°即为全开或全闭。

旋塞阀具有结构简单、启用迅速、操作方便、阻力小的优点，缺点是密封面维修困难，

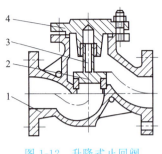 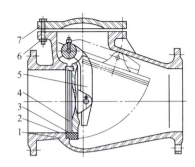

图 1-12　升降式止回阀
1—阀体；2—阀瓣；
3—导向套；4—阀盖

图 1-13　旋启式止回阀
1—阀体；2—阀体密封圈；3—阀瓣密封圈；
4—阀瓣；5—摇杆；6—垫片；7—阀盖

在流体参数较高时旋转灵活性和密封性较差，多用于低压、小口径及介质温度不高的管路中，其结构如图 1-15 所示。

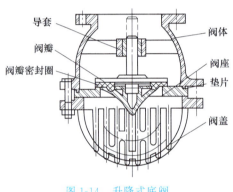 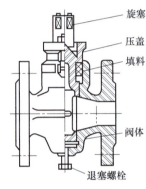

图 1-14　升降式底阀　　　　　　　　图 1-15　旋塞阀

（5）球阀　其启闭件为金属球状物，球体中部有一圆形孔道，操纵手柄绕垂直于管路的轴线旋转 90°即可全开或全闭。

球阀按连接方式分为内螺纹球阀、法兰式球阀和对夹式球阀。内螺纹球阀的结构如图 1-16 所示，法兰式球阀的结构如图 1-17 所示。

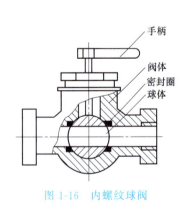 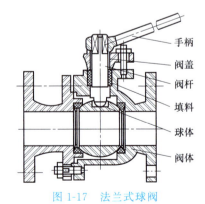

图 1-16　内螺纹球阀　　　　　　　　图 1-17　法兰式球阀

（6）浮球阀　依靠水的浮力自动启闭水流通路，是用来自动控制水流的补水阀门，常安装于需控制水流的水箱或水池内，如图 1-18 所示。

（7）减压阀　是通过启闭件（阀瓣）的节流，将介质压力降低，并依靠介质本身的能量，使出口压力自动保持稳定的阀门。它用于空气、蒸汽设备和管道上。按结构不同分为薄膜式减压阀、弹簧薄膜式减压阀、活塞式减压阀、波纹管式减压阀等。弹簧薄膜式减压阀结构如图 1-19 所示。

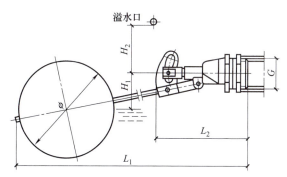

图 1-18　浮球阀结构示意图

（8）安全阀　当管道或设备内的介质压力超过规定值时，启闭件（阀瓣）自动开启，低于规定值时，自动关闭，对管道和设备起保护作用的阀门是安全阀。按其构造分为杠杆重锤式安全阀、弹簧式安全阀、脉冲式安全阀三种。弹簧式安全阀如图 1-20 所示。

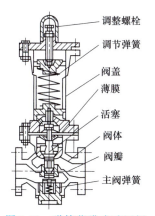

图 1-19　弹簧薄膜式减压阀

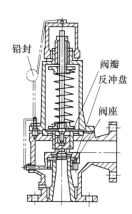

图 1-20　弹簧式安全阀

3. 水表

水表是一种计量用户用水量的仪表。建筑给水系统中广泛应用的是流速式水表。其计量用水量的原理是当管径一定时，通过水表的流量与水流速度成正比。水表计量的数值为累计值。

流速式水表按叶轮构造不同分为旋翼式水表和螺翼式水表两类，如图 1-21 所示。

（1）旋翼式水表　其叶轮轴与水流方向垂直，水流阻力大，计量范围小，多为小口径水表，宜用于测量较小水流量。按计量机构所处的状态分为湿式和干式两种。

（2）螺翼式水表　其叶轮轴与水流方向平行，阻力小，计量范围大，多为大口径水表。按其转轴方向可分为水平式和垂直式两种。垂直式均为干式水表；水平式有干式和湿式两种。

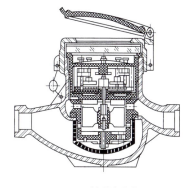
(a) 旋翼式水表

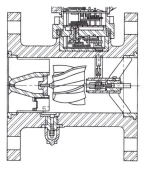
(b) 螺翼式水表

图 1-21　流速式水表

湿式水表的计数机构和表盘均浸没于水中，机构简单，计量较准确,应用较广泛,但只能用于水中不含杂质的管道上。

干式水表的计数机构和表盘与水隔开,当水质浊度高时会降低水表精度,产生磨损,降低水表寿命。

(3) 智能卡付费水表(IC 卡水表) 是采用国际上最新的微功耗大规模集成电路,专用的低功耗电磁阀门和先进的制造工艺制造而成的新一代水表,包含用户预付费、水表自动计量、状态报警提示和防止用户采用非法手段窃水等功能。可广泛应用民用户、集体户及工业大用户,是适应自来水供水管理现代化较为理想的计量器具。

① IC 卡水表系统组成:远传发讯水表(图 1-22)、用户单元(含控制器、显示器)、电磁阀、电源、智能卡(IC 卡)、售水管理软件和水表处理终端。IC 卡水表的系统组成如图 1-23 所示。

图 1-22 远传发讯水表

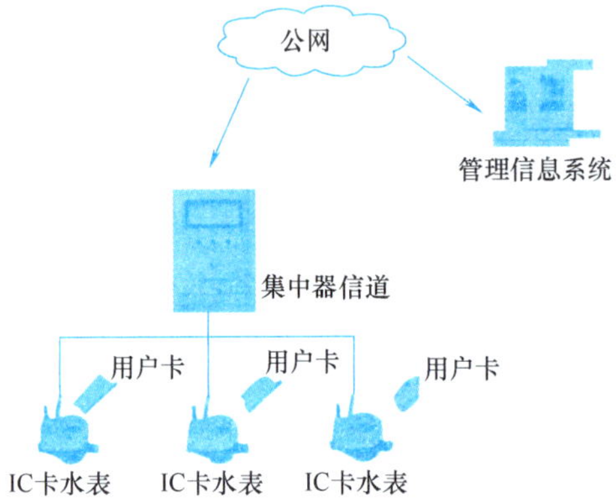

图 1-23 IC 卡水表的系统组成示意图

② 工作原理:自来水流经远传发讯水表,发出表示水量和电脉冲信号到用户单元,用户单元的 IC 卡设定,用户单元表征的实际购水量在用水时做减法,到设定的用水量用完时,系统自动关闭阀门,停止供水。

③ IC 卡水表的主要技术参数:远传发讯水表符合 GB/T 778.1—2018;工作电压为 3.6V(直流,锂电池供电);工作电流小于 30mA(常态)、最大工作电流小于 300mA(瞬间);IC 卡使用次数为 10 万次、使用寿命为 10 年;工作环境为用户单元可在环境温度 $-10℃\sim+40℃$ 范围内工作,水表的使用水温下限不能结冰,一般规定为 $0\sim+40℃$。

课题 3 ▶ 建筑给水系统的给水方式及常用设备

一、建筑给水系统的给水方式

建筑给水方式是根据建筑物的性质、高度、配水点的布置情况以及室内所需水压、室外管网水压和水量等因素而决定的给水系统的布置形式。其常用方式有以下几种。

1. 直接给水系统

建筑物内部只设给水管道系统,不设其他辅助设备,室内给水管道系统与室外给水管网直接连接,利用室外管网压力直接向室内给水系统供水,如图 1-24 所示。

这种给水系统具有系统简单、投资少、安装维修方便,充分利用室外管网水压,供水安全可靠的特点。适用于室外给水压力稳定,并能满足室内所需压力的场合。

2. 设有水箱的给水系统

建筑物内部除设有给水管道系统外，还在屋顶设有水箱，室内给水管道与室外给水管网直接连接。当室外给水管网水压足够时，室外管网直接向水箱供水，再由水箱向各配水点连续供水；当外网水压较小时，则由水箱向室内给水系统补充水量，如图 1-25 所示。如为下行上给式系统，为防止水箱造成的静压大于外网压力，而使水向外网倒流，需在引入管上安装止回阀。

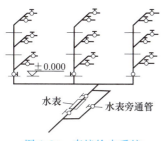

图 1-24　直接给水系统

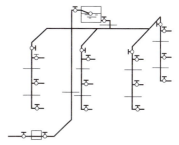

图 1-25　设有水箱的给水系统

这种给水系统具有系统较简单，投资较省，维修安装方便，供水安全的优点，但因系统增设了水箱，会增大建筑荷载，影响建筑外形美观。适用于室外给水压力有少量波动，在一天中有少部分时间不能满足室内水压要求的场合。

3. 设有水池、水泵和水箱的给水系统

建筑物内除设有给水管道系统外，还增设了升压（水泵）和贮存水量（水池、高位水箱）的辅助设备。当室外给水管网压力经常性或周期性不足，室内用水不均匀时，多采用此种给水系统，如图 1-26 所示。

这种给水方式具有供水安全的优点，但因增设了较多辅助设备，使系统较复杂，投资及运行管理费用高，维修安装量较大。适用于一天中有大部分时间室外给水压力不能满足室内要求的场合，一般用于多层或高层建筑内。

4. 竖向分区给水系统

在多层或高层建筑中，室外给水管网中水压往往只能供到下面几层，而不能满足上面几层的需要，为了充分有效地利用室外给水管网提供的水压，减少水泵、水箱的调节量，可将建筑物分为上下两个区域或多个区域，如图 1-27 所示。下区可直接由室外管网供水，上区由水箱或水泵、水箱联合供水。当设有消防系统时，消防水泵则需按上下两区考虑。

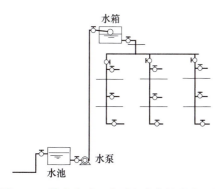

图 1-26　设有水池、水泵和水箱的给水系统

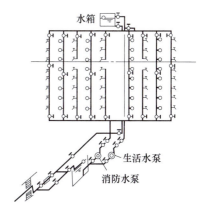

图 1-27　竖向分区给水系统

5. 设气压给水装置的给水方式

气压给水装置是利用密闭压力水罐内空气的可压缩性贮存、调节和压送水量的给水装置，其作用相当于高位水箱，如图 1-28 所示。水泵从贮水池或由室外给水管网吸水，经加压后送至给水系统和气压水罐内，停泵时，再由气压水罐向室内给水系统供水，由气压水罐调节贮存水量及控制水泵运行。

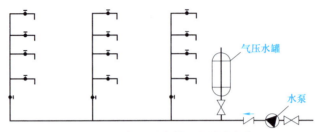

图 1-28　设气压给水装置的给水方式

这种给水方式的优点是设备可设在建筑物的任何高度，便于隐蔽，安装方便，水质不易受污染，投资省，建设周期短，便于实现自动化等。这种给水方式适用于室外管网水压经常不足，不宜设置高位水箱的建筑（如隐蔽的国防工程，地震区的建筑，对外部形象要求较高的建筑）。

二、建筑给水系统常用设备

1. 贮水设备

贮水设备一般是指水箱（水池）。水箱在建筑给水系统的作用是增压、稳压、减压、贮存一定水量。

（1）水箱的分类　水箱从外形上分有圆形、方形、倒锥形、球形等，由于方形水箱便于制作，并且容易与建筑配合使用，在工程中使用较多。水箱一般用钢板、钢筋混凝土、玻璃钢制作。

① 钢板水箱。施工安装方便，但容易锈蚀，内外表面均需做防腐处理。工程设计中应先计算出水箱体积，然后依据相关的国家标准图集，确定水箱的型号（应略大于或等于计算体积）及水箱的外形尺寸。

② 钢筋混凝土水箱（水池）。一般用于水箱尺寸较大时，由于其自重大，多用于地下，具有经久耐用、维护简单、造价低的优点。

③ 玻璃钢水箱。具有耐蚀、强度高、重量轻、美观、安装维修方便、可根据需求现场组装的优点，已逐渐得到普及。

（2）水箱之间及水箱与建筑结构之间距离的确定　最小距离见表 1-1。

表 1-1　水箱之间及水箱与建筑结构之间的最小距离

水箱形式	水箱至墙面距离/m		水箱之间净距/m	水箱顶至建筑结构最低点间距离/m
	有阀侧	无阀侧		
圆形	0.8	0.5	0.7	0.6
矩形	1.0	0.7	0.7	0.6

2. 升压设备

升压设备一般指将水输送至用户并将水提升、加压的设备。在建筑内部的给水系统中，升压设备一般采用离心式水泵。它具有结构简单、体积小、效率高且流量和扬程在一定范围内可以调节等优点。选择水泵应以节能为原则，使水泵在大部分时间保持高效运行。加压水泵的选择，应选择 $Q\text{-}H$ 特性曲线随流量的增大扬程逐渐下降的水泵。

（1）建筑给水系统中水泵进水方式　分为直接抽水和水池、水泵抽水两种。

① 直接抽水。是指由管道泵直接从室外取水，优点是能充分利用外网水压，系统简单，水质不易污染，市政条件许可的地区，宜采用叠压供水设备，但需取得当地供水行政主管部门的批准。

② 水池、水泵抽水。是将外网给水先存入贮水池，后由水泵从贮水池抽水供给各用户。在高层建筑或较大建筑物及由城市管网供水的工业企业，因不允许直接抽水或外网给水压力较小时，一般采用此种抽水方式。

以上两种抽水方式，水泵宜采用自动启闭装置，以便于运行管理。当无水箱时，采用直接抽水方式的水泵启闭电压力继电器，根据外网水压的变化来控制；采用水池、水泵抽水方式的水泵启闭由室内管网的压力来控制。当有水箱时，水泵启闭可通过设置在水箱中的浮球阀式或液位式水位继电器来控制。

（2）水泵的布置　水泵间净高不小于 3.2m，应光线充足，通风良好，干燥不冻结，并有排水措施。为保证安装检修方便，水泵之间、水泵与墙壁之间应留有足够的距离；水泵机组的基础侧边之间和至墙面的距离不得小于 0.7m，对于电动机功率小于等于 20kW 或吸水口直径小于等于 100mm 的小型水泵，两台同型号的水泵机组可共用一个基础，基础的一侧与墙面之间可不留通道。不留通道的机组凸出部分与墙壁之间的净距及相邻的凸出部分的净距，不得小于 0.2m；水泵机组的基础端边之间和至墙的距离不得小于 1.0m，电动机端边至墙的距离还应保证能抽出电动机转子；水泵机组的基础至少应高出地面 0.1m。

3. 气压给水设备

建筑给水除直接利用外网压力（压力足够大时）供水或利用水泵供水（外网压力不足时）外，还可以利用密闭贮罐内空气的压力，将罐中贮存的水压送至给水管网的各配水点，即气压给水，用以代替高位水箱或水塔，可在不宜设置高位水箱或水塔的场所采用。气压给水设备的优点是建设速度快，便于隐藏，容易拆迁，灵活性大，不影响建筑美观，水质不易污染，噪声小。但这种设备的调节能力小，运行费用高、耗用钢材较多，而且变压力的供水压力变化幅度大，在用水量大和水压稳定性要求较高时，使用这种设备供水会受到一定限制。

气压给水设备由密封罐（内部充满水和空气）、水泵（将水送至密闭罐内和配水管网中）、空气压缩机（给罐内水加压和补充空气）、控制器材（用以控制启闭水泵或空气压缩机等）部分组成。

气压给水设备有多罐式和单罐式两种。

（1）按罐内压力变化情况分类

① 变压式气压给水设备。其罐内空气随供水情况而变化，给水压力有一定波动，主要用于用户对水压没有严格要求时。图 1-29 所示为单罐变压式气压给水设备。

② 定压式气压给水设备。当用户对水压稳定性要求较高时，可在变压式气压给水设备的供水管道上安装调节阀，使配水管网内的水压处于恒压状态。

（2）按气压水罐的形式分类

① 隔膜式气压给水设备。其气压罐内装有橡胶或塑料囊式弹性隔膜，隔膜将罐体分为气室和水室两部分，靠囊的伸缩变形调节水量，可以一次充气，长期使用，无需补气设备，是具有发展前途的气压给水设备。图 1-30 所示为隔膜式气压给水设备。

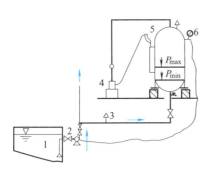

图1-29 单罐变压式气压给水设备

1—水池；2—水泵；3—溢流管；4—空气压缩机；
5—水位继电器；6—压力继电器

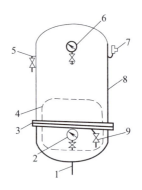

图1-30 隔膜式气压给水设备

1—水管；2—压力表；3—法兰；4—橡胶隔板；
5—充气管；6—电接点压力表；7—溢流阀；
8—罐体；9—放气管

② 补气式气压给水设备。其气压罐内的空气与水接触，罐内空气由于渗漏和溶解于水中而逐渐减少，为确保系统的运行，需经常补充空气。补气方式有利用空气压缩机补气，泄空补气或利用水泵出水管中积存空气补气。

课题 4 ▶ 建筑热水供应系统

热水供应系统是为满足人们在生活和生产过程中对水温的某些特定要求，而由管道及辅助设备组成的输送热水的网络。其任务是按设计要求的水量、水温和水质随时向用户供应热水。

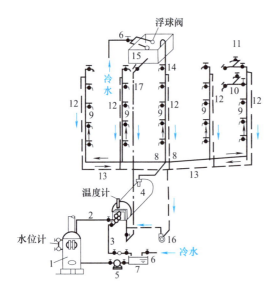

图1-31 集中热水供应系统组成示意

1—锅炉；2—热媒上升管；3—热媒下降管；4—水加热器；
5—给水泵（凝结水泵）；6—给水管；7—给水箱（凝结水箱）；
8—配水干管；9—配水立管；10—配水支管；
11—配水龙头；12—回水立管；13—回水干管；
14—膨胀管；15—高位水箱；16—循环水泵；
17—加热器给水管

一、热水供应系统的分类

热水供应系统按作用范围大小可分为以下两种。

（1）局部热水供应系统 利用各种小型加热器在用水场所就地将水加热，供给局部范围内的一个或几个用水点使用，如采用小型燃气加热器、蒸汽加热器、电加热器、太阳能加热器等，给单个厨房、浴室、生活间等供水。大型建筑物同样可采用很多局部加热器分别对各个用水场所供应热水。

这种系统的优点是系统简单，维护管理方便灵活，改建、增减较容易。缺点是加热设备效率低，热水成本高，使用不方便，设备容量较大。因此，适用于热水供应点较分散的公共建筑和车间等工业建筑。

（2）集中热水供应系统 这种系统由热源、加热设备和热水管网组成，如图1-31所示。水在锅炉、加热器中被加热，通过热水管网向整幢或几幢建筑供水。

这种系统的特点是加热器及其他设备集中，可集中管理，加热效率高，热水制备成本低，设备总容量小，占地面积小，但设备及系统较复杂，基本建设投资较大，管线长，热损失大。适用于热水用量较大，用水量比较集中的场所。如高级宾馆、医院、大型饭店等公共建筑、居住建筑和布置较集中的工业建筑。

（3）区域热水供应系统　区域热水供应系统是指在热电厂、区域性锅炉房或热交换站将冷水集中加热后，通过市政热力管网输送至整个建筑群、居民区、城市街坊或工业企业的热水系统。

该系统的优点是有利于热能的综合利用，便于集中统一维护管理；不需在小区或建筑物内设置锅炉，有利于减少环境污染，节省占地和空间；设备热效率和自动化程度较高；制备热水的成本低，设备总容量小。其缺点是设备、系统复杂，建设投资高；需要较高的维护管理水平。该系统适用于建筑较集中、热水用量较大的城市和工业企业。

二、热水供应系统的组成与加（贮）热设备选用

（一）组成

热水供应系统主要由热源、热媒管网系统（第一循环系统）、加（贮）热设备、配水设备和回水管网系统（第二循环系统）、附件和用水器具等组成，如图1-31所示。

1. 热源

热源是用于制取热水的能源，可以是工业废热、余热、太阳能、可再生低温能源、地热、燃气、电能，也可以是城镇热力网、区域锅炉房或附近锅炉房提供的蒸汽或高温水。

2. 热媒管网系统（第一循环系统）

热媒是指传递热量的载体，常以热水（高温水）、蒸汽、烟气等为热媒。在以热水、蒸汽、烟气为热媒的集中热水供应系统中，蒸汽锅炉与水加热器之间、或热水锅炉（机组）与热水贮水器之间由热媒管和冷凝水管（或回水管）连接组成的热媒管网，称第一循环系统。热媒管网中的主要附件有疏水器、分水器、集水器、分汽缸等。

3. 加（贮）热设备

加热设备是用于直接制备热水供应系统所需的热水或是制备热媒后供给水加热器进行二次热换热的设备。一次换热设备就是直接加热设备。二次换热设备就是间接加热设备，在间接加热设备中热媒与被加热水不直接接触。有些加热设备带有一定的容积，兼有贮存、调节热水用水量的作用。

贮热设备是仅有贮存热水功能的热水箱或热水罐。

加（贮）热设备的常用附件有：压力式膨胀罐、安全阀、泄压阀、温度自动调节装置、温度计、压力表、水位计等。

4. 配水设备和回水管网系统（第二循环系统）

在集中热水供应系统中，水加热器或热水贮水器与热水配水点之间，由配水管网和回水管网组成的热水循环管路系统，称作第二循环系统，如图1-31所示。主要附件有：排气装置、泄水装置、压力表、膨胀管（罐）、阀门、止回阀、水表及伸缩补偿器等。

（二）加热、贮热设备及选用

水加热设备应根据使用特点、耗热量、热源、维护管理及卫生防菌等因素选择，并应符合下列规定：

（1）容积利用率高，换热效果好，节能、节水；

（2）被加热水侧阻力损失小，直接供给生活热水的水加热设备的被加热水侧阻力损失不宜大于 0.01MPa；

（3）安全可靠、构造简单、操作维修方便。

水加热器的热媒入口管上应装自动温控装置，自动温控装置应能根据壳程内水温的变化，通过水温传感器可靠灵活的调节或启闭热媒的流量，并应使被加热水的温度与设定温度的差值满足下列条件：

（1）导流型容积式水加热器：±5℃；

（2）半容积式水加热器：±5℃；

（3）半即热式水加热器：±3℃。

三、热水供应系统的管道敷设

热水管道穿过建筑物的楼板、墙壁和基础时应加套管，热水管道穿越屋面及地下室外墙壁时应加防水套管。一般套管内径应比通过热水管的外径大 2～3 号，中间填充不燃烧材料再用沥青油膏之类的软密封防水填料灌平。套管高出地面≥20mm。

塑料热水管材质脆，刚度（硬度）较差，应避免撞击、紫外线照射，故宜暗设。对于外径 D_e≤25mm 的聚丁烯管、改性聚丙烯管、交联聚乙烯管等柔性管一般可以将管道直埋在建筑垫层内，但不允许将管道直接埋在钢筋混凝土结构墙板内。埋在垫层内的管道不应有接头。外径 D_e≥32mm 的塑料热水管可敷设在管井或吊顶内。塑料热水管明设时，立管宜布置在不受撞击处，如不能避免时应在管外加保护措施。

热水立管与横管连接时，为避免管道伸缩应力破坏管道，应采用乙字弯的连接方式。

热水横管的敷设坡度不宜小于 0.003，以利于管道中的气体聚集后排放。上行下给式系统配水干管最高点应设排气装置，下行上给配水系统可利用最高配水点排气。当下行上给式热水系统设有循环管道时，其回水立管应在最高配水点以下（约 0.5m）与配水立管连接。上行下给式热水系统可将循环管道与各立管连接。

在系统最低点应设泄水装置，以便在维修时放空管道中的存水。

热水管道系统应采取补偿管道热胀冷缩的措施，常用的技术措施有自然补偿和伸缩器补偿。

课题 5 ▶ 建筑给水系统安装

一、给水管道布置与敷设

1. 管道布置

给水管道布置受建筑结构、用水要求、配水点和室外给水管道的位置以及供暖、通风空调、供电等其他建筑设备工程管线等布置因素影响。布置管道时，应处理和协调好各种相关因素的关系。

（1）基本要求

① 确保供水安全，力求经济合理。管道尽可能和墙、梁、柱平行，呈直线走向，力求管路简短，以减少工程量，降低造价。干管应布置在用水量大或不允许间断供水的配水点附近，既利于供水安全，又可减少流程中不合理的转输流量，节省管材。对不允许间断供水的建筑物，应从室外环状管网不同管段上连接 2 条或 2 条以上引入管，在室内将管道连成环状或贯通状双向供水，如图 1-32 所示。若条件达不到要求，可采取设贮水池或增设第二水源

等安全供水措施。

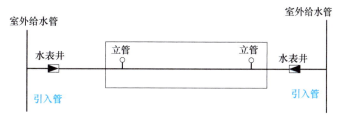

图 1-32　引入管从建筑物不同侧引入

② 保护管道不受损坏。给水埋地管道应避免布置在可能受重物压坏处。管道不得穿越生产设备基础，如果特殊情况必须穿越时，应与有关专业设计人员协商处理。管道不宜穿过建筑物的伸缩缝、沉降缝，如必须穿过时，应采取保护措施，常用的措施有：软性接头法，即用橡胶软管或金属波纹管连接沉降缝或伸缩缝两边的管道；螺纹弯头法如图 1-33 所示，在建筑沉降过程中，两边的沉降差由螺纹弯头的旋转来补偿，适用于小管径的管道；活动支架法如图 1-34 所示，在沉降缝两侧设支架，使管道只能产生垂直位移而不能产生水平横向位移，以适应沉降、伸缩的应力。为防止管道腐蚀，管道不允许布置在烟道、风道和排水沟内；不允许穿越大便槽和小便槽，当立管距小便槽端部小于等于 0.5m 时，在小便槽端部应设隔断措施。

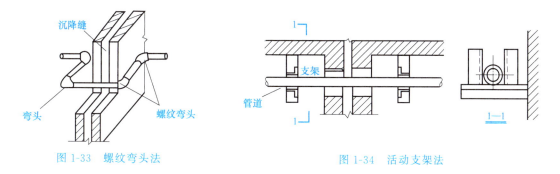

图 1-33　螺纹弯头法　　　　　　　图 1-34　活动支架法

③ 不影响生产安全和建筑物的使用。为避免管道渗漏，造成配电间电气设备故障或短路，管道不能从配电间通过；不能布置在妨碍生产操作和交通运输处或遇水易引起燃烧、爆炸、损坏的设备、产品和原料处；不宜穿过橱窗、壁柜、吊柜等，也不宜在机械设备上方通过，以免影响各种设施的功能和设备的维修。

④ 便于安装和维修。布置管道时其周围要留有一定的空间，以满足安装、维修的要求，保证给水管道与其他管道和建筑结构的最小距离。需进入检修的管道井，其通道宽度不宜小于 0.6m。

(2) 布置形式　给水管道的布置按供水可靠程度要求可分为枝状和环状两种形式，前者单向供水，供水可靠性差，但节省材料，造价低；后者干管相互连通，双向供水，安全可靠，但管线长，造价高。一般建筑内部给水管网宜采用枝状布置。按水平干管的敷设位置又可分为上行下给式、下行上给式和中分式三种形式。干管设在顶层天花板下、吊顶内或技术夹层中，由上向下给水的为上行下给式，适用于设置高位水箱的居住与公共建筑和地下管线较多的工业建筑；设在底层或地下室中，由下向上供水的为下行上给式，适用于利用室外给水管网水压直接供水的工业与民用建筑；水平干管既不在建筑顶层也不在底层，而是设在中间技术层或中间某层吊顶内，由中间向上、下两个方向供水的为中分式，适用于屋顶作为露天茶座、舞厅或设有中间技术层的高层建筑。同一栋建筑的给水管网也可同时兼有以上两种形式。

2. 管道敷设

管道敷设应采取严密的防漏措施，杜绝和减少漏水量。

① 敷设在垫层、墙体管槽内的给水管管材宜采用塑料、金属与塑料复合管材或耐腐蚀的金属管材，并应符合现行国家标准《建筑给水排水设计标准》（GB 50015—2019）的相关规定；

② 敷设在有可能结冻区域的供水管应采取可靠的防冻措施；

③ 埋地给水管应根据土壤条件选用耐腐蚀、接口严密耐久的管材和管件，做好相应的管道基础和回填土夯实工作；

④ 室外直埋热水管，应根据土壤条件、地下水位高低、选用管材材质、管内外温差采取耐久可靠的防水、防潮、防止管道伸缩破坏的措施。室外直埋热水管直埋敷设还应符合国家现行标准《建筑给排水及采暖工程验收规范》（GB 50242—2002）及《城镇供热直埋热水管道技术规程》（CJJ/T 81—2013）的相关规定。

3. 管道防护

要使管道系统能在较长年限内正常工作，除日常加强维护管理外，还应在设计和施工过程中采取防腐、防冻和防结露措施。

（1）管道的防腐　无论是明装管道还是暗装管道，除镀锌钢管、给水塑料管和复合管外，都必须做防腐处理。管道防腐最常用的是刷油法。具体做法是：明装管道表面除锈，露出金属光泽并使之干燥，刷防锈漆（如红丹防锈漆等）2 道，然后刷面漆（如银粉或调和漆）1~2 道，如果管道需要做标志时，可再刷不同颜色的调和漆或铅油；暗装管道除锈后，刷防锈漆 2 道；埋地钢管除锈后刷冷底子油 2 道，再刷沥青胶（玛琋脂）2 遍。质量较高的防腐做法是做管道的防腐层，层数为 3~9 层，材料为冷底子油、沥青玛琋脂、防水卷材等。对于埋地铸铁管，如果管材出厂时未涂油，敷设前应在管外壁涂沥青 2 道防腐，明装部分可刷防锈漆 2 道加银粉 2 道。当通过管道内的水有腐蚀性时，应采用耐蚀管材或在管道内壁采取防腐措施。

（2）管道的保温防冻　设置在室内温度低于 0℃处的给水管道，如敷设在不采暖房间的管道以及安装在受室外冷空气影响的门厅、过道处的管道应考虑保温防冻。在管道安装完毕，经水压试验和管道外表面除锈并刷防锈漆后，应采取保温防冻措施。

（3）管道的防结露　在环境温度较高、空气湿度较大的房间（如厨房、洗衣房和某些生产车间等）或管道内水温低于室内温度时，管道和设备外表面可能产生凝结水而引起管道和设备的腐蚀，影响使用和室内卫生，故必须采取防结露措施，其做法一般与保温层的做法相同。

4. 湿陷性黄土地区管道敷设

在一定压力作用下受水浸湿后土壤结构迅速破坏而发生下沉的黄土，称为湿陷性黄土。我国的湿陷性黄土主要分布在陕西、甘肃、山西、青海、宁夏、河北、山东、新疆、内蒙古和东北部分地区，湿陷性黄土地区管道敷设时应考虑因给排水管道而造成的湿陷事故，需因地制宜采取合理有效的措施。

① 室内给水管道一般尽量明装，重要建筑或高层建筑暗装管道处，必须设置便于管道维修的设施。

② 室内给水管道应根据便于及时截断漏水管段和便于检修的原则，在干管和支管上适

当增设阀门。

③ 给水管道穿越建筑物的承重墙或基础处，应预留孔洞。洞顶与管沟或管道顶间的净空高度：在1、2级湿陷性黄土地基上，不应小于200mm；在3、4级湿陷性黄土地基上，不应小于300mm。洞边与管沟外壁必须脱开，洞边至承重墙转角处外缘的距离应不小于1m。

④ 将给水点集中设置，缩短地下管线，避免管道过长过深，减少漏水机会。

⑤ 建筑物外墙上不宜设置洒水栓，以防洒水栓漏水造成建筑物地基浸水湿陷。

⑥ 给水管道宜采用铸铁管和钢管。湿陷性黄土对金属管材有一定的腐蚀作用，故对埋地铸铁管应做好防腐处理，对埋地钢管及钢配件应加强防腐处理。

⑦ 给水管道的接口应严密、不漏水，并有柔性，以便在管道有轻微的不均匀沉降时，仍能保证接口处不渗不漏。

⑧ 给水检漏井应设置在管沟沿线分段检漏处，并应防止地面水流入，其位置应便于寻找识别、检漏和维护。阀门井、消火栓井、水表井、洒水栓井等均不得兼作检漏井。

二、建筑给水管道安装

1. 建筑给水管道安装的基本技术要求

① 建筑给水工程所使用的主要材料、成品、半成品、配件、器具和设备必须具有质量合格证明文件，规格、型号及性能检测报告应符合国家技术标准或设计要求。

② 主要器具和设备必须有完整的安装使用说明书。

③ 地下室或地下构筑物外墙有管道穿过的，应采取防水措施。对有严格防水要求的建筑物，必须采用柔性防水套管。

④ 明装管道成排安装时，直线部分应互相平行。曲线部分：当管道水平或垂直并行时，应与直线部分保持等距；管道水平上下并行时，弯管部分的曲率半径应一致。

⑤ 管道支、吊、托架安装位置应正确，埋设应平整牢固，与管道接触要紧密。钢管水平安装的支吊架间距不应大于表1-2的规定。

表1-2 钢管水平安装的管道支架的最大间距 mm

公称直径		15	20	25	32	40	50	70	80	100	125	150	200	250	300
支架的最大间距	保温管	2	2.5	2.5	2.5	3	3	4	4	4.5	6	7	7	8	8.5
	不保温管	2.5	3	3.5	4	4.5	5	6	6	6.5	7	8	9.5	11	12

给水及热水供应系统的塑料管及复合管垂直或水平安装的支架间距应符合表1-3的规定。

表1-3 塑料管及复合管管道支架的最大间距 mm

管径			12	14	16	18	20	25	32	40	50	63	75	90	100
最大间距	立管		0.5	0.6	0.7	0.8	0.9	1.0	1.1	1.3	1.6	1.8	2.0	2.2	2.4
	水平管	冷水管	0.4	0.4	0.5	0.5	0.6	0.7	0.8	0.9	1.0	1.1	1.2	1.35	1.55
		热水管	0.2	0.2	0.25	0.3	0.3	0.35	0.4	0.5	0.6	0.7	0.8		

铜管垂直或水平安装的支架间距应符合表1-4的规定。

表1-4 铜管管道支架的最大间距 mm

公称直径		15	20	25	32	40	50	70	80	100	125	150	200
支架的最大间距	垂直管	1.8	2.4	2.4	3.0	3.0	3.0	3.5	3.5	3.5	3.5	4.0	4.0
	水平管	1.2	1.8	1.8	2.4	2.4	2.4	3.0	3.0	3.0	3.0	3.5	3.5

⑥ 给水及热水供应系统的金属管道立管管卡安装应符合规定。楼层高度小于或等于5m，每层必须安装1个。楼层高度大于5m，每层不得少于2个。管卡安装高度，距地面应为1.5~1.8m，2个以上管卡应均匀安装，同一房间管卡应安装在同一高度上。

⑦ 管道穿过墙壁和楼板，应设置金属或塑料套管。安装在楼板内的套管，其顶部应高出装饰地面20mm；安装在卫生间及厨房内的套管，其顶部应高出装饰地面50mm，底部应与楼板底面相平；安装在墙壁内的套管其两端与饰面相平。穿过楼板的套管与管道之间缝隙应用阻燃密实材料和防水油膏填实，端面光滑。穿墙套管与管道之间缝隙宜用阻燃密实材料填实，且端面应光滑。管道的接口不得设在套管内。

⑧ 给水支管和装有3个或3个以上配水点的支管始端，应安装可拆卸连接件。

⑨ 冷热水管道上、下平行安装时热水管应在冷水管上方；垂直平行安装时热水管应在冷水管左侧。

2. 建筑给水管道的安装

建筑生活给水、消防给水及热水供应管道安装的一般程序是：引入管→水平干管→立管→横支管→支管。

（1）引入管的安装 引入管敷设时，应尽量与建筑物外墙轴线相垂直，这样穿过基础或外墙的管段最短。在穿过建筑物基础时，应预留孔洞或预埋钢套管。预留孔洞的尺寸或钢套管的直径应比引入管直径大100~200mm，引入管管顶距孔洞顶或套管顶应大于100mm，预留孔与管道间的间隙应用黏土填实，两端用1:2水泥砂浆封口，如图1-35所示。当引入管由基础下部进入室内或穿过建筑物地下室进入室内时，其敷设方法如图1-36和图1-37所示。

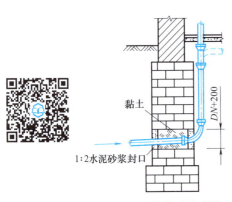

图1-35 引入管穿墙基础图

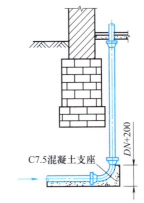

图1-36 引入管由基础下部进室内大样图

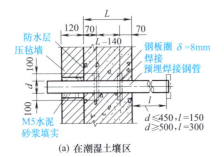

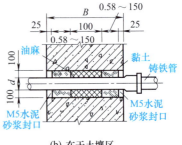

(a) 在潮湿土壤区　　(b) 在干土壤区

图1-37 引入管穿地下室墙壁做法

敷设引入管时，其坡度应不小于0.003，坡向室外。采用直埋敷设时，埋深应符合设计要求，当设计无要求时，其埋深应大于当地冬季冻土深度。

（2）干管的安装　标高必须符合设计要求，并用支架固定。当干管布置在不采暖房间，并可能冻结时，应进行保温。为便于维修时放空，给水干管宜设0.002～0.005的坡度，坡向泄水装置。

（3）立管的安装　立管因需穿过楼板，应预留孔洞。为便于检修时不影响其他立管的正常供水，每根立管的始端应安装阀门，阀门后面应安装可拆卸件。立管应用管卡固定。

（4）横支管的安装　横支管的始端应安装阀门，阀门还应安装可拆卸件。还应设有0.002～0.005的坡度，坡向立管或配水点。支管应用托钩或管卡固定。

3. 管道的试压与清洗

（1）给水管道

① 室内给水管道的水压试验必须符合设计要求。当设计未注明时，各种材质的给水管道系统试验压力均为工作压力的1.5倍，但不得小于0.6MPa。

检验方法：金属及复合管给水管道系统在试验压力下观测10min，压力降不大于0.02MPa。然后降到工作压力进行检查，应不渗不漏；塑料管给水系统应在试验压力下稳压1h，压力降不得超过0.05MPa，然后在工作压力的1.15倍状态下稳压2h，压力降不得超过0.03MPa，同时检查各连接处不得渗漏。

② 给水系统交付使用前必须进行通水试验并做好记录。

检验方法：观察和开启阀门、水嘴等放水。

③ 生活给水管道在交付使用前必须消毒，并经有关部门取样检验，符合《生活饮用水卫生标准》方可使用。

检验方法：检查有关部门提供的检测报告。

（2）热水供应管道

① 热水供应系统安装完毕，管道保温之前应进行水压试验。试验压力应符合设计要求。当设计未注明时，热水供应系统水压试验压力应为系统顶点的工作压力加0.1MPa，同时在系统顶点的试验压力不小于0.3MPa。

检验方法：钢管或复合管道系统试验压力下10min内压力降不大于0.02MPa，然后降至工作压力检查，压力应不降，且不渗不漏；塑料管道系统在试验压力下稳压1h，压力降不得超过0.05MPa，然后在工作压力1.15倍状态下稳压2h，压力降不得超过0.03MPa，连接处不得渗漏。

② 热水供应系统竣工后必须进行冲洗。

检验方法：现场观察检查。

三、建筑消防给水系统安装

1. 建筑消防给水系统的分类及组成

建筑消防给水系统有消火栓给水系统和自动喷水灭火系统。消火栓给水系统可分为多层建筑消火栓给水系统和高层建筑消火栓给水系统。

多层建筑消火栓给水系统是指9层及9层以下的住宅（包括底层设置商业网点的住宅）、建筑高度24m以下（从地面算起至檐口或女儿墙的高度）的其他民用建筑，以及高度不超过24m的单层厂房、库房和单层公共建筑的室内消火栓给水系统。

高层建筑消火栓给水系统是指10层及10层以上的住宅建筑和建筑高度为24m以上的其他民用和工业建筑的消火栓给水系统。

消火栓给水系统由消火栓、消防水龙带、消防水枪、消防卷盘（消防水喉设备）、水泵接合器以及消防管道、水箱、增压设备、水源组成。

2. 建筑消火栓给水系统组件

（1）消防管道 应采用镀锌钢管、焊接钢管。由引入管、干管、立管和支管组成。它的作用是将水供给消火栓，并且必须满足消火栓在消防灭火时所需水量和水压要求。消防管道的直径应不小于50mm。

（2）消火栓 是带有内扣式的角阀。进口向下和消防管道相连，出口与水龙带相接。直径规格有50mm和65mm两种规格，其常用类型为直角单阀单出口型（SN）、45°单阀单出口型（SNA）、单角单阀双出口型（SNS）和单角双阀双出口型（SNSS），其公称压力为1.6MPa。直角单阀单出口型（SN）结构如图1-38所示，45°单阀单出口型（SNA）的结构如图1-39所示。

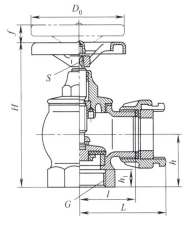 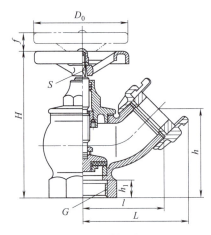

图1-38 直角单阀单出口型　　　　　　图1-39 45°单阀单出口型

（3）消防水龙带 按材料分为有衬里消防水龙带（包括衬胶水龙带、灌胶水龙带）和无衬里消防水龙带（包括棉水龙带、苎麻水龙带和亚麻水龙带）。无衬里水龙带耐压低，内壁粗糙，阻力大，易漏水，寿命短，成本高，已逐渐被淘汰。消防水龙带的直径规格有50mm和65mm两种，长度有10m、15m、20m、25m四种。消防水龙带是输送消防水的软管，一端通过快速内扣式接口与消火栓、消防车连接，另一端与水枪相连。

（4）消防水枪 是灭火的主要工具，其功能是将消防水带内水流转化成高速水流，直接喷射到火场，达到灭火、冷却或防护的目的。

目前在室内消火栓给水系统中配置的水枪一般多为直流式水枪，有QZ型直流式水枪（图1-40）、QZA型直流水枪和QZG型开关直流水枪，这类水枪的出水口（喷嘴）直径分别为13mm、16mm、19mm和22mm等。

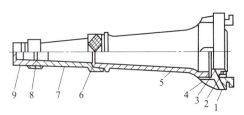

图1-40 QZ型直流式水枪
1—管牙接口；2,6,8—密封圈；3—密封圈座；
4—平面垫圈；5—枪体；7—喷嘴；
9—13mm喷嘴

（5）消火栓箱 是将室内消火栓、消防水龙带、消防水枪及电气设备集装于一体，并明装、暗装或半暗装于建筑物内的具有给水、灭火、控制、报警等功能的箱状固定式消防装置。消防栓箱按水龙带的安置方式有挂置式、盘卷式、卷置式和托架式四种，分别见图1-41～图1-44。

单元一 建筑给水工程施工

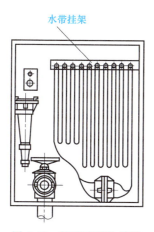

图1-41 挂置式消防栓箱

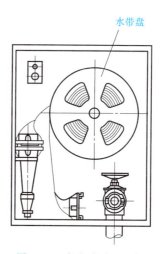

图1-42 盘卷式消防栓箱

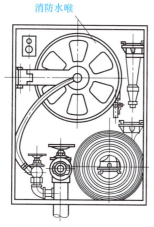

图1-43 卷置式消防栓箱（配置消防水喉）

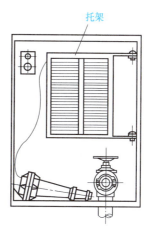

图1-44 托架式消防栓箱

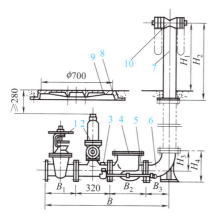

图1-45 地上消防水泵接合器
1—楔式闸阀；2—安全阀；3—放水阀；4—止回阀；
5—放水管；6—弯头；7—本体；8—井盖座；
9—井盖；10—WSK型固定接口

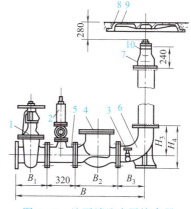

图1-46 地下消防水泵接合器
1—楔式闸阀；2—安全阀；3—放水阀；4—止回阀；
5—丁字管；6—弯头；7—集水器；8—井盖座；
9—井盖；10—WSK型固定接口

（6）消防水泵接合器　是为建筑物配套的自备消防设施，用以连接消防车、机动泵向建筑物的消防灭火管网输水。消防水泵接合器有地上消防水泵接合器（SQ）、地下消防水泵接合器（SQX）和墙壁式消防水泵接合器（SQB）三种，其结构如图1-45～图1-47所示。

3. 自动喷水灭火系统

自动喷水灭火系统是在火灾发生时，可自动地将水喷洒在着火物上，扑灭火灾或隔离着火区域，防止火灾蔓延，并同时自动报警的消防给水系统，如图1-48所示。

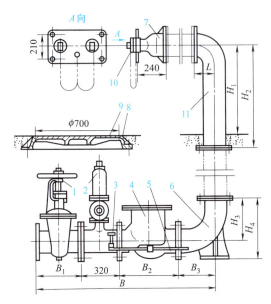

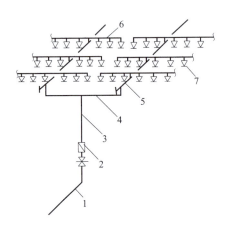

图1-47　墙壁式消防水泵接合器
1—楔式闸阀；2—安全阀；3—放水阀；4—止回阀；
5—放水管；6—弯头；7—本体；8—井盖座；
9—井盖；10—WSK型固定接口；11—法兰弯管

图1-48　自动喷水灭火系统
1—引入管；2—信号阀；3—配水立管；
4—配水干管；5—配水支管；6—分布支管；
7—闭式洒水喷头

（1）喷头　是自动喷水灭火系统的关键部件，担负着探测火灾、启动系统和喷水灭火的任务。

喷头按其结构分为闭式喷头和开式喷头。闭式喷头的喷口是由感温元件组成的释放机构封闭型元件，当温度达到喷头的公称动作温度范围时，感温元件动作，释放机构脱落，喷头开启喷水灭火。弹性锁片型易熔元件洒水喷头，如图1-49所示。玻璃球洒水喷头，如图1-50所示。

开式喷头的喷口是敞开的，喷水动作由阀门控制，按用途和洒水形状的特点可分为开式洒水喷头、水幕喷头和喷雾喷头三种。

（2）报警控制　是自动喷水灭火系统中的控制水源、启动系统、启动水力警铃等报警设备的专用阀门。按系统类型和用途不同分为湿式报警、干式报警和雨淋报警三大类。报警控制阀门的公称直径一般为50mm、65mm、80mm、100mm、125mm、150mm、200mm和250mm八种。

湿式报警阀用于湿式系统，当喷头开启喷水使管路中的水流动时，能自动打开，并使水流进入水力警铃发出报警信号。

干式报警阀用于干式系统，它的阀瓣将阀门分成两部分，出口侧与系统管路和喷头相连，内充压缩空气，进口侧与水源相连，利用两侧气压和水压作用在阀瓣上的力矩差控制阀

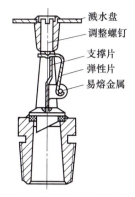

图 1-49 弹性锁片型易熔元件洒水喷头

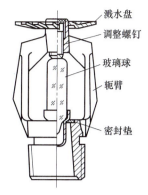

图 1-50 玻璃球洒水喷头

瓣的封闭和开启。

4. 消防给水系统安装

（1）消防给水管道的安装　管道穿墙、楼板时应预留孔洞，孔洞位置应正确，孔洞尺寸应比管道直径大 50mm 左右。当管道穿越楼板为非混凝土、墙体为非砖砌体时，应设套管，穿墙套管长度不得小于墙体厚度，穿楼板套管应高出楼板面 50mm。消防管道的接口不得在套管内。套管与穿管之间间隙应用阻燃材料填塞。消防管道系统的阀门一般采用闸阀或蝶阀，安装时应使手柄便于操作。

（2）消火栓箱的安装　消火栓箱采用暗装或半暗装时应预留孔洞。安装操作时，必须取下箱内的消防水龙带和水枪等部件。不允许用钢钎撬、锤子敲的办法将箱硬塞入预留孔内。

安装水龙带时，水龙带与水枪和快速接头绑扎好后，应根据箱内构造将水龙带挂放在箱内的挂钉、托盘或支架上。

消火栓栓口应朝外，并不应安装在门轴侧，栓口应与安装墙面垂直，栓口中心距安装地面的高度为 1.1m。消火栓箱应设在不会冻结处，如有可能冻结，应采取相应的防冻、防寒措施。

（3）室内消火栓系统的试射试验　室内消火栓系统安装完毕后应取屋顶层（或水箱间内）试验消火栓和在首层取两处消火栓做试射试验，达到设计要求为合格。

检验方法：实地试射检查。

5. 自动喷水灭火系统的安装

（1）管道安装前应彻底清除管内异物及污物。

（2）系统管材应采用镀锌钢管，$DN \leqslant 100mm$ 时用螺纹连接，当管子与设备、法兰阀门连接时应采用法兰连接；$DN > 100mm$ 时均采用法兰连接，管子与法兰的焊接处应进行防腐处理。

（3）管道安装应符合设计要求，管道中心与梁、柱、顶棚的最小距离应符合表 1-5 的规定。

表 1-5　管道中心与梁、柱、顶棚的最小距离　　　　　　　　　　　mm

公称直径	25	32	40	50	65	80	100	125	150	200
距离	40	40	50	60	70	80	100	125	150	200

（4）系统安装在具有腐蚀性的场所，安装前应对管子、管件进行防腐处理。

（5）螺纹连接的管道变径时宜用异径接头，在弯头处不得采用补芯，如必须采用补芯时，三通上只能用 1 个。

（6）水平横管的支、吊架安装应符合下列要求。

① 管道支（吊）架间距应不大于表 1-2 的规定。

② 相邻两喷头之间的管段至少应设支（吊）架 1 个，当喷头间距小于 1.8m 时，可隔段设置，但支（吊）架的间距不应大于 3.6m。

③ 沿屋面坡度布置配水支管，当坡度大于 1∶3 时，应采取防滑措施，以防短立管与配水管受扭。

（7）为了防止喷水时管道沿管线方向晃动，在下列部位应设防晃支架。

① 配水管一般在中点设 1 个防晃支架（$DN \leqslant 50mm$ 可以不设）。

② 配水干管及配水管、配水支管的长度超过 15m 时，每 15m 长度内最少设 1 个防晃支架（$DN \leqslant 40mm$ 的管段可不计算在内）。

③ 管径 $DN \geqslant 50mm$ 的管道拐弯处（包括三通及四通的位置）应设 1 个防晃支架。

④ 竖直管道的配水干管应在其始端、终端设防晃支架，或用管卡固定，其安装位置距地面 1.5～1.8m；配水干管穿越多层建筑，应隔层设 1 个防晃支架。

（8）防晃支架的制作参考图 1-51，型钢用于防晃支架的最大长度见表 1-6。

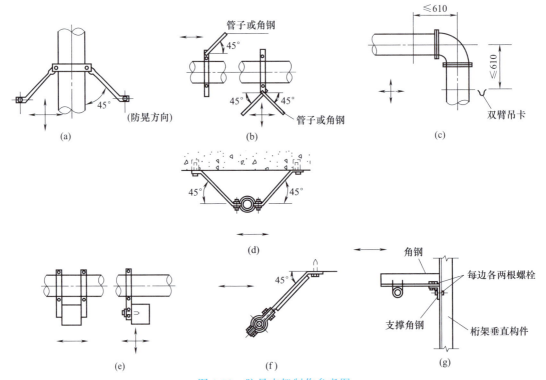

图 1-51　防晃支架制作参考图

表 1-6　型钢用于防晃支架的最大长度

圆钢		扁钢		附注
型号规格/mm	最大长度/mm	型号规格/mm	最大长度/mm	
φ20	940	40×7	360	① 型钢的长细比要求为 $L/R \leqslant 200$；L 为支承长度；R 为最小截面回转半径 ② 如支架长度超过表中长度，应按长细比要求，确定型钢的规格
φ22	1090	50×7	360	
角钢		钢管		
型号规格/mm	最大长度/mm	型号规格/mm	最大长度/mm	
45×45×6	1470	DN25	2130	
50×50×6	1980	DN32	2740	
63×63×8	2490	DN40	3150	
70×50×10	2690	DN50	3990	
80×80×7	3000			

(9) 水平敷设的管道应有 0.002～0.005 的坡度,坡向泄水点。

(10) 闭式喷头应从每批进货中抽 1%,但不得小于 5 只进行密封性能试验。试验压力为 3.0MPa,试验时间不得少于 3min,无渗漏、无损伤、无变形为合格。如只有 1 只不合格,再抽查 2%,但重新试验不得少于 10 只,如仍有 1 只不合格,则该批喷头不得使用。

(11) 喷头安装应符合下列要求。

① 喷头安装应在系统管网试压、冲洗合格后进行。

② 安装喷头用的弯头、三通等宜用专用管件。

③ 安装喷头不得对喷头进行拆装、改动,严禁给喷头附加任何装饰性涂层。

④ 喷头的安装应使用专用扳手,严禁用框架拧紧喷头,喷头的框架、溅水盘变形或释放原件损伤时应更换喷头,且与原喷头的规格、型号相同。

⑤ 当喷头的公称直径小于 10mm 时,应在配水干管或配水管上安装过滤器。

⑥ 安装在易受机械损伤处的喷头,应加设喷头防护罩。

⑦ 喷头溅水盘与吊顶、顶棚、楼板、屋面板的距离不宜小于 75mm,并不宜大于 150mm。当楼板、屋面板为耐火极限等于或大于 0.5h 的非燃烧体时,其距离不宜大于 300mm(吊顶型喷头可不受上述距离的限制)。

⑧ 当喷头溅水盘高于附近梁底或通风管道等顶板底部凸出腹面时,喷头安装位置应符合表 1-7 的规定。

表 1-7 喷头与梁、通风管道等顶板底部凸出物的距离   mm

喷头与梁、通风管道等顶板底部凸出物的水平距离	喷头溅水盘高于梁底、通风管道等顶板底部凸出物腹面的最大距离	喷头与梁、通风管道等顶板底部凸出物的水平距离	喷头溅水盘高于梁底、通风管道等顶板底部凸出物腹面的最大距离
305～610	25	1220～1370	178
610～760	51	1370～1530	229
760～915	76	1530～1680	280
915～1070	102	1680～1830	356
1070～1220	152		

⑨ 喷头与大功率灯泡或出风口的距离不得小于 0.8m。

⑩ 当喷头安装于不到顶的隔墙附近时,喷头距隔墙的安装应符合表 1-8 的规定。

表 1-8 喷头与隔墙的水平距离和最小垂直距离   mm

水平距离	150	225	300	375	450	600	750	≥900
最小垂直距离	75	100	150	200	256	318	388	450

(12) 报警阀组的安装

① 报警阀应安装在明显且便于操作的地点,距地面高度宜为 1.2m,应确保两侧距墙不小于 0.5m,正面距离不小于 1.2m,安装报警阀的地面应有排水设施。

② 压力表应安装在报警阀上便于观测的位置,排水管和试验阀应安装在便于操作的位置,水源控制阀应便于操作,且应有明显的启闭标志和可靠的锁定设施。

四、建筑中水系统安装

1. 建筑中水的概念

建筑中水是建筑物中水和小区中水的总称。"中水"一词来源于日本,为节约水资源和减轻环境污染,20 世纪 60 年代日本生产出了中水系统。中水是指各种排水经过处理后,达到规定的水质标准,可在生产、市政、环境等范围内杂用的非饮用水。其水质比生活用水水质差，比污水、废水水质好。

中水系统是由中水原水的收集、储存、处理和中水供给等工程设施组成的有机结合体，是建筑物或建筑小区的功能配套设施之一。

中水系统在日本、美国、以色列、德国、印度、英国等国家都有广泛应用。

近年来中国也加大了对中水技术的研究利用，先后在北京、深圳、青岛等城市开展了中水技术的应用，并制定了《建筑中水设计标准》（GB 50336—2018），促进了我国中水技术的发展和建设，对节水节能，缓解用水矛盾，保持经济可持续发展十分有利。

2. 建筑中水的用途

建筑中水可用于冲洗厕所、绿化、汽车冲洗、道路浇洒、空调冷却、消防灭火、水景、小区环境用水（如小区垃圾场地冲洗、锅炉湿法除尘等）。

由此可见，建筑中水系统是指以建筑的冷却水、淋浴排水、盥洗排水、洗衣排水等为水源，经过物理、化学方法的工艺处理，用于冲洗便器、绿化、洗车、道路浇洒、空调冷却及水景等的供水系统。

3. 中水系统的基本类型

（1）建筑中水系统　其原水取自建筑物内的排水，经处理达到中水水质指标后回用，是目前使用较多的中水系统。考虑到水量的平衡和漏水事故，可利用生活给水补充中水水量。具有投资少，见效快的优点。如图 1-52 所示。

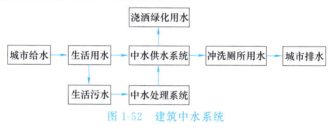

图 1-52　建筑中水系统

（2）建筑小区中水系统　其原水取自居住小区的公共排水系统（或小型污水处理厂），经处理后回用于建筑小区。在建筑小区内建筑物较集中时，宜采用此系统。考虑到设置雨水调节池或其他水源（如地面水或观赏水池等）以达到水量平衡。如图 1-53 所示。

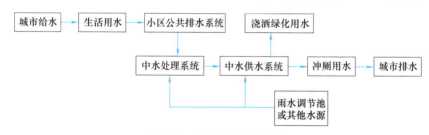

图 1-53　建筑小区中水系统

（3）城市区域中水系统　是将城市污水经二级处理后再经深度处理作为中水使用。目前采用较少。该系统中水的原水主要来自城市污水处理厂、雨水或其他水源。如图 1-54 所示。

4. 建筑中水系统的组成

建筑中水系统由中水原水系统、中水原水处理系统、中水供水系统组成。

（1）中水原水系统　中水原水指被选作中水水源而未经处理的水。中水原水系统包括室内生活污、废水管网、室外中水原水集流管网及相应分流、溢流设施等。

（2）中水原水处理系统　包括原水处理系统设施、管网及相应的计量检测设施。

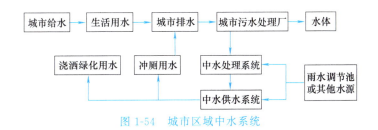

图 1-54 城市区域中水系统

（3）中水供水系统 包括中水供水管网及相应的增压、储水设备，如中水储水池、水泵、高位水箱等。

5. 建筑中水系统的安装

（1）建筑中水系统安装的一般规定

① 中水系统中的原水管道管材及配件要求与室内排水管道系统相同。

② 中水系统给水管道检验标准与室内给水管道系统相同。

（2）中水管道安装

① 中水供水系统必须独立设置。

② 中水供水系统管材及附件应采用耐蚀的给水管材及附件。

③ 中水供水管道严禁与生活饮用水给水管道连接，并应采用下列措施。

a. 中水管道外壁应涂浅绿色标志。

b. 中水池（箱）、阀门、水表及给水栓均应有"中水"标志。

④ 中水管道不宜暗装于墙体和楼板内，如必须暗装于墙槽内时，则应在管道上有明显且不会脱落的标志。

⑤ 中水给水管道不得装设取水水嘴。便器冲洗宜采用密闭型设备和器具。绿化、浇洒、汽车清洗宜用壁式或地下式的给水栓。

⑥ 中水高位水箱应与生活高位水箱分设在不同房间内，如条件不允许只能设在同一房间时，与生活高位水箱的净距离应大于 2m。

⑦ 中水管道与生活饮用水管道、排水管道平行埋设时，其水平净距离不得小于 0.5m；交叉埋设时，中水管道应位于生活饮用水管道下面，排水管道的上面，其净距离不应小于 0.15m。

⑧ 中水管道的干管始端、各支管的始端、进户管始端应安装阀门，并设阀门井，根据需要安装水表。

五、管道系统设备及附件安装

1. 离心式水泵安装

（1）离心式水泵的构造 离心式水泵的主要工作部分有泵轴、叶轮和泵壳，如图 1-55 所示。

① 泵轴的一端连接水泵的叶轮，另一端与电动机轴通过联轴器连接。

② 叶轮由轮盘和若干弯曲的叶片组成，叶片一般有 6～12 片。

③ 泵壳是一个蜗壳，其作用是将水吸入叶轮，然后将叶轮甩出的水汇集起来，压入出水管。泵壳还起到将所有固定部分连成一体的作用。

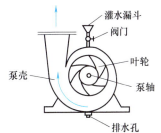

图 1-55 离心式水泵构造

(2) 离心式水泵的分类

① 按水泵叶轮的数量分单级泵（泵轴上只有一个叶轮）和多级泵（泵轴上连有两个或两个以上的叶轮，有几个叶轮就称几级泵）。

② 按水进入叶轮的形式分单吸泵（叶轮只在一侧有吸水口，另一侧封闭）和双吸泵（叶轮两侧都有吸水口）。

③ 按水泵泵轴所处的位置分卧式泵（泵轴与水平面平行）和立式泵（泵轴与水平面垂直）。

④ 按水泵的扬程大小分低压泵、中压泵和高压泵。

⑤ 按输送水的情况分清水泵、污水泵和热水泵。

(3) 离心式水泵的管路附件　如图 1-56 所示。水泵的工作管路有压水管和吸水管两条。压水管是将水泵压出的水送到需要的地方，管路上应安装闸阀、止回阀、压力表；吸水管是由水池至水泵吸水口之间的管道，将水由水池送至水泵内，管路上应安装吸水底阀和真空表，如水泵安装得比水池液面低时用闸阀代替吸水底阀，用压力表（正压表）代替真空表。

水泵工作管路附件可简称一泵、二表、三阀。闸阀在管路中起调节流量和维护检修水泵、关闭管路的作用。止回阀在管路中起保护水泵，防止突然停电时水倒流入水泵中的作用。水泵底阀起阻止吸水管内的水流入水池，保证水泵能注满水的作用。压力表用于测量出水压力和真空度。实际工程中水泵可根据需要，并联或串联工作。

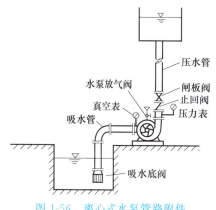

图 1-56　离心式水泵管路附件

(4) 离心式水泵的安装　水泵按其安装形式有带底座水泵和不带底座水泵。带底座水泵是指水泵和电动机一起固定在同一底座上，工程中多用带底座水泵。不带底座水泵是指水泵和电动机分设基础，工程中不多用。

水泵的安装程序是放线定位、基础预制、水泵安装、配管及附件安装和水泵的试运转。

① 水泵安装。

a. 水泵的基础。水泵就位前的基础混凝土的强度、坐标、标高、尺寸和螺栓孔位置必须符合设计要求，不得有麻面、露筋、裂缝等缺陷。

b. 吊装就位。清除水泵底座底面泥土、油污等脏物，将水泵连同底座吊起，放在水泵基础上用地脚螺栓和螺母固定，在底座与基础之间放上垫铁。

c. 调整位置。调整底座位置，使底座上的中心点与基础的中心线重合。

d. 安装水平度。泵的安装水平度不得超过 0.01mm/m，用水平尺检查，用垫铁调平。

e. 调整同心度。调整水泵或电动机与底座的紧固螺栓，使泵轴与电动机轴同心。

f. 二次浇灌混凝土。水泵就位各项调整合格后，将地脚螺栓上的螺母拧好，然后将细石混凝土捣入基础螺栓孔内，浇灌地脚螺栓孔的混凝土强度等级应比基础混凝土强度等级高 1 级。

② 配管及附件安装。

a. 吸水管路。其直径不应小于水泵的入口直径，吸水管路宜短并尽力减少转弯。水泵入口前的直管段长度不应小于管径的 3 倍。

当泵的安装位置高于吸水液面，泵的入口直径小于 350mm 时，应设底阀；入口直径大于或等于 350mm 时，应设真空引水装置。自灌式安装时应装闸阀。

当吸水管路装设过滤网时，过滤网的总过滤面积不应小于吸入管口面积的 2～3 倍。为防止滤网阻塞，可在吸水池进口或吸水管周围加设拦污网或拦污格栅。

b. 压水管路。其直径不应小于水泵的出口直径，应安装闸阀和止回阀。

所有与水泵连接的管路应具有独立、牢固的支架，以削减管路的振动和防止管路的重量压在水泵上。高温管路应设置膨胀节，防止热膨胀产生的压力完全加在水泵上。水泵的进出水管多采用挠性接头连接，以防止泵的振动和噪声沿管路传播。

③ 水泵的试运转。水泵及管路安装完毕，具备试运转条件后，应进行试运转。

水泵在额定工况点连续试运转的时间不应小于 2h；高速泵及特殊要求的泵试运转时间应符合设计技术文件的规定。水泵试运转的轴承温升必须符合设备说明书的规定。

2. 阀门、水表及水箱安装

（1）阀门安装　阀门的种类、型号、规格必须符合设计规定；启闭灵活严密，无破裂、砂眼等缺陷。

安装前必须进行压力试验。

① 阀门的强度和严密性试验。试验应在每批（同牌号、同型号、同规格）数量中抽查 10%，且不少于一个。对于安装在主干管上的起切断作用的闭路阀门，应逐个做强度和严密性试验。阀门的强度和严密性试验，应符合以下规定：阀门的强度试验压力为公称压力的 1.5 倍；严密性试验压力为公称压力的 1.1 倍；试验压力在试验持续时间内应保持不变，且壳体填料及阀瓣密封面无渗漏。阀门试压的试验持续时间应不少于表 1-9 的规定。

表 1-9　阀门试压的试验持续时间

公称直径/mm	最短试验持续时间/s		
	严密性试验		强度试验
	金属密封	非金属密封	
≤50	15	15	15
65～200	30	15	60
250～450	60	30	180

阀门的强度试验是指阀门在开启状态下试验，检查阀门外表面的渗漏情况。阀门的严密性试验是指阀门在关闭状态下试验，检查阀门密封面是否渗漏。

② 阀门安装的一般规定。阀门与管道或设备的连接有螺纹和法兰连接两种。安装螺纹阀门时，为便于拆卸一般一个阀门应配活接头一只，活接头设置位置应考虑便于检修；安装法兰阀门时，两法兰应相互平行且同心，不得使用双垫片。

同一房间内、同一设备、同一用途的阀门应排列对称，整齐美观，阀门安装高度应便于操作。

水平管道上阀门、阀杆、手轮不可朝下安装，宜向上安装。

并排立管上的阀门，高度应一致整齐，手轮之间便于操作，净距不应小于 100mm。

安装有方向要求的止回阀、截止阀，一定要使其安装方向与介质的流动方向一致。

换热器、水泵等设备安装体积和重量较大的阀门时，应单设阀门支架；操作频繁、安装高度超过 1.8m 的阀门，应设固定的操作平台。安装于地下管道上的阀门应设在阀门井内或检查井内。

（2）水表安装　水表应安装在便于检修，不受暴晒、污染和冻结的地方。水表应水平安装，安装方向应与水流方向一致。

安装分户水表，表前应安装阀门。引入管上的水表前后均应安装阀门，以便于水表的检查和拆卸。

安装旋翼式水表，表前与阀门应有不小于8倍水表接口直径的直线管段。表外壳距墙表面净距为10~30mm；水表进水口中心标高按设计要求确定。安装螺翼式水表，表前阀门应全开，表前与阀门也应有8~10倍水表接口直径的直线管段，以不影响水表计量的准确性。

（3）水箱安装

① 给水水箱的安装。给水水箱在给水系统中起贮水、稳压作用，是重要的给水设备。多用钢板焊制而成，也可用钢筋混凝土制成。有圆形和矩形两种。

给水水箱一般置于建筑物最高层的水箱间内，对水箱间及水箱保温要求与膨胀水箱相同。给水水箱配管如图1-57和图1-58所示。其连接管道如下。

a. 进水管：来自室内供水干管或水泵供水管，接管位置应在水箱一侧距箱顶200mm处，并与水箱内的浮球阀接通，进水管上应安装阀门以控制和调节进水量。

b. 出水管：从水箱的一侧距箱底100mm处接出，连接至室内给水干管上。出水管上应安装阀门。当进水管和出水管连在一起，共用一根管道时，出水管的水平管段上应安装止回阀。

c. 溢水管：从水箱顶部以下100mm处接出，其直径比进水管直径大2号。溢水管上不得安装阀门，并应将管道引至排水池槽处，但不得与排水管直接连接。

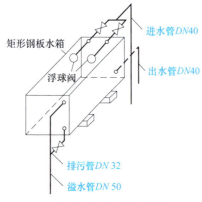

图1-57 水箱管道安装示意图

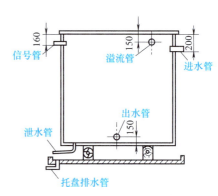

图1-58 水箱托盘及排水

d. 排污管：从箱底接出，一般直径应为40~50mm，应安装阀门，可与溢水管相接。

e. 信号管：接在水箱一侧，其高度与溢水管相同，管路引至水泵间的池槽处，用以检查水箱水位情况，当信号管出水时应立即停泵。信号管管径一般为25mm，管路上不装阀门。当水泵与水箱采用连锁自动控制时，可不设信号管。

膨胀水箱、给水水箱配管时，所有连接管道均应以法兰或活接头与水箱连接，以便于拆卸。

水箱内外表面均应做防腐处理。膨胀水箱、给水水箱的制作安装应符合国家标准。

② 水箱的满水试验和水压试验。敞口水箱的满水试验和密闭水箱的水压试验必须符合设计与施工规范的规定。

检验方法：满水试验静置24h观察，不渗不漏；水压试验在试验压力下10min内压力不下降，不渗不漏。

3. 管道支架安装

管道的支承结构称为支架，是管道系统的重要组成部分。支架的安装是管道安装的重要环节。

支架的作用是支撑管道，并限制管道位移和变形，承受从管道传来的内压力、外荷载及温度变形的弹性力，并通过支架将这些力传递到支承结构或地基上。

(1) 支架的类型及其结构　管道支架按支架材料不同分为钢结构、钢筋混凝土结构和砖木结构；按支架对管道的制约作用不同分为固定支架和活动支架两种类型；按支架自身构造情况的不同又分为托架和吊架两种。

① 固定支架。在固定支架上，管道被牢牢地固定住，不能有任何位移。固定支架应能承受管子及其附件、管内流体、保温材料等的重量（静荷载），同时，还应承受管道因温度压力的影响而产生的轴向伸缩推力和变形应力（动荷载），因此，固定支架必须有足够的强度。

常用固定支架有卡环式（U形管卡）和挡板式两种形式，如图1-59、图1-60所示。卡环式用于较小管径（$DN \leqslant 100$mm）的管道，挡板式用于较大管径（$DN > 100$mm）的管道，有单面挡板、双面挡板两种形式。

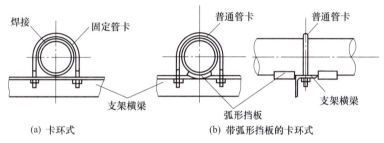

图1-59　卡环式固定支架

② 活动支架有滑动支架、导向支架、滚动支架和吊架四种。

a. 滑动支架：管道可以在支承面上自由滑动。有低滑动支架（用于非保温管道）和高滑动支架（用于保温管道）两种，如图1-61～图1-63所示。

b. 导向支架：是为了限制管子径向移动，使管子在支架上滑动时，不至于偏移管子轴心线而设置的，如图1-64所示。

c. 滚动支架：装有滚筒或球盘使管子在移动时产生滚动摩擦的支架。有滚柱和滚珠支架两种，如图1-65所示。

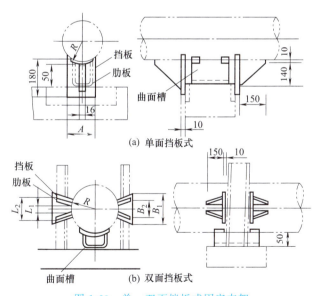

图1-60　单、双面挡板式固定支架

d. 吊架：吊挂管道的结构称为吊架，如图1-66所示。

(2) 支架安装

① 支架的安装要求。

a. 支架的安装位置应正确，安装应平整、牢固，与管子接触紧密。

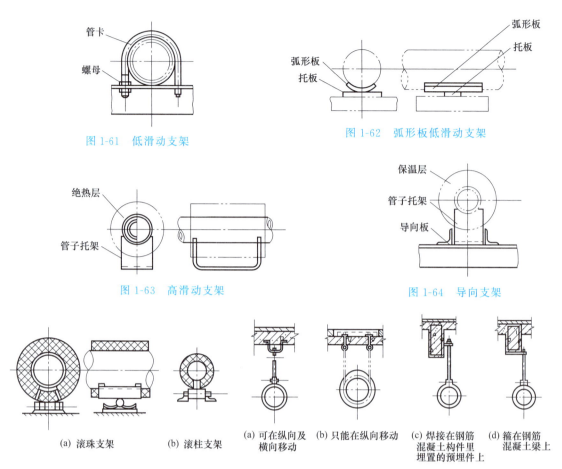

图 1-61　低滑动支架
图 1-62　弧形板低滑动支架
图 1-63　高滑动支架
图 1-64　导向支架
图 1-65　滚动支架
图 1-66　管道吊装

b. 支架标高应正确，对有坡度要求的管道，支架的标高应满足坡度要求。

c. 无热移动的管道，吊架的吊杆应垂直安装，有热位移的管道，吊杆应在位移的相反方向，按位移的 1/2 倾斜安装。

d. 固定支架应严格按设计要求安装，并在补偿器预拉伸之前固定。在有位移的直管段上，必须安装活动支架。

e. 支、托、吊架上不允许有管道焊缝、管件。

f. 管道支、托、吊架间距应符合设计要求及施工规范规定。

② 支架的安装方法。有埋入式安装、焊接式安装、膨胀螺栓安装、抱箍式安装和射钉式安装五种方法。

专业配合注意事项

1. 建筑物设有地下设备层的给水设施及设备基础施工

（1）贮水池施工。在施工中应注意：水池的几何尺寸要准确，池内壁应光滑平整，抗渗混凝土标号要准确，严禁出现蜂窝麻面及烂根，池壁应做防水层，内壁抹防水砂浆、瓷性涂料等。水池施工时，凡穿池壁的管道必须加带止水环的钢套管（又称防水套管），防水套管最好与临近的钢筋固定,防止浇筑混凝土时移位。

(2) 给水管道穿越建筑物的基础。应按施工图预留洞口,基础施工前应与专业施工人员核对洞口的位置及标高,施工时需认真地检查是否符合图纸要求,因为这在施工中常被忽略而造成重新剔砸洞口。一般洞口尺寸是给水管管径的 2～3 倍,但洞口不宜小于 300mm×300mm。当给水管道穿越建筑物的伸缩缝时,应预埋套管。套管与管道之间应做柔性接口(橡胶圈填料)。管道穿地下室的混凝土隔墙应预留洞口,并核对标高及位置。管道施工完毕后可采用豆石混凝土填平捣实,不超过结构墙体面。

管道穿越混凝土楼板(现浇)需预先留洞,不宜随做随砸。管道安装完毕洞口补灰时,楼板底面应做吊模,拆模后与楼板结构面齐,不允许用水泥砂浆或碎石填充后灌砂浆的方法补洞。

(3) 地下设备层的给水设备基础施工。水泵、气压罐、水箱和水处理设备等一般都安装在混凝土的基座上,就位前的基础混凝土强度、坐标、标高、尺寸和螺栓位置必须符合设计规定。基础分为普通基础和有减振要求的基础。基础施工时应核实基础的水平位置及基础面标高、预留二次灌浆孔的位置等是否与施工图或产品样本符合。尤其是已预留在水池池壁上的水泵吸水口的套管位置与标高,是否与水泵的吸水管口同在一条直线位置上的问题,是影响管道能否顺利配管的关键。对于有减振要求的基础施工时,应根据减振器的规格、型号(由设计选定)选择减振平衡板。设备基础施工时混凝土的标号需符合设计要求,设备安装完毕(含配管施工),基础应抹水泥砂浆面层,要求抹光压实。

(4) 管道共架敷设时,要求土建施工时预埋钢构件,以保证管道支架固定,预埋件的标高位置应与专业施工人员核对后施工,并采取防移位的措施。

2. 建筑物±0.000 以上给水管道系统施工时对土建施工的要求

(1) 管道明装时,往往会给装修工程带来不利因素,例如对墙面的破坏、污染等情况屡见不鲜。当土建结构施工卫生间时,每层的隔断墙应尽量保持在同一垂直面上,避免管道每层距墙面尺寸差距过大超出规范规定。管道暗装时,暗装管中垂直管道敷设在由土建封闭的管井内。管井砌筑时应保证平面几何尺寸,每楼层应设检修门。立管如设置阀门时,阀门位置应尽量靠近检修门,以便于维修及操作。高层建筑考虑到防火要求,管井每层之间应做混凝土隔断板,不允许管井一通到顶。管井应待管道安装、试压、刷油、保温等全部完成后,方可施工。对暗设在墙体内的管道应在结构施工中,将已刷油或防腐的管道预先安装好,并做局部试压,然后做墙体砌筑。不宜在墙体上剔沟槽后再埋管。暗装的消火栓需保证墙体留洞的位置及标高,洞口尺寸应符合设计要求。

对敷设在顶棚吊顶内的管道,应提前安装,装修吊顶时,不论采用哪种龙骨做法,均不允许将龙骨吊杆固定在管道的吊架上。吊顶的做法必须与自动喷洒消防系统的喷头及其他专业的设备(灯具、送回风口、烟温感探头等)布置配合好。在管道密集的走廊及房间内应做好交叉施工的程序,做到有主有次、有先有后的合理施工。对吊顶内的给水管道或其他专业的管道、电缆、风道、弱电线路等需全部安装完毕,并完成试压、保温等程序后方可封板。

(2) 沿墙体及柱体敷设管道支架做法。砖墙:将支架直接埋入墙内,埋入深度应不小于墙厚的 2/3,支架安装应水平、牢固,洞口最好采用豆石混凝土浇筑,并与结构层平,不宜凸出。混凝土墙或柱:在墙和柱子结构施工时,将预埋件固定好,预埋钢构件应核对位置及标高并采取固定措施防止移位。

3. 室内临时给水系统

对于建筑面积超过 $1 \times 10^4 m^2$ 的大型或高层建筑应考虑较完整的临时用水系统。由于建筑面积较大、施工工期长、场地窄小，材料堆放在室内而使发生火灾的概率加大，防火措施不能仅仅是简单地放置一些局部的灭火器，因此临时用水系统应在施工准备中给予重视，临时消防用水系统由管道、消火栓及必要的用水龙头和阀门组成。每个楼层应根据具体情况设置消火栓箱，设置的重点位置是施工人员常用通道、主要楼梯间、电气焊集中使用区、易燃品临时库区（油漆、稀释剂、面纱、装修木料等）、临时电闸箱等。尤其是建筑物进入装修阶段，施工人员多而集中的地区。对进入现场的施工人员需做好防火教育，掌握消火栓使用方法及灭火知识，电气焊施工应持有有关部门发放的用火许可证，对临时用水管道应经常检查有无漏水失水的地方，应经常检查阀门启闭情况和管道通畅情况。

小结

建筑给水系统按照其用途分为生活给水系统、生产给水系统和消防给水系统。给水系统由引入管、水表节点、建筑给水管网、增压和贮水设备等部分组成。

建筑给水系统常用的管材有塑料管、复合管、钢管、铜管、铸铁管。连接管道系统的管件包括弯头、三通、四通、管箍、活接头等。为保证给水系统的正常运行和使用，给水系统上应配置各种控制附件和配水附件，如阀门和水龙头。

生活给水系统的给水方式，根据室外管网的压力和建筑给水系统需要压力的大小分为直接给水方式，单设水箱的给水方式，单设水泵的给水方式，设水池、水泵和高位水箱的给水方式，气压给水方式，分区给水方式。

给水管道的布置原则是满足良好的水力条件，确保供水的可靠性，力求经济合理；保证建筑物的使用功能和生产安全；保证给水管道的正常使用；便于管道的安装与装修。

建筑内部生活给水、消防给水、热水供应系统管道安装的一般程序是：安装准备、预制加工、引入管安装、水平干管安装、立管安装、横管管道试压、管道清洗、管道防腐保温。中水系统给水管道检验标准与室内给水管道系统相同，中水供水系统必须独立设置，应采用耐蚀的给水管材及附件，严禁与生活饮用水给水管道连接，并应按规范要求采取相应的措施。

水泵的安装程序为安装前准备、放线定位、基础预制、水泵及附件安装、水泵的试运转。水箱安装的位置应正确、稳固平整，支架、枕木应符合设计要求。给水箱配管及阀门设置应符合规定；阀门在安装前应做强度试验和严密性试验；其安装位置、质量应符合规定；阀门的安装方向应正确；管道支架的安装方法有埋入式安装、焊接式安装、膨胀螺栓安装、抱箍式安装、射钉式安装；管道支架安装应平整牢固、位置正确；安装质量符合规范规定。

推荐阅读资料

[1]《建筑给水排水设计规范》(GB 50015—2003)(2009年版).

[2]《建筑中水设计标准》(GB 50336—2018).

[3]《太阳热水系统设计、安装及工程验收技术规范》(GB/T 18713—2002).

[4]《自动喷水灭火系统施工及验收规范》(GB 50261—2017).

[5]《城镇供热直埋热水管道技术规程》(CJJ/T 81—2013).

［6］ 河北省工程建设标准化管理办公室．12系列建筑标准设计图集（12S2）．北京：中国建材工业出版社，2013．

［7］ 中国建筑标准设计研究院．S3给水排水标准图集：排水设备及卫生器具安装．北京：中国计划出版社，2010．

［8］ 魏珊珊，王林生，刘玲，夏清东．典型工程施工图图集．北京：中国建筑工业出版社．2009．

［9］ 《民用建筑节水设计标准》（GB 50555—2010）．

［10］ 人力资源和社会保障部教材办公室．管道工．第2版．北京：中国劳动社会保障出版社，2014．

能力训练题

一、名词解释
1. 直接给水系统
2. 气压给水装置

二、填空题
1. 地下室或地下构筑物外墙有管道穿过的应采取防水措施，对有_____要求的建筑物，必须采用_____套管。
2. 给水及热水供应系统的金属管道立管管卡安装应符合规定，楼层高度小于或等于_____，每层不得少于1个；管卡安装高度，距地面应为_____，2个以上管卡应均匀安装，同一房间管卡应安装在同一_____上。
3. 给水管道穿过墙壁和楼板时，应设置金属套管或_____套管，安装在楼板内的套管，其顶部应高出装饰地面_____。
4. 给水引入管穿越_____、墙体和楼板时，应及时配合土建做好_____孔洞_____及_____。
5. 引入管预留孔洞的尺寸或钢套管的直径应比引入管直径大_____，引入管管顶距孔洞或套管顶应大于_____。
6. 给水支管的安装一般先做到卫生器具的_____处，以后管段待_____安装后再进行连接。
7. 塑料管穿过屋面时必须采用_____套管，且高出屋面不小于_____，并采取严格的防水措施。

三、问答题
1. 建筑给水系统的基本组成有哪几部分？
2. 建筑给水系统常用管材有哪些？其规格怎样表示？
3. 给水附件分为哪两类？在系统中起什么作用？
4. 管道穿越墙、楼板、伸缩缝、建筑基础时，应怎样处理？
5. 怎样安装水箱？
6. 常用水表有哪两类？有什么要求？
7. 建筑内部给水系统采用不同管材时，对其支架有何要求？
8. 土建施工地下混凝土水池中，与给排水专业施工配合的有关事项是什么？

单元二
建筑排水工程施工

学习目标

了解建筑排水系统的分类、组成、布置与敷设；熟悉建筑排水系统常用管材、管件、附件和常用设备，能根据工程施工进度协调各专业关系。

学习要求

知识要点	能力要求	相关知识
建筑排水系统的分类及组成	了解排水系统的分类；熟悉排水系统的组成	排水体制、建筑排水系统
建筑排水系统常用管材、管件及卫生器具	熟悉常用管材、管件和卫生器具的种类、规格；了解其特点和适用范围	《建筑排水柔性接口铸铁管管道工程技术规程》(CECS 168:2004)
屋面雨水排水系统	了解屋面雨水系统的类型和管道的布置要求；熟悉雨水系统的常用管材和雨水斗	《建筑与小区雨水控制及利用工程技术规范》(GB 50400—2016)
建筑排水系统安装	了解室内排水管道的布置、敷设和安装程序；熟悉安装规范	《建筑给水排水及采暖工程施工质量验收规范》(GB 50242—2002)

课题 1 ▶ 建筑排水系统的分类及组成

一、排水系统的分类

建筑内部排水系统的任务是将建筑物内用水设备、卫生器具和车间生产设置产生的污（废）水，以及屋面上的雨水、雪水加以收集后，通过室内排水管道及时顺畅地排至室外排水管网中。

根据所排污（废）水的性质，建筑排水系统可以分为以下三类。

1. 生活污（废）水排水系统

生活污（废）水排水系统是在住宅、公共建筑和工业企业生活间内安装的排水管道系统，用以排除人们日常生活中所产生的污水。其中含有粪便污水的称为生活污水，不含有粪便污水的称为生活废水。

2. 生产污（废）水排水系统

生产污（废）水排水系统是在工矿企业生产车间内安装的排水管道，用以排放工矿企业在生产过程中产生的污水和废水。其中生产废水指未受污染或受轻微污染以及水温稍有升高的水（如使用过的冷却水）；生产污水指被污染的水，包括水温过高排放后造成热污染的水。

3. 雨（雪）水排水系统

雨（雪）水排水系统是在屋面面积较大或多跨厂房内、外安装的雨（雪）水管道，用以排除屋面上的雨水和融化的雪水。

二、排水体制

以上提及的污（废）水及雨（雪）水管道，可根据污（废）水性质、污染程度，结合室外排水系统体制和有利于综合利用与处理的要求，以及室内排水点和排出口位置等因素，决定室内排水系统体制。如果建筑内部的生活污水与生活废水分别用不同的管道系统排放，称为分流制；如果建筑内部的生活污水与生活废水采用同一管道系统排放，则称为合流制。合流制的优点是工程总造价比分流制少，节省维护费用，其缺点是增加了污水处理的负荷量。分流制与合流制相反，它的优点是水力条件好，由于污（废）水分流，有利于分别处理和再利用，其缺点是工程造价高，维护费用多。建筑排水系统选择分流制排水体制还是合流制排水体制，应综合考虑诸多因素后确定，一般遵守以下规定。

（1）新建居住小区应采用生活污水与雨水分流排水系统。

（2）建筑物内下列情况宜采用生活污水与生活废水分流的排水系统。

① 生活污水需经化粪池处理后才能排入市政排水管道。

② 建筑物使用性质对卫生标准要求较高。

③ 生活废水需回收利用。

（3）下列污（废）水应单独排至水处理或回收构筑物。

① 公共饮食业厨房含有大量油脂的洗涤废水。

② 洗车台冲洗水。

③ 含有大量致病菌、放射性元素超过排放标准的医院污水。

④ 水温超过 40℃ 的锅炉、水加热器等加热设备的排水。

⑤ 用作中水水源的生活排水。

（4）建筑物的雨水管道应单独设置，在缺水或严重缺水地区，宜设置雨水贮存池。

三、排水系统的组成

一般建筑物内部排水系统的组成如图 2-1 所示。

1. 污（废）水受水器

污（废）水受水器是指各种卫生器具、排放工业生产污（废）水的设备及雨水斗等。

2. 排水管道

排水管道由排水支管、排水横管、排水立管、排水干管与排出管等组成。排水支管指只连接1个卫生器具的排水管,除坐式大便器和地漏外,其上均应设水封装置(俗称存水弯),以防止排水管道中的有害气体及蚊、蝇等昆虫进入室内。排水横管指连接2个以上卫生器具排水支管的水平排水管。排水立管指接受各层横管的污(废)水并将之排至排出管的立管。排出管即室内污水出户管,是室内立管与室外检查井(窨井)之间的连接横管,它可接受一根或几根立管内的污(废)水。

3. 通气管

通气管又称透气管,有伸顶通气管、专用通气立管、环形通气管等几种类型。通气管的作用是排出排水管道中的有害气体和臭气,平衡管内压力,减小排水管道内气压变化的幅度,防止水封因压力失衡而被破坏,保证水流畅通。通气管顶端应设通气帽,以防止杂物进入排水管内,其形式一般有两种,如图2-2所示,甲型通气帽采用20号铁丝编绕成螺旋形网罩,多用于气候较暖和的地区;乙型通气帽采用镀锌铁皮制成,适用于冬季室外平均温度低于-12℃的地区,可避免因潮气结霜封闭网罩而堵塞通气口。

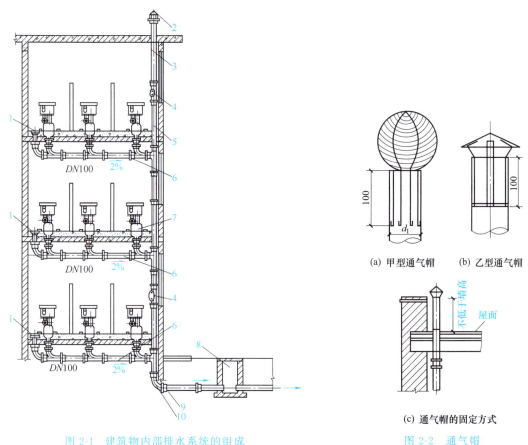

图2-1 建筑物内部排水系统的组成
1—清扫口;2—风帽;3—通气管;4—检查口;5—排水立管;
6—排水横支管;7—大便器;8—检查井;
9—排出管;10—出户大弯管

图2-2 通气帽

4. 清通装置

排水管道清通装置一般指检查口、清扫口、检查井(图2-3)以及自带清通门的弯头、三通、存水弯等设备,用以疏通排水管。室内常用检查口和清扫口。

单元二　建筑排水工程施工

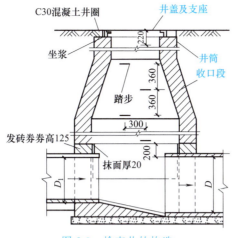

图 2-3　检查井的构造

5. 提升设备

当民用建筑的地下室、人防建筑物、高层建筑的地下设备层等地下建筑内的污（废）水不能自流排至室外时，必须设置提升设备。常用的提升设备有水泵、气压扬液器、手摇泵等。

课题 2 ▶ 建筑排水系统常用管材、管件及卫生器具

一、排水系统常用管材及选用

建筑内部排水系统常用管材主要有排水铸铁管、建筑排水用塑料管。

1. 排水铸铁管

排水铸铁管的抗拉强度不小于 140MPa，其水压试验压力为 1.47MPa，因此管壁较薄，重量较轻，出厂时内外表面均不做防腐处理，其外表面的防腐需在施工现场进行。按管承口部位的形状排水铸铁管分为 A 型和 B 型，如图 2-4 所示。其规格也用公称直径表示。

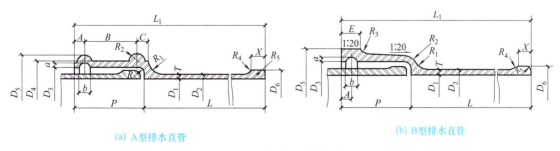

(a) A型排水直管　　　　　　　　　(b) B型排水直管

图 2-4　承插式排水铸铁管

2. 建筑排水用塑料管

建筑排水用塑料管是以聚氯乙烯树脂为主要原料，加入必需的助剂，经挤压成型的有机高分子材料。用塑料制成的管子具有优良的化学稳定性，耐蚀性和物理机械性能好，不燃、无不良气味、质轻而坚、密度小、表面光滑、容易加工安装，在工程中被广泛应用。建筑排水用塑料管适用于输送生活污水和生产污水。其规格用 d_e（公称外径）$\times e$（壁厚）表示。

45

3. 排水管材的选用

建筑内部排水管道应采用建筑排水塑料管及管件或柔性接口机制排水铸铁管及相应管件。

当连续排水温度大于40℃时，应采用金属排水管或耐热塑料排水管；压力排水管道可采用耐压塑料管、金属管或钢塑复合管。

重力流排水系统多层建筑宜采用建筑排水塑料管，高层建筑宜采用耐腐蚀的金属管、承压塑料管。

满管压力流排水系统宜采用内壁较光滑的带内衬的承压排水铸铁管、承压塑料管和钢塑复合管等。

小区室外排水管道，应优先采用埋地排水塑料管。

小区雨水排水系统可选用埋地塑料管、混凝土或钢筋混凝土管、铸铁管等。

二、排水系统常用管件、附件及选用

1. 铸铁管件

常用排水铸铁管件如图 2-5 所示。

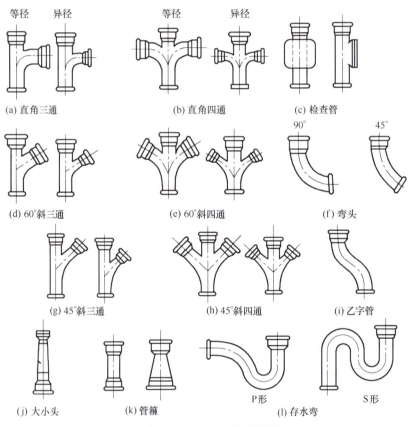

图 2-5 常用排水铸铁管件

2. 硬聚氯乙烯管件

排水用硬聚氯乙烯管件如图 2-6 所示。

3. 存水弯

存水弯的作用是在其内形成一定高度（通常为 50～100mm）的水封，阻止排水系统中

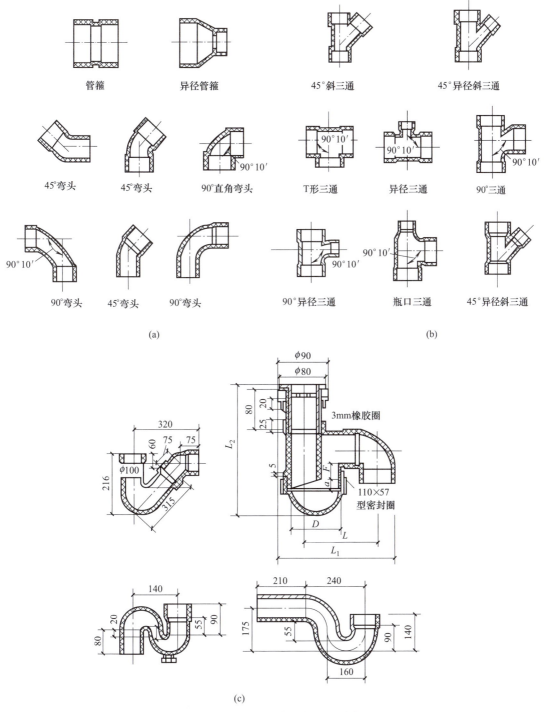

图 2-6 常用硬聚氯乙烯排水管件

的有害气体或虫类进入室内，保证室内的环境卫生。凡构造内无存水弯的卫生器具与生活污水管道或其他可能产生有害气体的排水管道连接时，必须在排水口以下设存水弯。存水弯的类型主要有 S 形和 P 形两种。

S 形存水弯常用在排水支管与排水横管垂直连接部位。P 形存水弯常用在排水支管与排水横管和排水立管不在同一平面位置而需连接的部位。需要把存水弯设在地面以上时，为满足美观要求，存水弯可设计成瓶式存水弯、存水盒等不同形式。

三、卫生器具及选用

卫生器具是用来满足日常生活中各种卫生要求，收集和排放生活及生产中产生的污水、废水的设备，是建筑给水排水系统的重要组成部分。

卫生器具一般采用不透水、无气孔、表面光滑、耐蚀、耐磨损、耐冷热、容易清洗、有一定的机械强度的材料制造，如陶瓷、搪瓷生铁、不锈钢、塑料、复合材料等。卫生器具正向着冲洗功能强、节水、消声、设备配套、便于控制、使用方便、造型新颖、色调协调等方向发展。

卫生器具按使用功能分为便溺用卫生器具、盥洗淋浴用卫生器具、洗涤用卫生器具、专用卫生器具四大类。

1. 便溺用卫生器具

便溺用卫生器具的作用是收集、排除粪便污水。其种类有大便器、大便槽、小便器、小便槽。

（1）大便器　按使用方法分为蹲式和坐式两种。

蹲式大便器比较卫生，多装设于公共卫生间、医院、家庭等一般建筑物内，分为高水箱冲洗、低水箱冲洗、自闭式冲洗阀冲洗三种。

坐式大便器多装设于住宅、宾馆等建筑物内，分为低水箱冲洗式和虹吸式两种。

（2）大便槽　因卫生条件差，冲洗耗水多，目前多用于一般的公共厕所内。

（3）小便器（斗）　小便器（斗）多装设于公共建筑的男厕所内，有挂式和立式两种。冲洗方式多为水压冲洗。

（4）小便槽　由于小便槽在同样的设置面积下比小便器可容纳的使用人数多。并且建造简单经济，因此，在工业建筑、公共建筑和集体宿舍的男厕所采用较多。

坐式大便器宜采用设有大、小便分挡的冲洗水箱。居住建筑中不得使用一次冲洗水量大于 6L 的坐便器。小便器、蹲式大便器应配套采用延时自闭式冲洗阀、感应式冲洗阀、脚踏冲洗阀。

2. 盥洗淋浴用卫生器具

盥洗淋浴用卫生器具有洗脸盆、盥洗槽、淋浴器、浴盆、妇女卫生盆。

（1）洗脸盆　按安装方式分为墙架式、立柱式和台式三种。

墙架式洗脸盆构造简单，造价低，但安装不便，美观性较差，一般用于对美观要求较低的公共建筑和民用建筑。

立柱式洗脸盆美观大方，一般多用于高级宾馆或别墅的卫生间内。

台式洗脸盆的造型很多。有椭圆形、圆形、长圆形、方形、三角形、六角形等。由于其体形大、台面平整、整体性好、豪华美观，因此多用于高级宾馆。

（2）盥洗槽　装设于工厂、学校车间、火车站等建筑内，有条形和圆形两种，槽内设排水栓。盥洗槽多为现场建造，价格低，可供多人同时使用。

（3）淋浴器　具有占地面积小、设备费用低、耗水量少、清洁卫生的优点，多用于集体宿舍、体育场馆、公共浴室内。

（4）浴盆　其种类及样式很多，多为长方形和方形，一般用于住宅、宾馆、医院等卫生间及公共浴室内。

（5）妇女卫生盆　是专供妇女使用的设备，一般用于妇产医院、工厂女卫生间内。

3. 洗涤用卫生器具

洗涤用卫生器具主要有洗涤盆、污水池。

（1）洗涤盆　是用来洗涤碗碟、蔬菜、水果等的卫生器具，常设置于厨房或公共食堂内。

（2）污水池　是用来洗涤拖布或倾倒污水用的卫生器具，设置于公共建筑的厕所、盥洗室内，多用水磨石或钢筋混凝土建造。

公共场所的卫生间洗手盆应采用感应式或延时自闭式水嘴。洗脸盆等卫生器具应采用陶瓷片等密封性能良好耐用的水嘴。水嘴、淋浴喷头内部宜设置限流配件。采用双管供水的公共浴室宜采用带恒温控制与温度显示功能的冷热水混合淋浴器。

4. 专用卫生器具

专用卫生器具主要有饮水器及地漏。

（1）饮水器　是供人们饮用冷开水或消毒冷水的器具，一般用于工厂、学校、车站、体育场馆和公园等公共场所。

（2）地漏　用于收集和排放室内地面水或池底污水，常用铸铁、不锈钢或塑料制成。布置淋浴器和洗衣机的部位应设置地漏。洗衣机处的地漏宜采用防止溢流和干涸的专用地漏。地漏应设置在易溅水的卫生器具附近的最低处。直通式地漏下必须设置存水弯。

① 普通地漏：其水封深度较浅，如果只起排除溅落水作用时，应注意经常注水，以免水封破坏。该种地漏有圆形和方形两种，材质为铸铁、塑料、黄铜、不锈钢等。

② 多通道地漏：有一通道、二通道、三通道等多种形式，由于通道位置可不同，因此使用方便。多通道地漏可连接多根排水管，主要用于卫生间内设有洗脸盆、洗手盆、浴盆和洗衣机的情况。为防止不同卫生器具排水可能造成的地漏反冒，多通道地漏设有塑料球封住通向地面的通道。

③ 存水盒地漏：其盖为盒状，并设有防水翼环，可随不同地面做法调节安装高度，施工时将翼环放在结构板上。这种地漏还附有单侧通道和双侧通道，可根据实际情况选用。

④ 双算杯式地漏：其内部水封盒采用塑料制作，形如杯子，便于清洗，比较卫生。双算杯式地漏排水量大、排水速度快，双算有利于拦截污物，并另附塑料密封盖，完工后去除，以避免施工时泥沙石等杂物堵塞地漏。

⑤ 防回流地漏：适用于地下室或电梯井和地下通道排水。这种地漏设有防回流装置（一般设有塑料球或采用防回流单向阀），可防止污水倒流。

地漏的选择应符合下列要求：

① 应优先采用直通式地漏。

② 卫生标准要求高或非经常使用地漏排水的场所，应设置密闭地漏。

③ 食堂、厨房和公共浴室等排水宜设置网框式地漏。

④ 淋浴室地漏的排水负荷，可按表2-1确定。当为排水沟排水时，8个淋浴器可设置1个直径为100mm的地漏。

表2-1　淋浴室地漏直径

淋浴器数量/个	1～2	3	4～5
地漏直径/mm	50	75	100

课题3 ▶ 屋面雨水排水系统

屋面的雨水和融化的雪水，必须迅速排除。屋面雨水排水系统按设计流态可分为（虹吸式）压力流雨水系统、（87型斗）重力流雨水系统、（堰流式斗）重力流雨水系统；按管道设置的位置，可分为内排水系统和外排水系统；按屋面的排水条件，可分为檐沟排水、天沟排水和无沟排水；按出户横管（渠）在室内部分是否存在自由水面，可分为密闭系统和敞开系统。根据建筑结构形式、气候条件及生产使用要求，在技术经济合理的条件下，屋面雨水应尽量采用外排水。

一、屋面雨水排水系统的主要类型

1. 檐沟外排水系统

檐沟外排水系统由檐沟、雨水斗、雨水立管（水落管）等组成，如图2-7所示。檐沟外排水系统是目前使用最广泛的屋面雨水排除系统，适用于一般居住建筑、屋面面积较小且造型不复杂的公共建筑和单跨工业建筑。水落管目前常采用φ75mm和φ110mm的UPVC排水塑料管、镀锌钢管，间距一般为8～16m。

2. 天沟外排水系统

天沟外排水系统由天沟、雨水斗、雨水立管等组成，如图2-8所示。天沟外排水是由天沟汇集雨水，雨水斗置于天沟内，屋面雨水经天沟、雨水斗和排水立管排至地面或雨水管。天沟一般以伸缩缝、沉降缝、变形缝为分水线。天沟坡度不小于0.003，天沟一般伸出山墙0.4m。天沟外排水适合多跨厂房、库房的屋面雨水排除。

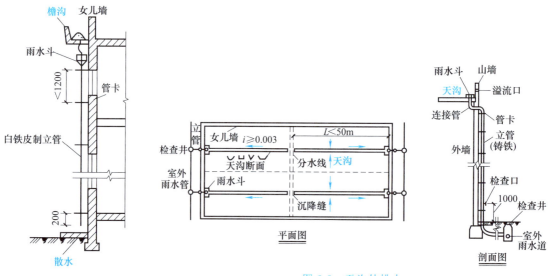

图2-7 檐沟外排水　　　　　图2-8 天沟外排水

3. 内排水系统

将雨水管道系统设置在建筑物内部的称为屋面雨水内排水系统，如图2-9所示。内排水系统由雨水斗、连接管、悬吊管、立管、排出管、检查井等组成。屋面雨水内排水系统用于不宜在室外设置雨水立管的多层、高层和大屋顶民用和公共建筑及大跨度、多跨工业建筑。内排水系统按每根雨水立管连接的雨水斗的个数，可以分为单斗和多斗雨水排水系统；按雨水管中水流的设计流态可分为重力流雨水系统和虹吸式压力流雨水系统。

重力流雨水系统是屋面雨水经雨水斗进入排水系统后，雨水以汽水混合状态依靠重力作用顺着立管排出，计算时按重力流考虑。由于是汽水混合物，所以管径计算都较大。虹吸式雨水系统采用防漩涡虹吸式雨水斗，当屋面雨水高度超过雨水斗高度时，极大地减少了雨水进入排水系统时所夹带的空气量，使得系统中排水管道呈满流状态，利用建筑物屋面的高度

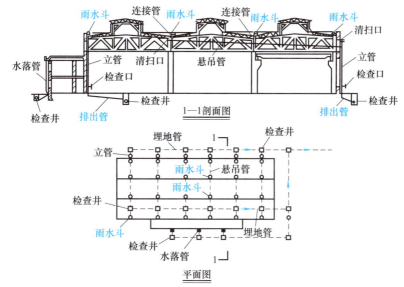

图 2-9 内排水系统构造示意图

和雨水所具有的势能，在雨水连续流经雨水悬吊管转入雨水立管跌落时形成虹吸作用，并在该处管道内呈最大负压。屋面雨水在管道内负压的抽吸作用下以较高流速排至室外，提高了排水能力，即在排除相同雨水量时，雨水管道管径可缩小或减少雨水管的根数。

二、雨水排水系统的管材与雨水斗

1. 雨水管材

使用重力流排水系统的多层建筑宜采用建筑排水塑料管，高层建筑宜采用承压塑料管、金属管等。压力流排水系统采用内壁较光滑的带内衬的承压排水铸铁管、承压塑料管和钢塑复合管等，其管材工作压力应大于建筑物净高度产生的静水压。用于压力流排水的塑料管，其管材抗变形压力应大于 0.15MPa。

2. 雨水斗

雨水斗的作用是迅速地排除屋面雨（雪）水，并能将粗大杂物拦阻下来。必须是经过排水能力、对应的斗前水深等测试的雨水斗才能使用在屋面上。目前常用的雨水斗为 87 型雨水斗［图 2-10(a)］、平箅式雨水斗和虹吸式雨水斗［图 2-10(b)］等。

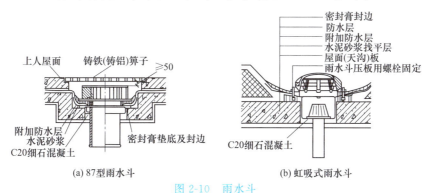

(a) 87 型雨水斗　　(b) 虹吸式雨水斗

图 2-10　雨水斗

三、雨水排水管道布置要求

① 在建筑屋面各汇水范围内，雨水排水立管不宜少于 2 根。

② 高层建筑裙房屋面的雨水应单独排放；阳台排水系统应单独设置。阳台雨水立管底部应采用间接排水。

③ 屋面排水系统应设置雨水斗，不同设计排水流态、排水特征的屋面雨水排水系统应选用相应的雨水斗。对于屋面雨水管道如按压力流设计时，同一系统的雨水斗宜在同一水平面上。

④ 屋面雨水排水管的转向处宜做顺水连接，并根据管道直线长度、工作环境、选用管材等情况设置必要的伸缩装置。

⑤ 重力流雨水排水系统中长度大于15m的雨水悬吊管应设检查口，其间距不宜大于20m，且应布置在便于维修操作处。有埋地排出管的屋面雨水排出系统，立管底部应设清扫口。

⑥ 寒冷地区，雨水立管应布置在室内。雨水管应固定在建筑物的承重结构上。

课题 4 ▶ 建筑排水系统安装

一、建筑排水管道安装

1. 一般规定

（1）生活污水管道应使用塑料管、铸铁管或混凝土管，成组洗脸盆或饮水器到共用水封之间的排水管和连接卫生器具的排水短管，可使用钢管。

（2）雨水管道宜使用塑料管、铸铁管、镀锌和非镀锌钢管或混凝土管等。悬吊式雨水管道应选用钢管、铸铁管或塑料管。易受振动的雨水管道（如锻造车间等）应使用钢管。

2. 排水管道及配件安装要求

（1）埋地的排水管道在隐蔽前必须做灌水试验。

（2）生活污水管道的坡度必须符合设计要求，设计无要求的，排水铸铁管道和塑料管道的坡度应符合表 2-2 与表 2-3 的规定。

表 2-2 生活污水铸铁管道的坡度

项次	管径/mm	标准坡度/‰	最小坡度/‰
1	50	3.5	2.5
2	75	2.5	1.5
3	100	2.0	1.2
4	125	1.5	1.0
5	150	1.0	0.7
6	200	0.8	0.5

表 2-3 生活污水塑料管道的坡度

项次	管径/mm	标准坡度/‰	最小坡度/‰
1	50	2.5	1.2
2	75	1.5	0.8
3	110	1.2	0.6
4	125	1.0	0.5
5	150	0.7	0.4

（3）排水塑料管必须按设计要求及位置装设伸缩节。如设计无要求时，伸缩节间距不得大于 4m。

（4）高层建筑中明设排水塑料管道应按设计要求设置阻火圈或防火套管。

（5）排水主立管及水平干管管道应做通球试验，通球球径不小于排水管管径的 2/3，通球率必须达到 100%。

（6）在生活污水管道上设置的检查口或清扫口，当设计无要求时，应符合下列规定：

① 在立管上应每隔一层设置一个检查口，但在最低层和有卫生器具的最高层必须设置。如为两层建筑时，可仅在底层设置立管检查口；如有乙字弯管时，则在该层乙字弯管的上部设置检查口。检查口中心高度距操作地面一般为 1.0m，允许偏差为±20mm；检查口的朝向应便于检修。暗装立管，在检查口处应安装检修门。

② 连接 2 个及 2 个以上大便器或 3 个以上卫生器具的污水横管上应设置清扫口。当污水管在楼板下悬吊敷设时，可将清扫口设在上一层楼地面上，污水管起点的清扫口与管道相垂直的墙面距离不得小于 200mm；污水管起点设置堵头代替清扫口时，与墙面距离不得小于 400mm。

③ 在转角小于 135°的污水横管上，应设置检查口或清扫口。

④ 污水横管的直线管段，应按设计要求的距离设置检查口或清扫口。

(7) 埋在地下或地板下的排水管道的检查口，应设在检查井内。井底表面标高与检查口的法兰相平，井底表面应有 5%的坡度，坡向检查口。

(8) 金属排水管道上的吊钩或卡箍应固定在承重结构上。固定件间距：横管不大于 2m，立管不大于 3m。楼层高度小于或等于 4m，立管可安装 1 个固定件。立管底部的弯管处应设支墩或采取固定措施。

(9) 排水塑料管道支吊架最大间距应符合表 2-4 的规定。

表 2-4　排水塑料管道支吊架最大间距

管径/mm	50	75	110	125	160
立管/m	1.2	1.5	2.0	2.0	2.0
横管/m	0.5	0.75	1.10	1.30	1.6

(10) 排水通气管不得与风道或烟道连接，且应符合下列规定。

① 通气管应高出屋面 300mm，但必须大于最大积雪厚度。

② 在通气管出口 4m 以内有门、窗时，通气管应高出门、窗顶 600mm 或引向无门、窗的一侧。

③ 在经常有人停留的平屋顶上，通气管应高出屋面 2m，并应根据防雷要求设置防雷装置。

(11) 安装在室内的雨水管道安装后应做灌水试验，灌水高度必须到每根立管上部的雨水斗。

(12) 雨水管道如采用塑料管，其伸缩节安装应符合设计要求。

(13) 悬吊式雨水管道的敷设坡度不得小于 0.5%，埋地雨水排水管道的最小坡度应符合表 2-5 的规定。

表 2-5　埋地雨水排水管道的最小坡度

项次	管径/mm	最小坡度/%	项次	管径/mm	最小坡度/%
1	50	2.0	4	125	0.6
2	75	1.5	5	150	0.5
3	100	0.8	6	200～400	0.4

(14) 雨水管道不得与生活污水管道相连接。

(15) 雨水斗的连接应固定在屋面承重结构上。雨水斗边缘与屋面相连处应严密不漏。当连接管道无设计要求时，不得小于 100mm。

(16) 悬吊式雨水管道的检查口或带法兰堵口的三通的间距：当 $DN \leqslant 150mm$ 时不超过 15m，当 $DN > 150mm$ 时不超过 20m。

3. 排水管道的安装

室内排水管道安装的一般程序是：排出管→底层埋地排水横管→底层器具排水短管→排水立管→各楼层排水横管、器具短支管。

(1) 排出管的安装　排出管一般敷设于地下或地下室。穿过建筑物基础时应预留孔洞，并设防水套管。当 $DN \leqslant 80$mm 时，孔洞尺寸为 300mm×300mm；当 $DN \geqslant 100$mm 时，孔洞尺寸为 $(300+d)$mm×$(300+d)$mm，其中 d 为排出管的管径。管顶到洞顶的距离不得小于建筑物的沉降量，一般不宜小于 0.15m。

排出管直接埋地时，其埋深应大于当地冬季冰冻线深度。为便于检修，排出管的长度不宜太长，一般自室外检查井中心至建筑物基础外边缘距离不小于 3m、不大于 10m。

(2) 排水立管的敷设　排水立管应设在排水量最大，卫生器具集中的地点。不得设于卧室、病房等卫生、安静环境要求较高的房间，应尽可能远离卧室内墙。排水立管如暗装于管槽或管道井内，在检查口处应设检修门。排水立管需穿过楼板，因此应预留孔洞。

(3) 排水横管的敷设　排水横管不得敷设在遇水易引起燃烧、爆炸或损坏生产原料的房间。不得穿越厨房、餐厅、贵重商品仓库、变电室、通风间等。不得穿越沉降缝、伸缩缝，如必须穿越时，应采取技术措施。穿过墙体和楼板时应预留孔洞。

(4) 排水支管的敷设　排水支管穿墙或楼板时应预留孔洞，且预留位置应准确。与卫生器具相连时，除坐式大便器和地漏外均应设置存水弯。

(5) 排水系统的灌水试验、通水试验

① 灌水试验。隐蔽或埋地的排水管道在隐蔽前必须做灌水试验，其灌水高度应不低于底层卫生器具的上边缘或底层地面高度。

检验方法：满水 15min 水面下降后，再灌满观察 5min，液面不降，管道及接口无渗漏为合格。

安装在室内的雨水管道安装后应做灌水试验，灌水高度必须到每根立管上部的雨水斗。

检验方法：灌水试验持续 1h，不渗不漏为合格。

② 通水试验。排水系统安装完毕后，将给水系统的 1/3 配水点同时开放，检查各排水点，系统排水畅通，管子及接口无渗漏为合格。

4. 室内排水管道安装的质量控制及允许偏差

(1) 排水管道及配件安装质量控制及允许偏差

① 主控项目。隐蔽或埋地的排水管道在隐蔽前必须做灌水试验，其灌水高度不低于底层卫生器具的上边缘或底层地面高度。

检验方法：满水 15min 水面下降后，再灌满水观察 5min。液面不降，管道及接口无渗漏为合格。

生活污水铸铁管道的坡度必须符合设计要求或表 2-6 的规定。

生活污水塑料管道的坡度必须符合设计要求或表 2-7 的规定。

检验方法：水平尺、拉线和尺量检查。

排水塑料管必须按设计要求及位置装设伸缩节。如无设计要求时，伸缩节间距不大于 4m。

表 2-6　生活污水铸铁管道的坡度

项　次	管径/mm	标准坡度/‰	最小坡度/‰
1	50	35	25
2	75	25	15
3	100	20	12
4	125	15	10
5	150	10	7
6	200	8	5

表 2-7 生活污水塑料管道的坡度

项 次	管径/mm	标准坡度/‰	最小坡度/‰
1	50	25	12
2	75	15	8
3	100	12	6
4	125	10	5
5	160	7	4

高层建筑明设排水塑料管道应按设计要求设置防火圈或防火套管。

检验方法：观察检查。

排水主立管及水平干管管道均应做通球试验，通球球径不小于排水管道管径的 2/3，通球率必须达到 100%。

检验方法：通球检查。

② 一般项目。排水管道安装的允许偏差应符合表 2-8 的相关规定。

表 2-8 室内排水和雨水管道安装的允许偏差和检验方法

项次	项 目			允许偏差/mm	检验方法
1	坐标			≤15	用水准仪（水平尺）、直尺、拉线和尺量检查
2	标高			±15	
3	横管纵横方向弯曲	铸铁管	每1m	≤1	
4			全长(25m 以上)	≤25	
5		钢管	每1m 管径小于或等于100mm	≤1	
6			每1m 管径大于100mm	≤1.5	
7			全长(25m 以上) 管径小于或等于100mm	≤25	
8			全长(25m 以上) 管径大于100mm	≤38	
9		塑料管	每1m	≤1.5	
10			全长(25m 以上)	≤38	
11		钢筋混凝土管、混凝土管	每1m	≤3	
12			全长(25m 以上)	≤75	
13	立管垂直度	铸铁管	每1m	≤3	吊线和尺量检查
14			全长(5m 以上)	≤15	
15		钢管	每1m	≤3	
16			全长(5m 以上)	≤10	
17		塑料管	每1m	≤3	
18			全长(5m 以上)	≤15	

(2) 雨水管道及配件安装质量控制与允许偏差

① 主控项目。安装在室内的雨水管道安装后应做灌水试验，灌水高度必须到达每根立管上部的雨水斗。

检验方法：灌水试验持续 1h，不渗不漏为合格。

雨水管道如采用塑料管，其伸缩节安装应符合设计要求。

检验方法：对照图样检查。

悬吊式雨水管道的敷设坡度不得小于 0.5%；埋地雨水排水管道的最小坡度应符合表 2-9 的规定。

表 2-9　埋地雨水排水管道的最小坡度

项　次	管径/mm	最小坡度/%
1	50	2
2	75	1.5
3	100	0.8
4	125	0.6
5	150	0.5
6	200～400	0.4

检验方法：水平尺、拉线和尺量检查。

② 一般项目。雨水管道不得与生活污水管道相连接。

检验方法：观察检查。

雨水斗管的连接应固定在屋面承重结构上。雨水斗边缘与屋面相连接处应严密不漏。连接管管径当设计无要求时，不得小于 100mm。

检验方法：观察和尺量检查。

悬吊式雨水管道的检查口或带法兰堵口的三通的间距不得大于表 2-10 的规定。

表 2-10　悬吊式雨水管道检查口

项　次	悬吊管直径/mm	检查口间距/m
1	≤150	≤15
2	≥200	≤20

雨水管道的安装允许偏差应符合表 2-8 的规定。

雨水钢管管道焊口允许偏差和检验方法应符合表 2-11 的规定。

表 2-11　钢管管道焊口允许偏差和检验方法

项次	项　目			允　许　偏　差	检　验　方　法
1	焊口平直度		管壁厚 10mm 以内	管壁厚的 1/4	焊接检验尺和游标卡尺检查
2	焊缝加强面		宽度	≤1mm	
			高度	1mm	
3	咬边	深度		小于 0.5mm	直尺检查
		长度	连续长度	≤25mm	
			总长度(两侧)	小于焊缝长度的 10%	

二、卫生器具安装

1. 卫生器具安装的基本技术要求

卫生器具是用来满足日常生活中各种卫生要求，收集和排放生活及生产中产生的污水、废水的设备。

（1）卫生器具的安装位置应正确，安装应牢固、端正美观、完好、洁净，接口严密不渗漏。

（2）卫生器具与支架接触处应平稳贴实，可采取加软垫的方法实现。若直接使用螺栓固定，螺栓上应加软橡胶垫圈，且拧紧时用力应适当。

（3）除大便器外的其他卫生器具排水口处均应设置排水栓或十字栏栅，以防止排水管道堵塞。

（4）为防止排水管道的污染、气体及蚊、蝇、昆虫进入室内，除坐式大便器外，其他卫生器具与排水管道相连处均应设置存水弯。

（5）卫生器具应采用预埋支架、螺栓或膨胀螺栓安装固定。

（6）卫生器具与给水配件连接的开洞处应使用橡胶板；与排水管、排水栓连接的排水口应使用油灰；与墙面靠接时，应使用油灰或白水泥填缝。

（7）在器具和给水支管连接时，必须装设阀门和可拆卸的活接头。器具排水口和排水短管、存水弯管连接处应用油灰填塞，以便于拆卸。

（8）卫生器具排水口与排水管道的连接处应密封良好，不渗漏。

（9）卫生器具的安装位置、标高，连接管管径，均应符合设计要求或规范规定。卫生器具及配件的安装高度在设计无要求时，应符合表2-12、表2-13的规定。

（10）卫生器具安装完毕交工前应做满水和通球试验，并应采取一定的保护措施。

表2-12　卫生器具的安装高度

项次	卫生器具名称		卫生器具安装高度/mm		备　注
			居住和公共建筑	幼儿园	
1	污水盆（池）	架空式	800	800	自地面至器具上边缘
		落地式	500	500	
2	洗涤盆（池）		800	800	
3	洗脸盆、洗手盆（有塞、无塞）		800	500	
4	盥洗槽		800	500	
5	浴盆		≤520	—	
6	蹲式大便器	高水箱	1800	1800	自台阶面至高水箱底
		低水箱	900	900	自台阶面至低水箱底
7	坐式大便器	高水箱	1800	1800	自地面至高水箱底
		低水箱 外露排水管式	510	370	
		低水箱 虹吸喷射式	470		
8	小便器	挂式	600	450	自地面至下边缘
9	小便槽		200	150	自地面至台阶面
10	大便槽冲洗水箱		≥2000	—	自台阶面至水箱底
11	妇女卫生盆		360	—	自地面至器具上边缘
12	化验盆		800	—	自地面至器具上边缘

表2-13　卫生器具给水配件的安装高度

项次	给水配件名称		配件中心距地面高度/mm	冷热水龙头距离/mm
1	架空式污水盆（池）水龙头		1000	—
2	落地式污水盆（池）水龙头		800	—
3	洗涤盆（池）水龙头		1000	150
4	住宅集中给水龙头		1000	—
5	洗手盆水龙头		1000	—
6	洗脸盆	水龙头（上配水）	1000	150
		水龙头（下配水）	800	150
		角阀（下配水）	450	—
7	盥洗槽	水龙头	1000	150
		热水龙头（冷热水管上下并行）	1100	150
8	浴盆	水龙头（上配水）	670	150

2. 卫生器具的安装流程

卫生器具安装的一般程序是：安装前的准备工作，卫生器具及配件安装，卫生器具与墙、地缝隙处理，卫生器具外观检查，满水、通水试验等。安装前应做以下准备工作。

① 卫生器具安装前检查给水管和排水管预留孔洞的位置和形式，确定所需工具、材料、数量及配件的种类。

② 核对卫生器具的型号、规格是否符合设计要求，检查卫生器具的外观与质量是否符合质量要求。

③ 与卫生器具连接的冷热水管道经试压已合格，排水管道已进行灌水试验并合格，排水管口及其附近地面清理打扫干净。

3. 卫生器具的安装

（1）便溺用卫生器具的安装　便溺用卫生器具的作用是收集排除粪便污水。有大便器、大便槽、小便器、小便槽。

① 大便器的安装。

a. 蹲式大便器的安装如图 2-11 所示。

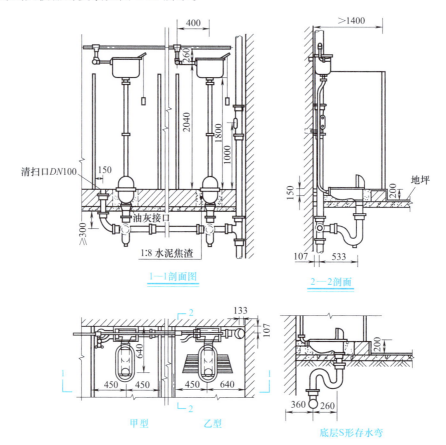

图 2-11　高水箱蹲式大便器的安装

安装程序：安装大便器→安装高水箱→安装冲洗管。

注意事项：大便器稳固后，按土建要求做好地坪，橡胶碗处要用砂土埋好，再在砂土上面抹平水泥砂浆。禁止用水泥砂浆把橡胶碗处全部填死，以免维修不便。

b. 坐式大便器分为分体式和连体式两种。安装如图 2-12、图 2-13 所示。

安装程序：安装大便器→安装低水箱→安装管道。

注意事项：坐式大便器因自带存水弯，故与排水管相接时，无需再设存水弯。

② 大便槽的安装　主体是由土建部分砌筑而成的，给排水部分主要是安装冲洗水箱、冲洗水管、大便槽排水管，大便槽的安装如图 2-14 所示。

单元二　建筑排水工程施工

图 2-12　分体式坐便器的安装

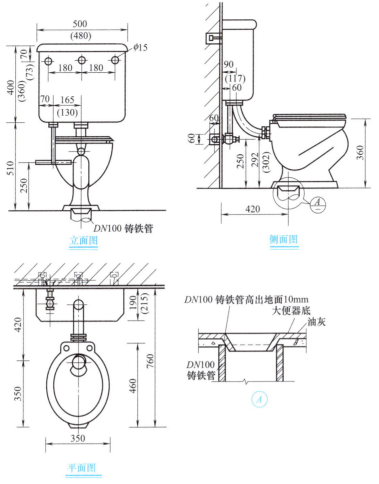

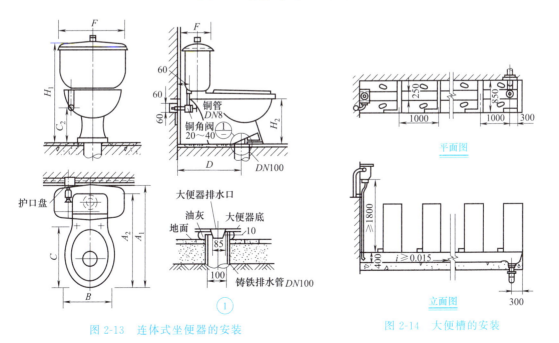

图 2-13　连体式坐便器的安装

图 2-14　大便槽的安装

安装程序：安装大便槽时，首先在墙上打孔，栽埋角钢，找正找平后，用水泥砂浆填灌并抹平。安装水箱并根据水箱位置安装进水管、冲洗管和大便槽排水管。

③ 小便器（斗）的安装如图 2-15、图 2-16 所示。

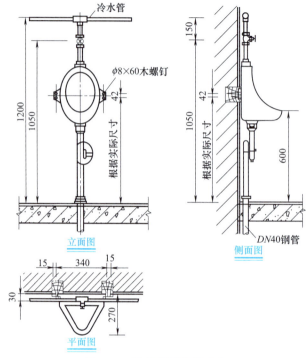

图 2-15　挂式小便器的安装

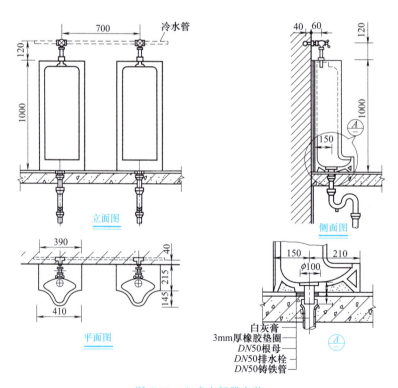

图 2-16　立式小便器安装

安装程序：安装小便器→安装存水弯→安装进水管（阀）。

注意事项：冲洗管与小便器进、出水管中心线重合。小便器与墙面的缝隙需用白水泥嵌平、抹光；明装管道的阀门采用截止阀，暗装管道的阀门采用铜角式截止阀。

④ 小便槽的安装　小便槽主体结构由土建部分砌筑。按其冲洗形式有自动和手动两种。小便槽的安装如图 2-17 所示。

小便槽冲洗水箱和进水管的安装方法与前述基本相同，只是小便槽的多孔冲洗管需用 DN15 的镀锌钢管现场制作。

（2）盥洗淋浴用卫生器具的安装
盥洗淋浴用卫生器具有洗脸盆、盥洗槽、淋浴器、浴盆、妇女卫生盆等。

① 洗脸盆按安装方式分为墙架式、立柱式、台式三种。其安装如图 2-18～图 2-20 所示。

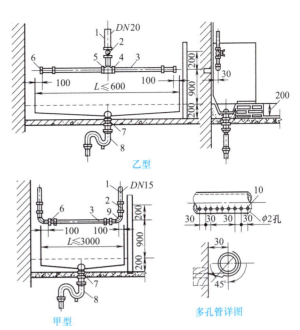

图 2-17　小便槽的安装
1—给水管；2—截止阀；3—多孔冲洗管；
4—管补芯；5—三通；6—管帽；7—罩式排水栓；
8—存水弯；9—弯头；10—冲洗孔

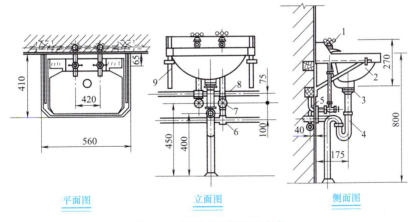

图 2-18　墙架式洗脸盆的安装
1—水嘴；2—洗脸盆；3—排水栓；4—存水弯；5—弯头；6—三通；
7—角式截止阀及冷水管；8—热水管；9—托架

安装程序：安装洗脸盆→安装洗脸盆排水管→安装冷、热水管。

② 淋浴器的安装如图 2-21 所示。

③ 浴盆的安装如图 2-22 所示。

浴盆的安装方法：将浴盆放在土建部分做好的砖砌支墩上，并固定牢靠，浴盆有溢、排水孔的一端和内侧靠墙壁放置。盆底距地面一般为 120～140mm，并使盆底具有 2% 的坡度，坡向排水孔。浴盆与支墩间隙处用水泥砂浆嵌缝并抹平。

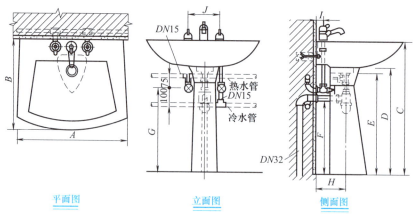

图 2-19 立柱式洗脸盆的安装

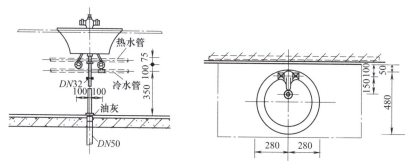

图 2-20 台式洗脸盆的安装

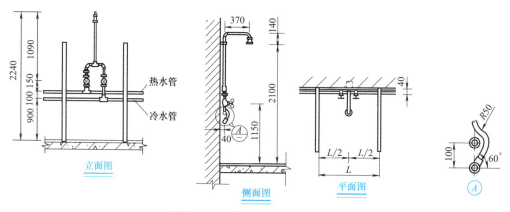

图 2-21 双管管件淋浴器的安装

④ 妇女卫生盆的安装方法：安装混合水阀，冷、热水嘴，喷嘴、排水栓及手提拉杆等卫生盆配件。配件安装好后，接通临时水进行试验，无渗漏后方可进行安装；按卫生盆下水口距后墙尺寸，确定安装位置画出盆底和地面的轮廓线；在地面打眼并预埋螺栓或膨胀螺栓，在安装范围内的地面上，抹上厚度为 10mm 的白灰膏，将压盖套在水铜管上，旋转卫生盆，找平找正后在螺栓上加垫并拧紧螺母的冷、热水管及水嘴。

(3) 洗涤用卫生器具的安装

① 洗涤盆的安装如图 2-23 所示。洗涤盆上沿距地面高度为 800mm，其托架有 40mm×

单元二 建筑排水工程施工

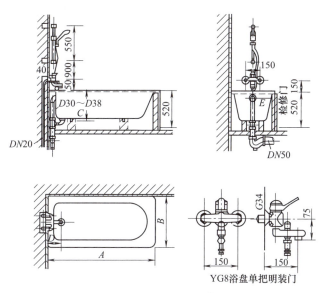

图 2-22 浴盆的安装

460mm 和 610mm×460mm 两种。

洗涤盆上沿距地面高度为 800mm，其托架用 40mm×5mm 的扁钢制作，托架呈直角三角形，用预埋螺栓 M10×100mm 或膨胀螺栓 M10×85mm 固定于墙体上，将洗涤盆安装于托架上，安装平整后用白水泥嵌塞盆与墙壁间的缝隙。

② 污水池安装如图 2-24 所示。污水池架空安装时需用砖砌筑支墩，污水池旋转在支墩上，池上沿口的安装高度为 800mm，水嘴的安装高度距地面 1000mm。落地安装时，将污水池直接连接置于地坪上，盆高 500mm，水嘴的安装高度为 800mm，池底设置地漏。

（4）专用卫生器具的安装 专用卫生器具是指专门设于化验室、实验室的卫生器具和地漏。地漏的安装如图 2-25 所示。

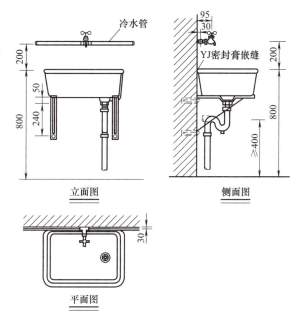

图 2-23 冷水龙头洗涤盆的安装

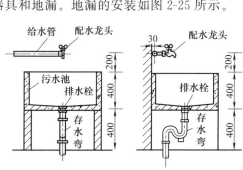

图 2-24 污水池的安装

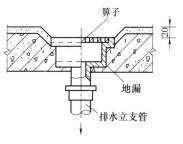

图 2-25 地漏的安装

63

安装地漏时，地漏周边应无渗漏，水封深度不得小于50mm。地漏设于室内地面时，应低于地面5~10mm，地面应有不小于1%的坡度坡向地漏。因地漏自带水封，故安装时无需再设存水弯。

卫生器具在安装完毕后应做满水和通水试验。检验方法是满水后检查各连接件，不渗不漏为合格；通水试验给排水畅通为合格。

4. 卫生器具及给水配件、排水管道安装质量控制及允许偏差

（1）卫生器具安装质量控制及允许偏差

① 主控项目。

a. 排水栓和地漏的安装应平整、牢固、低于排水地面，周围无渗漏。地漏水封高度不得小于50mm。

检验方法：试水观察检查。

b. 卫生器具交工前应做满水和通水试验。要求满水后各连接件不渗不漏；通水试验后排水畅通。

② 一般项目。

a. 卫生器具安装的允许偏差和检验方法见表2-14。

表2-14 卫生器具安装的允许偏差和检验方法

项次	项目		允许偏差/mm	检验方法
1	坐标	单独器具	10	拉线、吊线和尺量检查
		成排器具	5	
2	标高	单独器具	±15	
		成排器具	±10	
3	器具水平度		2	用水平尺和尺量检查
4	器具垂直度		3	吊线和尺量检查

b. 有饰面的浴盆，应留有通向浴盆排水口的检修门。

检验方法：观察检查。

c. 小便槽冲洗管采用镀锌钢管或硬质塑料管。冲洗孔应斜向下方安装，冲洗水流同墙面的夹角为45°。镀锌钢管钻孔后应进行二次镀锌。

检验方法：观察检查。

d. 卫生器具的支、托架必须防腐良好，安装平整、牢固，与器具接触紧密、平稳。

检验方法：观察和手扳检查。

（2）卫生器具给水配件安装质量控制与允许偏差

① 主控项目。卫生器具给水配件应完好无损伤，接口严密，启停部分灵活。

检验方法：观察及手扳检查。

② 一般项目。

a. 卫生器具给水配件安装标高的允许偏差和检验方法见表2-15。

b. 浴盆软管、淋浴器挂钩的高度，如设计无要求，应距地面1.8m。

表2-15 卫生器具给水配件安装标高的允许偏差和检验方法

项次	项目	允许偏差/mm	检验方法
1	大便器高、低水箱角阀及截止阀	±10	尺量检查
2	水龙头	±10	
3	淋浴器喷头下沿	±15	
4	浴盆软管淋浴器挂钩	±20	

检验方法：尺量检查。

（3）卫生器具排水管道安装

① 主控项目。

a. 与排水横管连接的各卫生器具的受水口和立管均应采取可靠的固定措施；管道与楼板的接合部位应采取可靠的防渗、防漏措施。

检验方法：观察和手扳检查。

b. 连接卫生器具的排水管道接口应严密不漏，其固定支架、管卡等支撑位置应正确、牢固，与管道的接触处应平整。

检验方法：观察及通水检查。

② 一般项目。

a. 卫生器具排水管道安装的允许偏差及检验方法见表 2-16。

b. 连接卫生器具的排水管管径和最小坡度，如设计无要求时，应符合表 2-17 的规定。

检验方法：用水平尺和尺量检查。

表 2-16　卫生器具排水管道安装的允许偏差及检验方法

项次	检查项目		允许偏差/mm	检验方法
1	横管弯曲度	每 1m 长	2	用水平尺检查
		横管长度≤10m，全长	＜8	
		横管长度＞10m，全长	10	
2	卫生器具的排水管口及横支管的纵横坐标	单独器具	10	用尺量检查
		成排器具	5	
3	卫生器具的接口标高	单独器具	±10	用水平尺和尺量检查
		成排器具	±5	

表 2-17　连接卫生器具的排水管管径和最小坡度

项次	卫生器具		排水管管径/mm	管道的最小坡度/‰
1	污水盆（池）		50	25
2	单、双格洗涤盆（池）		50	25
3	洗手盆、洗脸盆		32～50	20
4	浴盆		50	20
5	淋浴器		50	20
6	大便器	高、低水箱	100	12
		自闭式冲洗阀	100	12
		拉管式冲洗阀	100	12
7	小便器	手动、自闭式冲洗阀	40～50	20
		自动冲洗水箱	40～50	20
8	化验盆（无塞）		40～50	25
9	妇女卫生盆		20～50	20
10	饮水器		50（软管为 30）	10～20

专业配合注意事项

1. 设有内排雨水系统的屋面施工

屋面施工时应保证屋面坡度坡向雨水口。屋面设置多个雨水口应划分屋面排水区，不能出现排水死角。屋面防水施工时，严禁将水泥砂浆或防水涂料、沥青倒入或抹进雨水排水口内（做屋面防水时应先堵好排水口）。

2. 卫生器具及管道安装对土建施工的要求

（1）穿越楼板的洞口，应与专业人员复核洁具的位置及甩口尺寸后再施工。

（2）暗装在吊顶内的给水管道及排水横管、存水弯等应做防结露保温处理，再施工吊顶。

（3）卫生间的防水层在管道穿楼板处，应将防水卷材包卷管周，如采用防水涂料时管周刷2道涂料为宜。

（4）地面施工时，严格按规定的坡度坡向地漏，管道施工时，为了能掌握管道甩口或地漏的标高，应由土建弹出五零线。

（5）土建施工抹灰、防水、墙面面层时，严禁将灰水或杂物倒入管口及地漏内。

（6）对已施工完毕的卫生洁具应做好成品保护工作，补修墙地面时严禁蹬踩和污染洁具。

（7）在厨房内砌筑洗涤池，应与专业施工配合。地面排水采用地沟时，沟底应保证有足够的坡度坡向地漏。洗涤池应待管道安装完毕后再贴瓷砖面层。

小结

排水系统由污（废）水受水器、排水管道、通气管、清通管、清通装置、提升设备等组成。卫生器具排水的流量、当量、排水管管径，设有通气管的铸铁、塑料排水立管最大排水能力等应符合《建筑给水排水设计标准》（GB 50015—2019）的规定。

建筑排水系统常用管材有排水铸铁管、建筑排水塑料管。常用卫生器具有四类：便溺用卫生器具有大便器、大便槽、小便器、小便槽；盥洗淋浴用卫生器具主要有洗脸盆、盥洗槽、浴盆、淋浴器、妇女卫生盆；洗涤用卫生器具有洗涤盆、污水盆等；专用卫生器具有饮水器、地漏等。卫生器具安装的一般程序是：安装前的准备工作，器具及配件安装，器具与墙、地面缝隙处理，卫生器具外观检查，满水、通水试验。卫生器具安装基本要求：位置正确、安装牢固、端正美观、安装严密、拆卸方便。

屋面雨水排水系统有（87型斗）重力流系统、（虹吸式）压力流系统、（堰流式斗）重力流系统。

建筑内部排水管道安装程序一般为安装前准备工作、排出管安装、底层埋地横管及器具支管安装、立管安装、通气管安装、各层横支管安装、器具短管安装、卫生器具安装。管道穿越墙、楼板时应配合土建预留孔洞；穿越沉降缝、伸缩缝、烟道、风道、变电室、通风间、仓库、水池等处时应按规范规定采取必要的措施；妥善解决管道的热变形。支、托、吊架的位置要合理，安装要牢固。金属构件与塑料管的接触处要加设保护层。管道的坡度和坡向必须符合规定要求。清通装置布置应合理，安装应牢靠。

推荐阅读资料

[1] 陈朝东主编. 建筑给排水及暖通系统施工问答. 第2版. 北京：化学工业出版社，2015.

其余请参考单元一的推荐阅读资料[1]、[2]、[5]～[10]。

能力训练题

一、名词解释
1. 分流制排水系统
2. 合流制排水系统

二、填空题
1. 排水管道由排水横管、排水立管、_____、_____与_____等组成。
2. 排水管道清通装置一般指检查口、_____、_____及_____等设备。
3. 排水系统常用的提升设备有_____、_____、_____等。
4. 隐蔽或埋地排水管道在_____前必须做_____试验。
5. 生活污水管道使用_____、_____、_____等管材。
6. 在转角小于135°的污水横管上,应设置_____或_____。
7. 卫生器具按使用功能分为_____、_____、_____、_____四大类。

三、问答题
1. 建筑排水系统是如何分类的?
2. 简述建筑排水系统的组成。
3. 什么是分流制和合流制?各有何特点?
4. 清通装置有哪几种?其设置要求是什么?
5. 屋面雨水排放方式有哪几种?简述其特点。
6. 卫生器具有哪四大类?各自的作用是什么?
7. 根据污水性质,污水局部水处理构筑物有哪几种?
8. 建筑内部排水系统常用管材有哪些?
9. 排水塑料管安装有哪些技术要求?
10. 卫生器具交工前应做哪些试验?如何进行?
11. 简述建筑排水管道安装程序。
12. 简述卫生器具的安装程序。
13. 当建筑物设内排雨水系统时,屋面施工应如何与雨水斗配合安装?
14. 请详细叙述在卫生间施工时,土建工程如何与给水排水管道、卫生洁具施工配合以及其施工程序。

单元三
供热工程施工

学习目标

了解供暖系统的作用、分类及组成，熟悉室内供暖系统的形式，掌握供暖工程、地面辐射供暖、室内燃气管道的安装要求，能根据工程施工进度协调各专业关系。

学习要求

知识要点	能力要求	相关知识
供暖系统的组成及分类	了解供暖系统作用、组成、分类和特点；掌握热水供暖系统的特点	水蒸气的定压生产过程
室内供暖系统的系统形式	掌握垂直式和水平式系统特点；了解高层建筑热水供暖系统形式	系统概念建立
室内供暖工程施工	了解供暖管道的安装程序；熟悉安装规范	《建筑给水排水及采暖工程施工质量验收规范》(GB 50242—2002)
散热器与辅助设备安装	了解散热器与辅助设备构造、工作原理；熟悉其安装要求	相关标准图集
地面辐射供暖施工	了解地板辐射供暖原理和特点；熟悉其施工条件和安装要求	《辐射供暖供冷技术规程》(JGJ 142—2012)《发热电缆地面辐射供暖技术规程》(XJJ 053—2012)
热泵	了解地源热泵的分类及组成，熟悉地源热泵系统施工程序	《地源热泵系统工程技术规范》(2009版)(GB 50366—2005)
室内燃气管道安装	了解燃气特性；熟悉燃气管道安装要求	《城镇燃气设计规范》(GB 50028—2006)

课题 1 ▶ 供暖系统的组成及分类

冬季，室外空气温度低于室内空气温度，因而房间的热量会不断地传向室外，为使室内空气保持要求的温度，则必须向室内供给所需的热量，以满足人们正常生活和生产的需要。

供暖系统就是由热源通过热网（管道）向用户供应热能的系统。

一、供暖系统的组成

供暖系统主要由热源（如锅炉）、供暖管道（室内外供暖管道）和散热设备（各种散热器、辐射板、暖风机等）三部分组成。此外，还有为保证系统正常工作而设置的辅助设备（如膨胀水箱、水泵、排气装置、除污器等）。

二、供暖系统的分类

1. 供暖系统按作用范围的大小分类

（1）局部供暖系统 指热源、供热管道和散热设备都在供暖房间内。如火炉、电暖气和燃气供暖等，这种供暖系统的作用范围很小。

（2）集中供暖 是由一个或多个热源通过供热管道向城市（城镇）或其中某一地区的多个用户供暖。

（3）区域供暖系统 它是对数群建筑物（一个区）的集中供暖。这种供暖作用范围大、节能、对环境污染小，是城镇供暖的发展方向。

2. 供暖系统按使用热介质的种类不同分类

（1）热水供暖系统 散热器供暖系统应采用热水作为热媒。因为研究表明采用热水作为热媒，不仅对供暖质量有明显的提高，而且便于进行调节。散热器集中供暖系统宜按热媒温度为 75℃/50℃ 或 85℃/60℃ 连续供暖进行设计。热水供暖系统按循环动力不同还可分为自然循环系统（无循环水泵）和机械循环系统（有循环水泵）两类。

（2）蒸汽供暖系统 供暖的热介质是水蒸气。

（3）热风供暖系统 供暖的热介质是热空气。

3. 供暖系统按散热器连接的供回水立管分类

（1）单管系统 热介质顺序流过各组散热器并在其中冷却，这样的布置称为单管系统。

（2）双管系统 热介质平等地分配到全部散热器，并从每组散热器冷却后，直接流回采暖系统的回水（或凝结水）立管中，这样的布置称为双管系统。

课题 2 ▶ 室内供暖系统的系统形式

一、机械循环热水供暖系统

（一）热水供暖系统的系统形式

机械循环热水供暖系统因其作用范围大，成为应用最多的供暖系统。它的主要的系统形式有垂直式和水平式两类。

1. 垂直式系统

（1）上供下回式系统 这种系统如图 3-1 所示。供回水干管分别敷设在系统的顶层（屋顶下或吊顶内）和底层（地下室、地沟内或地面上）。左侧为双管式系统，右侧为单管顺流式系统。

（2）下供下回式双管系统　这种系统如图 3-2 所示。系统的供回水干管均敷设在底层散热器的下面（地下室内、地沟内或地面上）。优点是干管的无效热损失小，可逐层施工逐层通暖，缺点是系统的空气排除困难。因此设专用空气管排气或在顶层散热器上设放气阀排气。

（3）中供式系统　这种系统如图 3-3 所示。系统的总供水干管敷设在系统的中部。总供水干管以下为上供下回式，上部系统可采用下供下回式，也可采用上供下回式。中供式系统可避免由于顶层梁底标高过低，致使供水干管遮挡窗户的不合理布置，并减轻了上供下回式楼层过多，易出现竖向失调的现象，但上部系统要增加排气装置。

（4）下供上回式（倒流式）系统　这种系统如图 3-4 所示。系统的供水干管敷设在系统的底部，回水干管敷设在系统的顶部，顶部还设有顺流式膨胀水箱，便于排气。立管布置主要采用垂直顺流式。下供上回式系统散热器的进出水方向是下进上出，因此，远低于上进下出时的传热效果，在相同的供水温度下，散热器的面积会增多。

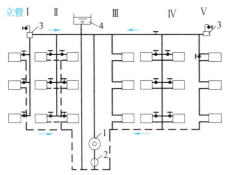

图 3-1　机械循环上供下回式系统
1—热水锅炉；2—循环水泵；
3—排气装置；4—膨胀水箱

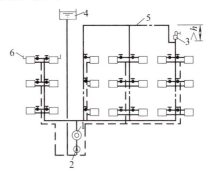

图 3-2　机械循环下供下回式双管系统
1—锅炉；2—循环水泵；3—集气罐；
4—膨胀水箱；5—空气管；6—放气阀

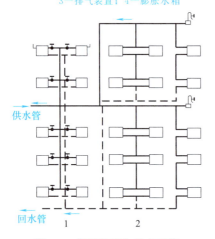

图 3-3　机械循环中供式系统
1—上部系统（下供下回式双管系统）；
2—下部系统（上供下回式单管系统）

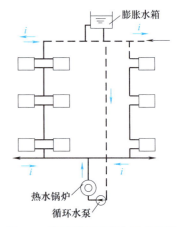

图 3-4　机械循环下供上回式系统

（5）混合式系统　这种系统如图 3-5 所示。是由下供上回式（倒流式）系统与下供下回式系统两组系统串联组成的。水温为 t'_g 的高温水自下而上进入第Ⅰ组系统，通过散热器散热后，水温降到 t'_m，再引入第Ⅱ组系统，系统循环水温再降到 t'_h 后返回到热源。因此，这种系统一般只适用于连接高温水网路的卫生要求不太高的民用建筑或工业建筑。

（6）同程式系统与异程式系统　以上介绍的几种系统，除混合式系统外，供回水干管中的水流方向相反，通过各个立管的循环环路的总长度都不相等。这种系统称为异程式系统，缺点是容易出现远冷近热现象（相对系统入口的远近而言）。为克服异程式系统的不足，在布置供回水干管时，让连接立管的供回水干管中的水流方向一致，通过各个立管的循环环路长度基本相等，这样的系统就是同程式系统，如图3-6所示。

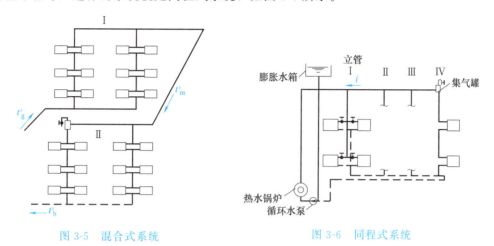

图3-5　混合式系统　　　　　　　图3-6　同程式系统

这种系统因增加了回水干管的长度，耗用管材多。故一般用于长度方向较大的建筑物内。

2. 水平式系统

水平式系统按水平管与散热器的连接方式不同，有串联式系统和跨越式系统两类，如图3-7、图3-8所示。

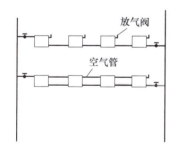 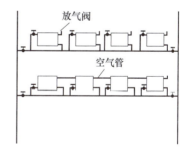

图3-7　单管水平串联式系统　　　　　　　图3-8　单管水平跨越式系统

水平式系统的优点是系统的总造价低，管路简单、管子穿楼板少，施工方便，易于布置膨胀水箱。缺点是系统的空气排除较麻烦。

（二）高层建筑热水供暖系统的系统形式

高层建筑供暖系统因产生的静压大，应根据散热器的承压能力、室外供暖管网的压力状况等因素来确定热水供暖系统的系统形式。

当前我国高层建筑热水供暖系统的常用系统形式有以下几种。

1. 分层式系统

这种系统如图3-9所示。该系统在垂直方向分成两个或两个以上的系统。其下层系统可与外网直接连接，而上层系统通过热交换器与外网间接连接。当高层建筑的散热器承压能力较低时，这种连接方式是比较可靠的。

此外，当热水温度不高，使用换热器不经济时，则可使用图 3-10 所示的双水箱分层系统。其特点是上层系统与外网直接连接，当外网供水压力低于高层静压时，在供水管上设加压水泵，而且利用两水箱的高差进行上层系统的循环。上层系统利用非满管流动的回水箱溢水管 6 与外网回水管的压力隔绝。另外，由于两水箱与外网压力隔绝，投资较使用换热器低，入口设备也少。但这种系统因采用开式水箱，易使空气进入系统，增加了系统的腐蚀因素。

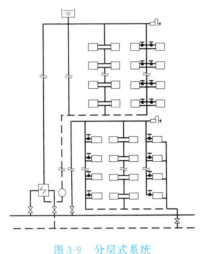

图 3-9　分层式系统

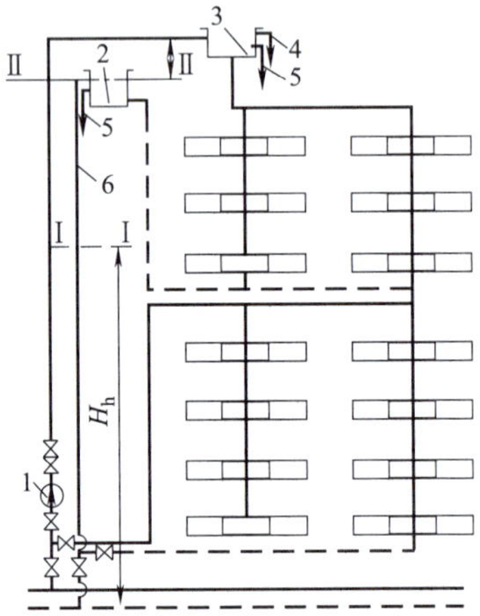

图 3-10　双水箱分层系统

1—加压水泵；2—回水箱；3—进水箱；
4—进水箱溢水管；5—信号管；6—回水箱溢水管

2. 水平双线式系统

这种系统如图 3-11 所示。系统能分层调节，因为在每一环路上均设置节流孔板、调节阀门，从而能够保证系统各环路的计算流量。

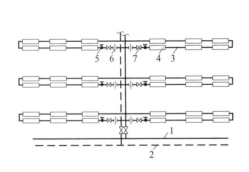

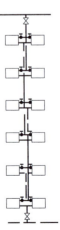

图 3-11　水平双线式系统

1—供水干管；2—回水干管；3—双线水平管；
4—散热器；5—截止阀；6—节流孔板；7—调节阀

图 3-12　单双管混合式系统

3. 单双管混合式系统

这种系统是将垂直方向的散热器按 2~3 层为一组，在每组内采用双管系统，而组与组之间采用单管连接。因此既可避免楼层过多时双管系统产生的垂直失调现象，又能克服单管系统散热器不能单独调节的缺点，如图 3-12 所示。

（三）热水供暖系统的选择

（1）居住建筑室内供暖系统的制式宜采用垂直双管系统、共用立管的分户独立循环系统，也可采用垂直单管跨越式系统；公共建筑供暖系统可采用双管或跨越式单管系统。

（2）既有建筑的室内垂直单管顺流式系统应改成垂直双管系统或垂直单管跨越式系统，不宜改造为分户独立循环系统。

（3）垂直单管跨越式系统的垂直层数不宜超过 6 层，水平单管跨越式系统的散热器组数不宜超过 6 组。

二、蒸汽供暖系统

蒸汽供暖系统是利用蒸汽凝结时放出的汽化潜热来供暖的。按其压力分为低压蒸汽供暖系统（$p \leqslant 0.07 \text{MPa}$）和高压蒸汽供暖系统（$p > 0.07 \text{MPa}$）。

（一）低压蒸汽供暖系统的系统形式

1. 双管上供下回式系统

这种系统如图 3-13 所示。特点是蒸汽干管和凝结水干管完全分开，蒸汽干管敷设在顶层的顶棚下或吊顶内。疏水器可装在每根凝结水立管的末端，这样可以使凝结水干管中无蒸汽窜入，减少疏水器的数量和维修量。散热器中下部装放气阀，用于排除空气。

2. 双管下供下回式系统

这种系统如图 3-14 所示。特点是蒸汽干管和凝结水干管均敷设在底层地面上、地下室内或地沟内。蒸汽通过立管自下而上供汽，这样立管中的蒸汽与立管中的沿途凝结水逆向流动，所以水击现象严重，噪声较大。这种系统在极特殊情况下才能使用，且用时蒸汽管应加大一号。

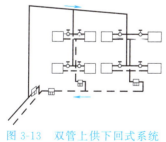

图 3-13 双管上供下回式系统

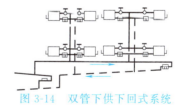

图 3-14 双管下供下回式系统

（二）高压蒸汽供暖系统的系统形式

1. 上供上回式系统

这种系统如图 3-15 所示。系统供汽管和凝结水干管均设于系统上部，冷凝水靠疏水器后的余压上升到凝结水干管中，在每组散热器的出口处，除应安装疏水器外，还应安装止回阀并设泄水管、空气管等，以便及时排除每组散热设备和系统中的空气与冷凝水。

2. 上供下回式系统

这种系统疏水器集中安装在各个环路凝结水干管的末端，在每组散热器进、出口均安装球阀，以便于调节供汽量以及在检修散热器时能与系统隔断，如图 3-16 所示。

3. 单管串联式系统

这种系统如图 3-17 所示。系统凝结水管末端设置疏水器。

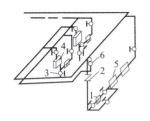
图 3-15　上供上回式系统
1—疏水器；2—止回阀；3—泄水阀；
4—暖风机；5—散热器；6—放气阀

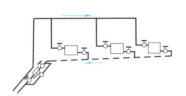
图 3-16　上供下回式系统

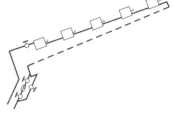
图 3-17　单管串联式系统

课题 3 ▶ 室内供暖工程施工

一、室内供暖工程施工的基本技术要求

（1）供暖系统节能工程采用的散热设备、阀门、仪表、管材、保温材料等产品进场时，应按设计要求对其类型、材质、规格及外观等进行验收，并应经监理工程师（建设单位代表）检查认可，且应形成相应的验收记录。各产品和设备的质量证明文件和相关技术资料应齐全，并符合国家现行有关标准和规定。

（2）供暖系统节能工程采用的散热器和保温材料等进场时，应对其下列技术性能参数进行复验，复验应为见证取样送检。

① 散热器的单位散热量、金属热强度。

② 保温材料的热导率、密度、吸水率。

（3）供暖系统的安装规定。

① 采暖系统的形式，应符合设计要求。

② 散热设备、阀门、过滤器、温度计及仪表应按设计要求安装齐全，不得随意增减和更换。

③ 室内温度调控装置、热计量装置、水力平衡装置以及热力入口装置的安装位置和方向应符合设计要求，并便于观察、操作和调试。

④ 温度调控装置和热计量装置安装后，采暖系统应能实现设计要求的分室（区）温度调控、分栋热计量和分户或分室（区）热量分摊的功能。

（4）管道安装坡度，当设计未注明时，应符合下列规定。

① 汽、水同向流动的热水采暖管道和汽、水同向流动的蒸汽管道及凝结水管道，坡度应为 0.3%，不得小于 0.2%。

② 汽、水逆向流动的热水采暖管道和汽、水逆向流动的蒸汽管道，坡度不应小于 0.5%。

③ 散热器支管的坡度应为 1%，坡向应有利于排气和泄水。

（5）管道和设备安装前，必须清除内部杂物；安装中断或完毕后，敞口处应适当封闭，以免进入杂物堵塞管道。

（6）补偿器的型号、安装位置及预拉伸和固定支架的构造及安装位置应符合设计要求。

（7）方形补偿器应水平安装，并与管道的坡度一致；如其臂长方向垂直安装必须设泄水及排气装置。

（8）方形补偿器制作时，应用整根无缝钢管煨制，如需要接口，其接口应设在垂直臂的中间位置，且接口必须焊接。

（9）焊接钢管管径大于32mm的管道转弯，在作为自然补偿时，应使用煨弯。塑料管及复合管除必须使用直角弯头的场合外，应使用管道直接弯曲转弯。

（10）当采暖热媒为110～130℃的高温水时，管道可拆卸件应使用法兰，不得使用长丝和活接头。法兰垫料应使用耐热橡胶板。

（11）管道穿越墙、楼板时应加设套管，套管应符合下列规定。

① 穿越楼板的套管，应加设钢套管。穿越卫生间、盥洗间、厕所、厨房和楼梯间等易积水房间的套管上端应高出装饰地面50mm；其他房间的套管上端应高出装饰地面20mm，套管底部与楼板底面平齐。

② 穿墙套管应采用铁皮套管，两端与墙饰面平齐。套管内径一般比所穿越管的管径大8～12mm，其间隙应用柔性不燃材料严密封堵，套管外壁一定要卡牢、塞紧，不允许随管道窜动。

③ 当供暖管道必须穿越防火墙时，应预埋钢套管，并在穿墙处设置固定支架，管道与套管之间的空隙应采用耐火材料严密封堵；当供暖管道穿越普通墙壁或楼板时，应预埋钢套管，管道与套管之间的空隙应采用柔性防火封堵材料封堵。

（12）供暖管道的最高点与最低点应设排气阀和放水阀。

（13）供暖、给水及热水供应系统的金属管道立管管卡安装规定。

① 楼层高度小于或等于5m，每层必须安装一个。

② 楼层高度大于5m，每层不得少于2个。

③ 管卡安装高度，距地面应为1.5～1.8m，2个以上管卡应匀称安装，同一房间管卡应安装在同一高度上。

（14）管道穿越墙壁和楼板，应设置金属或塑料套管。安装在楼板内的套管，其顶部应高出装饰地面20mm；安装在卫生间及厨房内的套管，其顶部应高出装饰地面50mm，底部应与楼板地面相平；安装在墙壁内的套管其两端与装饰地面相平。穿越楼板的套管与管道之间缝隙应用阻燃密实材料和防水油膏填实，端面应光滑。穿墙套管与管道之间缝隙宜用阻燃密实材料填实，且端面应光滑。管道的接口不得设在套管内。

（15）热量表、疏水器、除污器、过滤器及阀门的型号、规格、公称压力及安装位置应符合设计要求。

（16）供暖系统热力入口装置的安装规定。

① 热力入口装置中各种部件的规格、数量应符合设计要求。

② 热计量装置、过滤器、压力表、温度计的安装位置、方向应正确，并便于观察、维护。

③ 水力平衡装置及各类阀门的安装位置、方向应正确，并便于操作和调试。安装完毕后，应根据系统的水力平衡要求进行调试并做出标志。

（17）管道、金属支架和设备的防腐、涂漆应附着良好、无脱皮、起泡、流淌和漏涂缺陷。

（18）供暖系统应随施工进度对与节能有关的隐蔽部位或内容进行验收，并应有详细的文字记录和必要的图像资料。

二、室内供暖管道的安装

室内供暖系统的安装程序是供暖总管→散热设备→供暖立管→供暖支管。

1. 供暖总管的安装

室内供暖管道以入口阀门为界，由总供水（汽）和回水（凝结水）管构成，管道上安装有总控制阀门及入口装置（如减压、调压、除污、疏水、测压、测温等装置），用以调节测控和启闭。因供暖系统入口需穿越建筑物基础，因此应预留孔洞。热水供暖系统总管安装及入口装置安装如图3-18～图3-20所示。

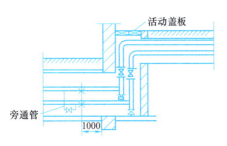

图3-18　热水供暖入口总管安装示意图　　　　图3-19　热水供暖入口设平衡阀的安装

蒸汽供暖系统总管及入口装置见有关标准图集。

2. 总立管的安装

总立管的安装位置应正确，穿越楼板应预留孔洞。

3. 干管的安装

干管安装标高、坡度应符合设计或规范规定。上供下回式系统的热水干管变径应用高平偏心连接，蒸汽干管变径应用低平偏心连接，凝结水管道应采用正心大小头连接，如图3-21所示。回水干管过门时应按图3-22所示的形式安装。

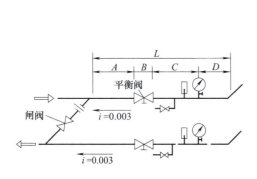 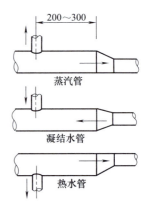

图3-20　热水供暖系统入口设调节阀的安装　　　图3-21　干管变径

4. 立管的安装

对垂直式供暖系统，立管由供水干管接出时，对热水立管应从干管底部接出；对蒸汽立管，应从干管的侧部或顶部接出，如图3-23所示。与设于地面或地沟内的回水干管连接时，一般用2～3个弯头连接起来，并应在立管底部安装泄水丝堵，如图3-24所示。

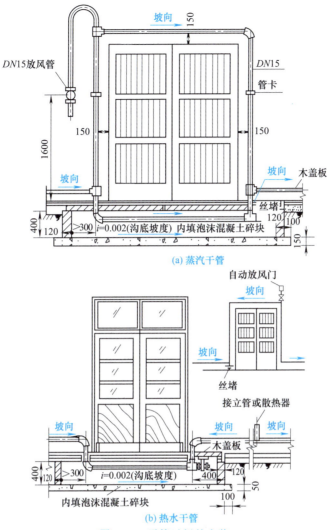

(a) 蒸汽干管

(b) 热水干管

图 3-22 干管过门的安装

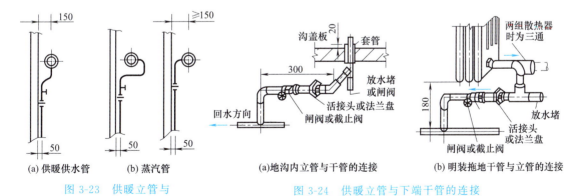

(a) 供暖供水管　　(b) 蒸汽管

图 3-23 供暖立管与顶部干管的连接

(a) 地沟内立管与干管的连接　　(b) 明装拖地干管与立管的连接

图 3-24 供暖立管与下端干管的连接

5. 散热器支管的安装

散热器支管安装时如与立管相交，支管应煨弯绕过立管。支管长度大于1.5m，应在中间安装管卡或托钩。支管上应安装可拆卸件。

6. 系统水压试验

（1）采暖系统安装完毕（包括散热器安装），管道保温之前应进行水压试验。试验压力应符合设计要求。当设计未注明时，应符合下列规定。

① 蒸汽、热水采暖系统，应以系统顶点工作压力加 0.1MPa 进行水压试验，同时在系统顶点的试验压力不小于 0.3MPa。

② 高温水供暖系统，试验压力应为系统顶点工作压力加 0.4MPa。

③ 使用塑料管及复合管的热水采暖系统，应以系统顶点工作压力加 0.2MPa 进行水压试验，同时在系统顶点的试验压力不小于 0.4MPa。

检验方法：使用钢管及复合管的采暖系统应在试验压力下 10min 内压力降不大于 0.02MPa，降至工作压力后检查，不渗不漏。使用塑料管的采暖系统应在试验压力下 1h 内压力降不大于 0.05MPa，然后降压至工作压力的 1.15 倍，稳压 2h，压力降不大于 0.03MPa，同时各连接处不渗不漏。

（2）系统试压合格后，应对系统进行冲洗并清扫过滤器及除污器。

7. 系统联合试运转和调试

供暖系统安装完毕后，应在采暖期内与热源进行联合试运转和调试。联合试运转和调试结果应符合设计要求，采暖房间温度在相对于设计计算温度不低于 2℃ 且不高于 1℃ 的范围内。

检查方法：检查室内供暖系统试运转和调试记录。

课题 4 ▶ 散热器与辅助设备安装

散热设备是指通过一定的传热方式，将供暖热介质携带的热能传给房间，以补偿房间热损失的设备。

一、散热器及安装

散热器按材质分为铸铁、钢制和其他散热器；按其结构形式可分为翼型、柱型、管型和板型散热器，按传热方式又可分为对流型和辐射型。

（一）铸铁散热器

铸铁散热器因其结构简单、耐蚀、使用寿命长、造价低，是目前应用最广泛的散热器。其缺点是金属耗量大，承压能力较低，制造、安装和运输劳动繁重。铸铁散热器有翼型和柱型两种型式，但翼型散热器已被淘汰。

柱型散热器是单片的柱状连通体，每片各有几个中空的立柱相互连通，可根据设计将各个单片组对成一组。常用柱型散热器有二柱、四柱型等，如图 3-25 所示。其片型有足片（带腿）和中片（不带腿）两种。

我国常用的几种铸铁散热器性能参数见表 3-1。

表 3-1 铸铁散热器性能参数

名　　称		灰铸铁柱型	灰铸铁翼型	灰铸铁柱翼型
适用条件		热 水 或 蒸 汽		
适用场合		工厂、公共场所和住宅		
规格型号		TZ4-6-5(8)	TY2.8/5-5(7)	TZY2-1.2/6-5
技术性能参数	散热量	130W/片	430W/片	150W/片
	工作压力/MPa	0.5(0.8)	0.5	0.5

续表

名称	灰铸铁柱型	灰铸铁翼型	灰铸铁柱翼型
执行标准	JG 3—2002	JG 4—2002	JG/T 3047—1998
基本尺寸/mm 高	760(足片)	595	780(足片)
基本尺寸/mm 宽	143	115	120
基本尺寸/mm 长	60	280	70
基本尺寸/mm 中心距	600	500	600

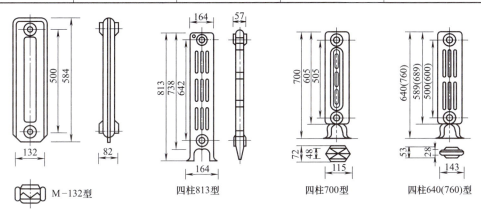

图 3-25　铸铁柱型散热器

(二) 钢制散热器

钢制散热器具有承压能力高、体积小、重量轻、外形美观的优点。但因其耐蚀性能较差，一般用于热水供暖系统。钢制散热器有柱型、板型、扁管型、闭式钢串片型和钢制翅片管型对流散热器等。如图 3-26～图 3-29 所示。

我国常用的几种钢制散热器性能参数见表 3-2。

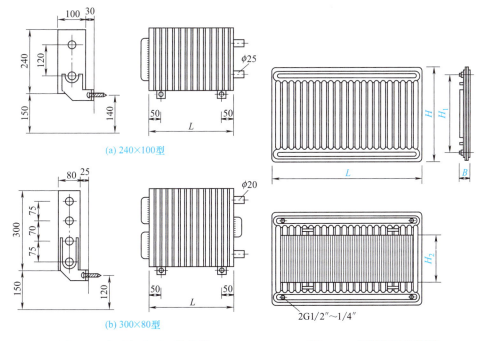

图 3-26　闭式钢串片型散热器　　图 3-27　钢制板型散热器

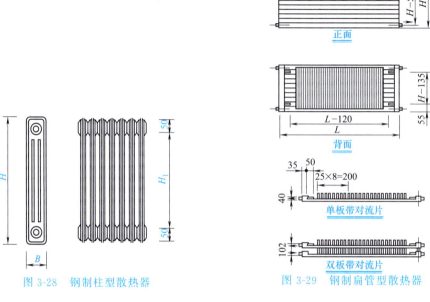

图 3-28 钢制柱型散热器　　图 3-29 钢制扁管型散热器

表 3-2 钢制散热器性能参数

名称		柱型	板型	扁管型	闭式串片型	钢制翅片管型
适用条件		热水供暖系统				热水或蒸汽
适用场合		一般民用建筑				公共场所或住宅
技术性能参数	规格型号	GZ3-1.2/5-6	GB1-10/5-6	GBG/DL-570	GCB220-1	GC6-25-300-1.0
	散热量	83W/片	1113W/m	1163W/m	1172W/m	2100W/m
	工作压力/MPa	0.6	0.6	0.7	1.0	1.0
	执行标准	JG/T 148—2018	JG/T 2—2018	暂停技术条件(缩)	JG/T 3012.1—2013	JG/T 3012.2—1998
外形尺寸/mm	高	600	680	624	300	600
	宽	120	50	50	80	140
	长	45(单片)	1000	1000	1000	1000
	中心距	500	600	570	220	300

(三) 铝制柱翼型散热器

铝制柱翼型散热器具有耐蚀，重量轻，热工性能好，使用寿命长，外形美观的特点。铝制柱翼型散热器的性能参数见表 3-3。

表 3-3 铝制柱翼型散热器性能参数

适用条件	适用场合	规格型号	执行标准		
热水	公共场所和住宅	LZY-5(6)/5-0.8	JG/T 143—2018		
散热量/(W/m)	工作压力/MPa	高/mm	宽/mm	长/mm	中心距/mm	接口尺寸
1450/1520	0.8	640	50/60	1000	600	1/2in 或 3/4in

注：1 英寸 (in)=0.0254 米。

(四) 散热器的安装

不同的散热器，其安装方法也不同，柱型散热器可挂装也可落地安装，其他散热器一般都是挂装的。

1. 散热器的组对

(1) 组对材料　散热器的组对材料有对丝、汽包垫片、丝堵和补芯，如图 3-30~图 3-33 所示。

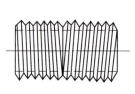
图 3-30 对丝

图 3-31 汽包垫片

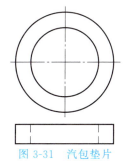
(a) 反丝堵　　(b) 正丝堵
图 3-32 丝堵

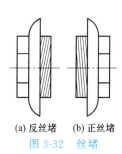
(a) 反丝补芯　　(b) 正丝补芯
图 3-33 补芯

对丝、丝堵和补芯均有正、反丝之分,与散热器连接时,其接口处均使用垫片密封,汽包垫片应使用石棉橡胶垫片、耐热橡胶垫片。柱型散热器如挂装,应用中片组装,如采用落地安装,每组至少 2 个足片,超过 14 片时应用 3 个足片。

(2) 试压与防腐　散热器组对后,以及整组出厂的散热器在安装前应做水压试验,试验压力如设计无要求时,应为工作压力的 1.5 倍,但不小于 0.6MPa。检验方法是在试验压力下,试验时间为 2~3min,压力不下降且不渗漏。散热器的除锈刷油可在组对前进行,也可在组对试压合格后进行。一般刷防锈漆两道,面漆一道。待系统整个安装完毕试压合格后,再刷一道面漆。

2. 散热器安装

散热器的安装程序:画线→打洞→栽埋托钩或卡子→挂散热器。

散热器一般应明装。必须暗装时装饰罩应有合理的气流通道、足够的通道面积,并方便维修。散热器的外表面应刷非金属性涂料。幼儿园的散热器必须暗装或加防护罩。

(1) 安装的基本技术要求

① 散热器的种类规格和安装片数,必须符合设计要求。

② 散热器的安装位置应正确,一般安装在外窗台下,也可安装于内墙上,但其中心必须与设计安装位置的中心重合,允许偏差为±20mm。

③ 散热器安装必须牢固、平正、美观,支架数量和支撑强度必须足够,散热器应垂直和水平。常用柱型、长翼型散热器所需托钩的数量和安装位置如图 3-34 所示,托钩和卡件的加工尺寸见图 3-35。

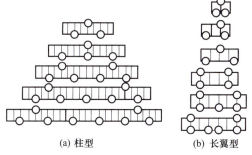
(a) 柱型　　(b) 长翼型
图 3-34 柱型、长翼型散热器挂装托钩的数量及安装位置

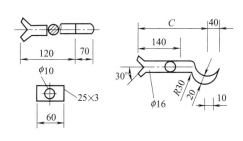
图 3-35 托钩和卡件的加工尺寸

④ 垂直单管和双管供暖系统，同一房间的两组散热器可串联连接；贮藏室、盥洗室、厕所和厨房等辅助用室及走廊的散热器，亦可同邻室串联连接。当采用同侧连接时，上、下串联管道直径应与散热器接口直径相同。

⑤ 有冻结危险的楼梯间或其他有冻结危险的场所，应由单独的立、支管供暖，散热器前不得设置调节阀。

(2) 散热器的安装注意事项

① 散热器组对应平直紧密，组对后的平直度应符合规定。

② 散热器支架、托架安装，位置应准确，埋设牢固。支架、托架数量应符合设计或产品说明书要求。如设计未注明时，则应符合表3-4的规定。

表3-4 散热器支架、托架数量

项次	散热器形式	安装方式	每组片数/片	上部托钩或卡架数/个	下部托钩或卡架数/个	合计/个
1	柱型 柱翼型	挂墙	3～8	1	2	3
			9～12	1	3	4
			13～16	2	4	6
			17～20	2	5	7
			21～25	2	6	8
2	柱型 柱翼型	带足落地	3～8	1	—	1
			9～12	1	—	1
			13～16	2	—	2
			17～20	2	—	2
			21～25	2	—	2

③ 散热器背面与装饰后的墙内表面安装距离，应符合设计或产品说明书要求，如设计未注明应为30mm。

④ 散热器及其安装应符合以下规定：每组散热器的规格、数量及安装方式应符合设计要求；散热器外表面应刷非金属性涂料。

二、膨胀水箱

膨胀水箱在热水采暖系统中起着容纳系统膨胀水量，排除系统中的空气，为系统补充水量及定压的作用，是热水供暖系统重要的辅助设备之一。

膨胀水箱一般用钢板焊制而成，有矩形和圆形两种外形，以矩形水箱使用较多。一般置于水箱间内，水箱间净高不得小于2.2m，并应有良好的采光通风措施，室内温度不低于5℃，如有冻结可能时，箱体应做保温处理。

水箱安装应位置正确，端正平稳。所用枕木、型钢应符合国家标准。膨胀水箱的管路配置情况，如图3-36所示。配管管径由设计确定。

膨胀水箱配管时，膨胀管、溢流管、循环管上均不得安装阀门。膨胀管应接于系统的回水干管上，并位于循环水泵的吸水口侧。膨胀管、循环管在回水干管上的连接间距应不小于1.5～2.0m。排污管可与溢流管接通，并一起引向排水管道或附近的排水池槽。当装检查管时，只允许在水泵房的池槽检查点处装阀门，以检查膨胀水箱水位是否已降至最低水位而需补水。

当不设补给水箱时，膨胀水箱可和补给水泵连锁以自动补水，此时可不装检查管，补给水管将和水泵送水管连接，当膨胀水箱置于采暖房间时，循环管可不装。

膨胀水箱配管时，所有连接管道均应以法兰或活接头与水箱连接，以便拆卸。

水箱内外表面均应做防腐处理。膨胀水箱的制作安装应符合国家标准。

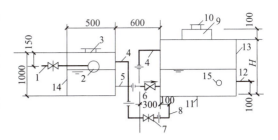

图 3-36 带补给水箱的膨胀水箱配管
1—给水管；2—浮球阀；3—水箱盖；4—溢水管；
5—补水管；6—止回阀；7—阀门；
8—排污管；9—人孔；10—人孔盖；
11—膨胀管；12—循环管；13—膨胀水箱；
14—补水箱；15—检查管

三、排气装置

热水供暖系统中如内存大量空气，将会导致散热量减少，室温下降，系统内部受到腐蚀，使用寿命缩短，形成气塞破坏水循环，造成系统不热等问题的出现，为保证系统的正常运行，必须及时排出空气。因此供暖系统应安装排气装置。

1. 集气罐

集气罐一般是用直径为 100～250mm 的钢管焊制而成的。分为立式和卧式两种，每种又有两种形式，如图 3-37 所示。从其顶部引出 $DN15$ 的排气管，排气管应引到附近的排水设施处，末端安装阀门。集气罐一般设于热水供暖系统供水干管或干管末端的最高处。集气罐的规格尺寸见表 3-5。

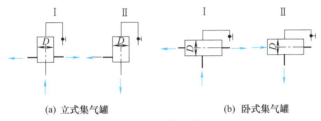

图 3-37 集气罐

表 3-5 集气罐规格尺寸

项　　目	型　号				国标图号
	1	2	3	4	
D/mm	100	150	200	250	15K205-1
$H(L)$/mm	300	300	320	430	
质量/kg	4.396	9.513	7.629	29.29	

2. 自动排气阀

自动排气阀大都依靠对浮体浮力，通过自动阻气和排水机构，使排气孔自动打开或关闭，达到排气的目的。自动排气阀的种类有很多，图 3-38 所示是一种自动排气阀。当阀内无空气时，阀体中的水将浮子浮起，通过杠杆机构将排气孔关闭，阻止水流通过。当系统内的空气经管道汇集到阀体上部空间时，空气将水面压下去，浮子随之下落，排气孔打开，自动排除系统内的空气。空气排除后，水又将浮子浮起，排气孔重新关闭。自动排气阀与系统连接处应设阀门，便于检修和更换排气阀。

3. 手动排气阀

手动排气阀适用在公称压力 $p \leqslant 600\text{kPa}$，工作温度 $t \leqslant 100℃$ 的热水或蒸汽供暖系统的散热器上，如图 3-39 所示。

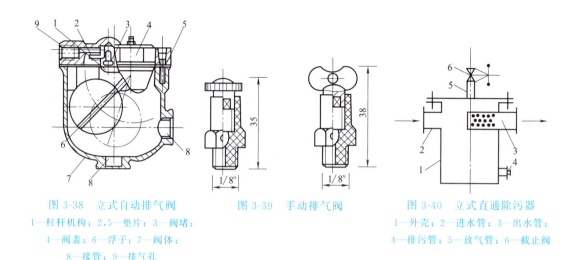

图 3-38　立式自动排气阀
1—杠杆机构；2,5—垫片；3—阀堵；
4—阀盖；6—浮子；7—阀体；
8—接管；9—排气孔

图 3-39　手动排气阀

图 3-40　立式直通除污器
1—外壳；2—进水管；3—出水管；
4—排污管；5—放气管；6—截止阀

四、除污器

除污器用来截留、过滤管路中的杂质和污物，保证系统内水质洁净，防止管路阻塞。除污器的形式有立式直通、卧式直通和卧式角通三种。图 3-40 所示是供暖系统中常用的立式直通除污器。除污器是一种钢制筒体，当水从进水管进入除污器内，因流速降低，使水中污物沉积到筒底，较洁净的水由出水管流出。除污器一般应安装在热水供暖系统循环水泵的入口和换热设备入口及室内供暖系统入口处。安装时除污器不得反装，进、出水口处应设阀门。

五、温控阀与热量计量装置

为实现节能，供暖系统中安装散热器温控阀和热量计量装置。

（一）散热器温控阀

散热器温控阀由恒温控制器、流量调节阀以及一对连接件组成，如图 3-41 所示。

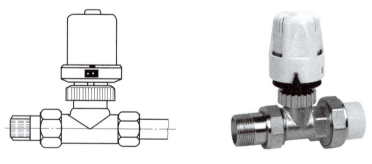

图 3-41　散热器温控阀

1. 恒温控制器

恒温控制器的核心部件是传感器单元，即温包。恒温控制器的温度设定装置有内式和远程式两种，均可以按照窗口显示值来设定所要求的控制温度，并加以自动控制。

根据温包内灌注感温介质的不同，常用的温包主要有蒸汽压力式、液体膨胀式和固体膨胀式三类。

2. 流量调节阀

散热器温控阀的流量调节阀具有较佳的流量调节性能，调节阀阀杆采用密封活塞形式，在恒温控制器的作用下直线运动，带动阀芯运动以改变阀门开度。流量调节阀具有良好的调节性能和密封性能，长期使用可靠性高。

调节阀按照连接方式分为两通型（直通型、角型）和三通型，如图 3-42 所示。其中两通型流量调节阀根据流通阻力是否具备预设定功能可分为预设定型和非预设定型两种。

散热器恒温阀及其安装应符合下列规定。

恒温阀的规格、数量应符合设计要求；散热器温控阀应安装在每组散热器的进水管上或分户供暖系统的总入口进水管上；明装散热器恒温阀不应安装在狭小和封闭空间，其恒

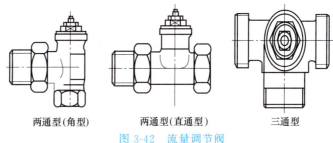

图 3-42　流量调节阀

温阀阀头应水平安装，且不应被散热器、窗帘或其他障碍物遮挡；暗装散热器恒温阀应采用外置式温度传感器，并应安装在空气流通且能正确反映房间温度的位置上。

（二）热量表

进行热量测量与计算，并作为结算热量消耗依据的计量仪器称为热量表（又称为能量计、热表）。

目前，使用较多的热量表是根据管路中的供、回水温度及热水流量，确定仪表的采样时间，进而得出管道供给建筑物的能量。

集中供热的新建建筑和既有建筑的节能改造必须安装热量计量装置，热量计量装置应符合以下规定：

① 集中供热系统的热量结算点必须安装热量表。

② 热源和热力站应设热量计量装置；居住建筑应以楼栋为对象设置热量表。对建筑类型相同、建设年代相近、围护结构作法相同、用户热分摊方式一致的若干栋建筑，也可确定一个共用的位置设置热量表。

③ 在楼栋或者热力站安装热量表作为热量结算点时，分户热计量应采取用户热分摊的方法确定。在同一个热量结算点内，用户热分摊方式应统一，仪表的种类和型号应一致。

④ 供热系统进行热量计量改造时，应对系统的水力工况进行校核。当热力入口资用压差不能满足既有供暖系统要求时，应采取提高管网循环泵扬程或增设局部加压泵等补偿措施，以满足室内系统资用压差的需要。

图 3-43　IC 卡热量表

热量表由一个热水流量计、一对温度传感器和一个积算仪三部分组成，如图 3-43 所示。热水流量计用来测量流经散热设备的热水流量；一对温度传感器分别测量供水温度和回水温度，进而确定供回水温差；积算仪（也称为积分仪）可以通过与其相连的流量计和温度传感器提供的流量及温度数据，计算得出用户从热交换设备中获得的能量。

1. 热水流量计

应用于热量表的流量计根据测量方式的不同可分为机械式、电磁和超声波式、压差式三大类。目前，采用最多的是机械式流量计。机械式流量计与其他流量计相比有许多优点，如耗电少、压力损失小、量程比大、测量精度高、抗干扰性好等；同时机械式流量计的安装维护方便、价格低廉，适用于各种口径的管道。

2. 热量分配表

对于传统的垂直单管顺流式供暖系统，每户都会有几根立管分别通过各房间，如果为了分户热计量在各房间的散热器与立管连接处设置热量表，会使系统过于复杂，并且费用昂贵。为

了对这类传统的供暖系统进行热计量，宜在各组散热器上设置热量分配表，测量计算每组散热器的用热比例，再结合设于建筑物引入口热量总表的总用热量数据，就可以计算得出各组散热器的散热分配量。对于新建的分户热计量系统不宜采用设置热量分配表的热计量方式。

热量分配表有蒸发式热量分配表和电子式热量分配表两种。

3. 热量表的设计和安装

① 热量表应根据公称流量选型，并校核在设计流量下的压降。公称流量可按照设计流量的 80% 确定。

② 热量表的流量传感器的安装位置应符合仪表安装要求，且宜安装在回水管上。

新建和改扩建的居住建筑或以散热器为主的公共建筑的室内供暖系统应安装散热器恒温控制阀或其他自动温度控制阀进行室温调控。散热器恒温控制阀的选用和设置应符合下列要求：

① 当室内供暖系统为垂直或水平双管系统时，应在每组散热器的供水支管上安装高阻恒温控制阀；且宜具有预设功能。

② 单管跨越式系统应采用低阻力两通恒温控制阀或三通恒温控制阀。

③ 当散热器有罩时，应采用温包外置式恒温控制阀。

④ 恒温控制阀应具有产品合格证、使用说明书和质量检测部门出具的性能测试报告；其调节性能等指标应符合产品标准《散热器恒温控制阀》(JG/T 2—2018) 要求。

分户热计量供暖系统应适应室温调控的要求，并符合以下规定：

① 热源或热力站必须安装供热量自动控制装置。

② 变流量系统应设置调速水泵。

③ 热力入口应设置静态水力平衡阀。

④ 当室内供暖系统为变流量系统时，不应设自力式流量控制阀，是否设置自力式压差控制阀应通过计算热力入口的压差变化幅度确定。

课题 5 ▶ 地面辐射供暖施工

地面辐射供暖分为低温热水辐射供暖和发热电缆地面辐射供暖。低温热水辐射供暖是以温度不高于 60℃ 的热水为热媒，在加热管内循环流动，加热地板，通过地面以辐射和对流的传热方式向室内供热的一种供暖方式。发热电缆地面辐射供暖是以低温发热电缆为热源，加热地板，通过地面以辐射和对流的传热方式向室内供热的一种供暖方式。

一、低温热水辐射供暖

(一) 热水地面辐射供暖系统

1. 低温热水地面辐射供暖系统的材料

地面辐射供暖加热管的材质和壁厚的选择，应根据工程的耐久年限、管材的性能、管材的累计使用时间以及系统的运行水温、工作压力等条件确定。

低温热水地面辐射供暖系统包括加热管、分水器、集水器及连接管件和绝热材料等。

常用加热管有铝塑复合管（以 XPAP 或 PAP 标记）、聚丁烯管（以 PB 标记）、交联聚乙烯管（以 PE-X 标记）、无规共聚聚丙烯管（以 PP-R 标记）、嵌段共聚聚丙烯管（以 PP-B 标记）、耐热聚乙烯管（以 PE-RT 标记）。加热管的内外表面应光滑、平整、干净，不应有可能影响产品性能的明显划痕、凹陷、气泡等缺陷。

分水器、集水器应包括分水干管、集水干管、排气及泄水试验装置、支路阀门和连接配件等。分水器、集水器（含连接件等）的材料宜为铜质。

绝热材料应采用热导率小、难燃或不燃并具有足够承载能力的材料，且不宜含有殖菌源，不得有散发异味及可能危害健康的挥发物。常用绝热材料为聚苯乙烯泡沫塑料。

2. 低温热水地面辐射供暖系统施工

（1）施工安装前应具备的条件 设计施工图纸和有关技术文件齐全；有较完善的施工方案、施工组织设计，并已完成技术交底；施工现场具有供水或供电条件，有储放材料的临时设施；土建专业已完成墙面内粉刷（不含面层），外窗、外门已安装完毕，并已将地面清理干净；厨房、卫生间应做完闭水试验并经过验收；相关电气预埋等工程已完成；施工的环境温度不宜低于5℃。

（2）低温热水地面辐射供暖系统施工要求 低温热水地面辐射供暖地面由楼板或与土壤相邻的地面、防潮层、绝热层、加热管、填充层、隔离层（潮湿房间）、找平层、面层组成。地面构造如图3-44、图3-45所示。

与土壤相邻的地面，必须设绝热层，且绝热层下部必须设置防潮层。直接与室外空气相邻的楼板，必须设绝热层。

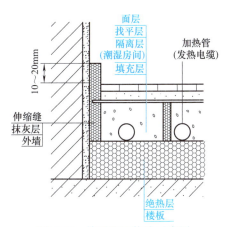

图3-44　楼层地面构造示意图

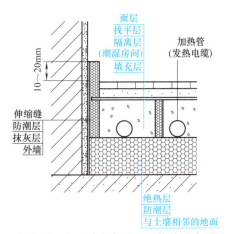

图3-45　与土壤相邻的地面构造示意图

① 防潮层、绝热层的敷设。与土壤相邻的地面必须设绝热层，且绝热层下部必须设置防潮层，直接与室外空气相邻的楼板必须设绝热层。铺设绝热层的地面应平整、干燥、无杂物，墙面根部应平直，且无积灰现象。绝热层的铺设应平整，绝热层相互间的接缝应严密。地面辐射供暖系统绝热层采用聚苯乙烯泡沫塑料板时，其厚度不应小于表3-6的规定值。

表3-6　聚苯乙烯泡沫塑料板绝热层厚度

楼层之间楼板上的绝热层/mm	20
与土壤或不采暖房间相邻的地板上的绝热层/mm	30
与室外空气相邻的地板上的绝热层/mm	40

② 加热管的敷设。加热管的布置应本着保证地面温度均匀的原则进行，宜将高温管段优先布置于外窗、外墙侧使室内温度尽可能分布均匀。加热管的布置宜采用回折型（旋转型）、平行型（直列型），如图3-46～图3-50所示。

加热管应按设计图纸标定的管间距和走向敷设，管间距应大于100mm，小于等于300mm，在分水器、集水器附近，当管间距小于100mm时，应在加热管外部设置柔性套管。连接在同一分水器、集水器上的同一管径的各回路，其加热管的长度宜接近，S形（平行型）布置不超过 60mm，回折型布置不超过 120mm。地面的固定设备和卫生器具下不应布置加热管。加热管的切割应采用专用工具，切口应平整，断口面应垂直管轴线，加热管安装时应防止管道扭曲。弯曲管道时，圆弧的顶部应加以限制，并用管卡进行固定，不得出现"死折"。加热管直管段固定点间距为 0.5～0.7m，弯曲管段固定点间距为 0.2～0.3m。在施工过程中严禁人员踩踏加热管。

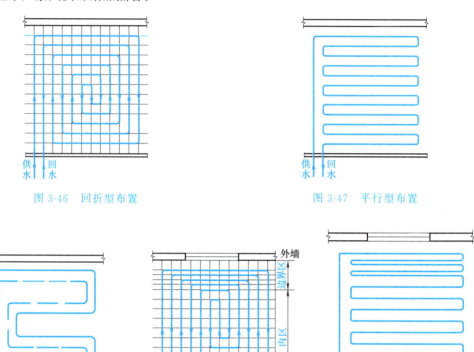

图 3-46　回折型布置　　　　　　　　　图 3-47　平行型布置

图 3-48　双平行型布置　　图 3-49　带有边界和内部　　图 3-50　带有边界和内部
　　　　　　　　　　　　　　　　地带的回折型布置　　　　　　地带的平行型布置

　　加热管出地面至分水器、集水器下部球阀接口之间的明装管段外应加塑料套管，套管高出地面饰面 120～200mm。加热管与分水器、集水器连接，应采用卡套式、卡压式挤压加紧连接，连接件材料宜为铜质，铜质连接件与 PP-R 或 PP-B 直接接触的表面必须镀镍。新建住宅低温热水地面辐射供暖系统，应设置分户热计量和温度控制装置。

　　埋设于填充层的加热管不应有接头。施工验收后，发现加热管损坏，需要增设接头时，应先报建设单位或监理工程师，提出书面补救方案，经批准后方可实施。增设接头时，应根据加热管的材质，采用相应的连接方式。无论采用何种接头，均应在竣工图上清晰表示，并记录归档。

　　③ 分水器、集水器安装。其安装宜在铺设加热管之前进行。水平安装时，分水器安装在上，集水器安装在下，中心距宜为 200mm，集水器中心距地面不应小于 300mm。在分水器之前的供水管上顺水流方向应安装阀门、过滤器、热计量装置、阀门及泄水管，在集水器之后回水管上应安装泄水阀及调节阀（或平衡阀）。每个支环路供、回水管上均应安装可关断阀门。分水器、集水器上均应设置手动或自动排气阀。分水器、集水器安装如图 3-51 所示。

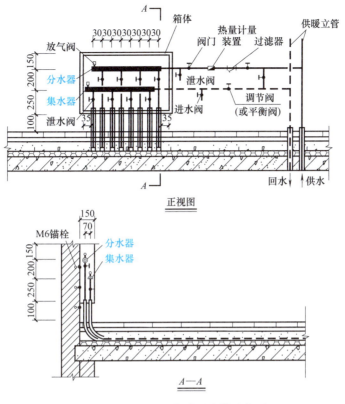

图 3-51 分水器、集水器安装示意图

④ 伸缩缝的设置。在与内外墙、柱等垂直构件交接处应留不间断的伸缩缝,伸缩缝填充材料应采用搭接方式连接,搭接宽度不应小于 10mm。伸缩缝填充材料与墙、柱应有可靠的固定措施,与地面绝热层连接应紧密,伸缩缝宽度不宜小于 10mm。伸缩缝填充材料宜采用高发泡聚乙烯泡沫塑料。

当地面面积超过 30m^2 或边长超过 6m 时,应按不大于 6m 间距设置伸缩缝,伸缩缝宽度不小于 8mm。伸缩缝填充材料宜采用高发泡聚乙烯泡沫塑料或缝内满填弹性膨胀膏。

伸缩缝应从绝热层的上边缘做到填充层的上边缘。

⑤ 混凝土填充层的施工。应具备以下条件:所有伸缩缝均已按设计要求敷设完毕;加热管安装完毕且水压试验合格,加热管处于有压状态下;通过隐蔽工程验收。

混凝土填充层的施工,应由有资质的土建施工方承担,供暖系统安装单位应密切配合。在混凝土填充层施工中,保证加热管内的水压不低于 0.6MPa,填充层养护过程中,系统水压不应低于 0.4MPa。

填充层的材料宜采用 C15 豆石混凝土,豆石粒径为 5~12mm,加热管的填充层厚度不宜小于 50mm,发热电缆的填充层厚度不宜小于 35mm。浇筑混凝土填充层时,施工人员应穿软底鞋,采用平头铁锹,严禁使用机械振捣设备。填充层应做试块抗压试验。填充层达到要求的强度后才能进行面层施工。在加热管或发热电缆的敷设区内,严禁穿凿、钻孔或进行射钉作业。

系统初始加热前,混凝土填充层的养护周期不应少于 21d。施工中,应对地面采取保护措施。不得在地面上加以重载、高温烘烤、直接放置高温物体和高温加热设备。

⑥ 面层施工。低温热水地面辐射供暖装饰地面宜采用以下材料：水泥砂浆、混凝土、瓷砖、大理石、花岗岩等石材，符合国家标准的复合木地板、实木复合地板及耐热实木地板。

面层施工前，填充层应达到面层需要的干燥度。面层施工除应符合土建施工设计图纸的各项要求外，还应符合以下规定：施工面层时，不得剔、凿、割、钻和钉填充层，不得向填充层内楔入任何物件；面层的施工，必须在填充层达到要求强度后才能进行；石材、面砖在与内外墙、柱等垂直构件交界处，应留 10mm 宽的伸缩缝，铺设木地板时，应留不小于 14mm 的伸缩缝；伸缩缝应从填充层的上边缘做到高出面层 10~20mm，面层敷设完毕后，裁去多余部分；伸缩缝宜采用高发泡聚乙烯泡沫塑料。

以木地板作为面层时，木材必须经过干燥处理，且应在填充层和找平层完全干燥后，才能进行地板施工。

⑦ 卫生间施工。卫生间地面应做两层隔离层，如图 3-52 所示。

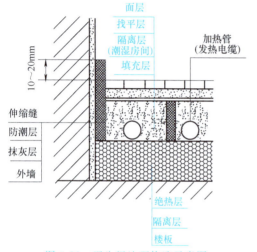

图 3-52 卫生间地面构造示意图

卫生间过门处应设置止水墙，在止水墙内侧应配合土建专业做防水处理，以防止卫生间积水渗入绝热层，并沿绝热层渗入其他区域。加热管穿越止水墙处应设防水套管，防水套管两端应做密封处理。

⑧ 低温热水系统的水压试验及调试。水压试验应在系统冲洗之后进行。应在分水器、集水器以外主供、回水管道冲洗合格后，再进行室内供暖系统的冲洗。水压试验应分别在浇捣混凝土填充层前和填充层养护期满后进行两次，水压试验应以每组分水器、集水器为单位，逐回路进行。试验压力应为工作压力的 1.5 倍，且不应小于 0.6MPa，在试验压力下，稳压 1h，其压力降不应大于 0.05MPa。

为避免对系统造成损坏，地面辐射供暖系统未经调试，严禁运行使用。调试应在正常供暖条件下进行，初始加热时热水升温应平缓，以确保建筑构件对温度上升有一个逐步变化的适应过程。

（二）热水吊顶辐射板供暖

1. 热水吊顶辐射板功能优点

热水吊顶辐射板（图 3-53），有着构造简单轻巧、热效率高、安装方便、初投资和运行费用低、操作简单、智能化程度高、无噪声、环保洁净等优点，被广泛地运用在工厂车间、体育场馆、仓库、飞机修理库、温室大棚、养殖场、游泳池、剧院、礼堂、超市等地方。

辐射供暖环境下，由于室内空气温度比对流供热系统环境下的空气温度低 2~3K，但同样能达到环境舒适度，所以节能。建筑维护结构（墙壁和地板）被红外线直接加热，比空气温度高，空气存在温差，形成二次散热，存在一定保温性能，所以节能。

图 3-53 热水吊顶辐射板

热水吊顶辐射板作为末端散热设备，无需电动机械部件，不消耗电能，几乎免维护运行，节省运行费用。热水吊顶辐射板采暖系统主要表现在初期投资高，但其运行之后节能性明显，高出投资部分可在几年之内通过能源的节约得到补偿。

在热水吊顶辐射板供暖环境下，热分布均匀，体感舒适、柔和，不会出现像风系统供暖环境下的局部温度不均匀的现象。

热水吊顶辐射板采暖系统一般均安装在建筑内顶棚，不占用墙面和地面等空间。热水吊顶辐射板采暖是红外线直接供暖，无吹风感，不引起扰尘。热水吊顶辐射板采暖系统无电传动设备，运行十分安静。热水吊顶辐射板采暖系统为水系统供暖，温度和压力低，不增加建筑的防火等级，可使用在有挥发和易燃的建筑环境中，不会引起火灾和爆炸的风险。

2. 热水吊顶辐射板供暖系统安装

（1）热水吊顶辐射板供暖，可用于层高为 3～30m 建筑物的供暖。

（2）热水吊顶辐射板的供水温度宜采用 40～95℃ 的热水，其水质应满足产品要求。在非供暖季节供暖系统应充水保养。

（3）热水吊顶辐射板的安装高度，应根据人体的舒适度确定。辐射板的最高平均水温应根据辐射板安装高度和其面积占天花板面积的比例按表 3-7 确定。

表 3-7 热水吊顶辐射板最高平均水温　　　　　　　　　　　　　　　　　℃

最低安装高度 /m	热水吊顶辐射板面积占天花板面积的百分比					
	10%	15%	20%	25%	30%	35%
3	73	71	68	64	58	56
4	115	105	91	78	67	60
5	>147	123	100	83	71	64
6		132	104	87	75	69
7		137	108	91	80	74
8		>141	112	96	86	80
9			117	101	92	87
10			122	107	98	94

（4）热水吊顶辐射板供暖系统的管道布置宜采用同程式。

（5）热水吊顶辐射板与供暖系统供、回水管的连接方式，可采用并联或串联、同侧或异侧连接，并应采取使辐射板表面温度均匀、流体阻力平衡的措施。

（6）布置全面供暖的热水吊顶辐射板装置时，应使室内作业区辐射照度均匀，并符合以下要求：

① 安装吊顶辐射板时，宜沿最长的外墙平行布置；

② 设置在墙边的辐射板规格应大于在室内设置的辐射板规格；

③ 层高小于 4m 的建筑物，宜选择较窄的辐射板；

④ 房间应预留辐射板沿长度方向热膨胀余地。

⑤ 辐射板装置不应布置在对热敏感的设备附近。

二、发热电缆地面辐射供暖

除符合下列条件之一，不得采用电加热供暖：

①供电政策支持；②无集中供热与燃气源，煤、油等燃料受到环保或消防严格限制的建筑；③夜间可利用低谷电进行蓄热，且蓄热式电锅炉不在日用电高峰和平段时间启用的建筑；④利用可再生能源发电地区的建筑；⑤远离集中热源的独立建筑。

发热电缆辐射供暖和低温电热膜辐射供暖的加热元件及其表面工作温度，应符合国家现行有关产品标准的安全要求。根据不同的使用条件，电加热供暖系统应设置不同类型的温控装置。绝热层、龙骨等配件的选用及系统的使用环境，应满足建筑防火要求。

电热膜辐射供暖安装功率应满足房间所需散热量要求。在顶棚上布置电热膜时，应考虑为灯具、烟感器、喷头、风口、音响等留出安装位置。

（一）发热电缆地面辐射供暖系统的材料

发热电缆指以供暖为目的、通电后能够发热的电缆，由冷线、热线和冷热线接头组成，其中热线由发热导线、绝缘层、接地屏蔽层和外保护套等部分组成，其外径不宜小于6mm。发热电缆的型号和商标应有清晰标志，冷热线接头位置应有明显标志。

发热电缆必须有接地屏蔽层，其发热导体宜使用纯金属或金属合金材料。

发热电缆的冷热导线接头应安全可靠，并应满足至少50年的非连续正常使用寿命。发热电缆应经国家电线电缆质量监督检验部门检验合格。

（二）发热电缆地面供暖系统施工

1. 一般规定

（1）施工安装前应具备下列条件：

① 设计施工图纸和有关技术文件齐全；

② 有经批准后的施工组织设计或施工方案，并已完成技术交底；施工人员应经过专业技术培训；

③ 施工现场具有供电条件，有储放材料的临时设施；

④ 土建专业已完成墙面粉刷（不含面层），外窗、外门已安装完毕，并已将地面清理干净；有防水要求的地面做完蓄水试验并验收合格；

⑤ 相关电气预埋等工程已完成，温控器安装盒的深度满足安装要求；

⑥ 电缆安装和土建施工单位已完成原始地面交接验收，并形成验收记录。

（2）发热电缆应进行遮光包装后运输，不得裸露散装。在运输、装卸和搬运时，应小心轻放，不得抛、摔、滚、拖。避免暴晒雨淋，宜储存在温度不超过40℃，通风良好和干净的库房内，与热源距离至少应保持在1m以上，应避免因环境温度和物理压力受到损害。

（3）施工的温度不宜低于5℃；在低于0℃的环境下施工时，现场应采取升温措施。

（4）施工过程中，应防止油漆、沥青或其他化学溶剂接触污染发热电缆、低温传感器的表面。

（5）发热电缆间有搭接时，严禁电缆通电。

（6）施工时不宜与其他工种进行交叉施工作业，所有地面预留洞应在填充层施工前完成。地面辐射电热采暖系统的电源系统铺设应符合现行国家标准《建筑电气工程施工质量验收规范》（GB 50303—2015）中的相关规定。

（7）地面辐射供暖工程施工过程中，严禁人员踩踏电缆。电缆安装验收合格后，应及时进行填充层的施工。

（8）地面辐射电热采暖系统的布线系统敷设应符合现行国家标准《建筑电气工程施工质量验收规范》（GB 50303—2015）中的相关规定。

（9）施工结束后应绘制竣工图，并应准确标注发热电缆铺设位置和地温传感器埋设地点。

2. 绝热层、反射层、钢丝网铺设

（1）铺设绝热层的楼（地）面应平整、干燥、无杂物，墙面根部应平直，且无积灰现象；

（2）绝热层铺设应贯通铺设，四面紧贴房间墙根且应平整，绝热层相互间结合应严密，缝隙不应大于 3mm；

（3）直接与土壤接触或有潮湿气体侵入的地面，在铺设绝热层之前应先铺一层防潮层；

（4）绝热层铺设完毕后，进行反射膜铺设，反射膜铺设应平整、无褶皱；

（5）钢丝网应铺设在反射膜上，安装平整、无翘曲。

3. 发热电缆安装

（1）发热电缆应严格按照施工图纸标定的电缆间距和走向敷设，发热电缆铺设应保持平直，电缆间距的安装误差不应大于 10mm。发热电缆敷设前，应对照施工图纸核定发热电缆的铺装功率和长度，并应检查电缆外观的质量。

（2）发热电缆出厂后严禁剪裁和拼接，有外伤或破损的发热电缆严禁敷设。

（3）发热电缆安装前、隐蔽后应测量发热电缆的标称电阻和绝缘电阻，并做好自检记录。

（4）发热电缆安装前，应确认发热电缆冷线预留管、温控器接线盒、地温传感器预留管、采暖配电箱等预留、预埋工作已完毕。

（5）发热电缆安装时严禁电缆拧紧、重叠或交叉，弯曲电缆时，圆弧的顶部应加以限制（顶住），并进行固定，防止出现"死折"。电缆的弯曲半径不应小于生产企业规定的限值，且不得小于 6 倍电缆直径。

（6）发热电缆敷设在绝热层上时，应采用扎带或卡钉固定在钢丝网上，固定间距直线部分不大于 400mm，弯曲部分不大于 250mm。发热电缆不得被压入绝热材料中。

（7）发热电缆的热线部分严禁进入冷引线预留管或墙壁中，冷热线接头应设在填充层内，发热电缆必须正确接地。

（8）发热电缆安装验收合格后，应及时组织填充层的施工。

（9）发热电缆地面供暖系统的电气施工应符合现行国家标准《电气装置安装工程 低压电器施工及验收规范》（GB 50254—2014）及《建筑电气工程施工质量验收规范》（GB 50303—2015）的规定。

4. 温控器安装

（1）温控器的温度传感器安装应按生产企业相关技术要求进行。

（2）温控器安装盒的位置及预埋管线的布置应按设计图纸确定的位置和高度安装。温控器的四周不得有热（冷）源体。

（3）温控器应按说明书的要求接线。集中控制的线路铺设应执行现行国家标准《综合布线系统工程设计规范》（GB 50311—2016）的规定。

（4）温控器应水平安装，安装后应横平竖直，稳定牢固。盒的四周不应有空隙，并紧贴墙面。

（5）装修时应将温控器封严，以免灰尘或沙土落入。

（6）温控器安装时，应将发热电缆的接地线可靠接地。

课题 6 ▶ 热　　泵

"热泵"是一种能从自然界的空气、水或土壤中获取低品位热能，经过电力做功，提供可被人们所用的高品位热能的装置，如图 3-54 所示。分为地源热泵、空气源热泵系统和水

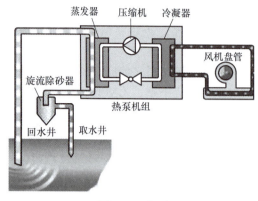

图 3-54 热泵

环热泵空调系统。

一、地源热泵

地源热泵是一种利用地下浅层地热资源（也称地能，包括地下水、土壤或地表水等）的既可供热又可制冷的高效节能供热空调系统。地源热泵即：夏天制冷时将排放出来的热量放入大地储存好，到了冬天又将储存好的热量释放至室内供暖。中间换热介质是地下水，地下水具有恒温储热功能，节能环保、提高效益。整个系统通过热泵机组向建筑物供冷供热，利用可再生能源、高效节能、无污染，集制冷、制热、生活热水于一体，可广泛应用到各种建筑中。

（一）地源热泵系统的分类和组成

地源热泵系统由水源热泵机组、地热能交换系统、建筑物内系统组成。

根据地热能交换系统形式的不同，分为地埋管地源热泵系统、地下水地源热泵系统和地表水地源热泵系统。

（二）地源热泵系统施工技术要求

1. 施工前准备

（1）系统施工前应具备区域的工程勘察资料、设计文件和施工图纸，并有经审批的施工组织设计。

（2）对埋管场地应进行地面清理，铲除杂草、杂物，平整场地。

（3）进入现场的地埋管及管件应逐件检查，破损和不合格产品严禁使用，宜采用制造不久的管材、管件；地埋管运抵现场后应用空气试压进行检漏试验。存放中，不得在阳光下暴晒。搬运和运输中，应小心轻放，不得划伤管件，不得抛摔和沿地拖曳。

2. 地埋管的连接

（1）应采用热熔或电熔连接。

（2）竖直地埋管换热器的U形弯管接头，应选完整的U形弯头成品件，不应采用直管煨制弯头。

（3）竖直地埋管换热器的U形管的组对应满足设计要求，组对好的U形管的开口端部应及时完封。

3. 钻孔

钻孔是竖埋管换热器施工最重要的工序。为保证钻孔施工完成后孔壁保持完整，如果施工区地层土质比较好，可以采用裸孔钻进；如果是砂层，孔壁容易坍塌，则必须下套管，孔径的大小略大于U形管与灌浆管组件的尺寸为宜，一般要求钻机的钻头直径根据需要在100～150mm之间，钻进深度可达到150～200m，钻孔总长度由建筑的供热面积大小、负荷的性质以及地层及回填材料的导热性能决定，对于大中型的工程应通过仔细的设计计算确定，地层的导热性能最好通过当地的实测得到。钻孔施工时，要注意不得损坏原有地下管线和地下构筑物。

4. 下管

下管是工程的关键之一，因为下管的深度决定采取热量总量的多少，所以必须保证下管的深度。下管方法有人工下管和机械下管两种，下管前应将 U 形管与灌浆管捆绑在一起，在钻孔完毕后立即进行下管施工。钻孔完毕后孔内有大量积水，由于水的浮力影响，会对放管造成一定的困难，而且由于水中含有大量泥沙，泥沙沉积会减少孔内的有效深度。为此，每钻完一孔，应及时把 U 形管放入，并采取防止上浮的固定措施。在安装过程中，应注意保持套管的内外管同轴度和 U 形管进出水管的距离。对于 U 形管换热器，可采用专用的弹簧把 U 形管的两个支管撑开，以减小两支管间的热量回流。下管完毕后，要保证 U 形管露出地面，在埋管区域做出标志并定位，以便于后续施工。

5. 灌浆封井

灌浆封井也称为回填工序。在回填之前应对埋管进行试压，确认无泄漏现象后方可进行回填。正确的回填要达到两个目的：一是要强化埋管与钻孔壁之间的传热，二是要实现密封的作用，避免地下含水层受到地表水等可能的污染。为了使热交换器具有更好的传热性能，一般选用特殊材料制成的专用灌注材料进行回填，钻孔过程中产生的泥浆沉淀物也是一种可选择的回填材料。回填物中不得有大粒径的颗粒，回填时必须根据灌浆速度的快慢将灌浆管逐步抽出，使混合浆自上而下回灌封井确保回灌密实，无空腔，减少传热热阻。当上返泥浆密度与灌注材料密度相等时，回填过程结束。系统安装完毕后，应进行清洗、排污，按要求对管道进行冲洗和试压，确认管内无杂质后，方可灌水。

6. 安装水平地埋管换热器

铺设前沟槽底部应先铺设相当于管径厚度的细沙，安装时管道不应折断、扭结，沙中不得有石块，转弯处应光滑，并有固定措施。在室外环境温度低于 0℃ 时不应进行地埋管换热器的施工。

二、空气源热泵系统

空气源热泵系统是由电动机驱动的，利用蒸汽压缩制冷循环工作原理，以环境空气为冷（热）源制取冷（热）风或者冷（热）水的设备，主要零部件包括用热侧换热设备、热源侧换热设备及压缩机等。空气源热泵利用空气中的热量作为低温热源，经过传统空调器中的冷凝器或蒸发器进行热交换，然后通过循环系统，提取或释放热能，利用机组循环系统将能量转移到建筑物内，满足用户对生活热水、地暖或空调等需求。

1. 空气源热泵系统的优点

空气源热泵既能在冬季制热，又能在夏季制冷，能满足冬夏两种季节需求，而其他采暖设备往往只能冬季制热，夏季制冷时还需要加装空调设备。

空气源热泵采用热泵加热的形式，水、电完全分离，无需燃煤或天然气，因此可以实现一年四季全天 24h 安全运行，不会对环境造成污染。

相比太阳能、燃气、水源、地源热泵等形式，空气源热泵不受夜晚、阴天、下雨及下雪等天气的影响，也不受地质、燃气供应的限制。

空气源热泵使用 1 份电能，同时从室外空气中获取 2 份以上免费的空气源，能生产 3 份以上的热能，高效环保，相比电采暖每月节省 75% 的电费。

2. 相关应用及产品选择

(1) 空气源热泵地暖　空气源热泵地暖利用空气中的低品位热能经过压缩机压缩后转化为高温热能，将水温加热到不高于 60℃（一般的水温在 35～50℃），并作为热媒在专用管道内循环流动，加热地面装饰层，通过地面辐射和对流的传热使地面升温，热量从建筑物地表升起，使整个室内空间的温度均匀分布，没有热风感，有利于保持环境中的水分，提高人体舒适度。将空气中的热量搬运到室内采暖，比电地暖省电 75%，24h 全天候供暖，并且易于安装，埋在地下，不占据室内空间，并能搭配不同的装潢风格，还能满足家用和商用等多种需求。

（2）空气源热泵中央空调 空气源热泵中央空调通过从室外免费获取大量空气中的热量，再通过电能，将热量转移到室内，实现 1 份电能产生 3 份以上热量的节能效应，效率高，没有任何污染物排放，不会影响大气环境。目前市面上最先进的谷轮^{TM}EVI 涡旋强热技术更是使空气源热泵中央空调在低至-20℃的条件下也能正常制热。

（3）空气源热泵热水器 空气源热泵热水器是在普通热水器中装载空气源热泵，把空气中的低温热量吸收进来，经过压缩机压缩后转化为高温热能以此来加热水温。传统的电热水器和燃气热水器是通过消耗燃气和电能来获得热能，而空气源热泵热水器是通过吸收空气中的热量来达到加热水的目的，在消耗相同电能的情况下可以吸收相当于三倍电能左右的热能来加热水，而且克服了太阳能热水器阴雨天不能使用及安装不便等缺点，具有高安全、高节能、寿命长、不排放有毒有害气体等诸多优点。空气源热泵热水器具有高效节能的特点，在制造相同的热水量的前提下，空气源热泵热水器消耗费用仅为电热水器的 1/4，甚至比电辅助太阳能热水器能效高。

三、水环热泵空调系统

水环热泵空调系统是指小型的水/空气热泵机组的一种应用方式，即用水环路将小型的水/热泵机组并联在一起，形成一个封闭环路，构成一套回收建筑物内部余热作为其低位热源的热泵供暖、供冷的空调系统。

水环热泵空调系统的组成：室内的小型水/空气热泵机组、水循环环路、辅助设备（如冷却塔、加热设备、蓄热装置等）。

水环热泵空调系统的优缺点：20 世纪 80 年代初期在我国应用的一些水环热泵空调系统显示出了许多的优点，如回收建筑物余热的特有功能，不像传统锅炉那样会对环境产生污染，省掉或减少常规空调系统的冷热源设备和机房，便于分户计量与计费，便于安装、管理等。

水环热泵空调系统的发展主要面临来自两个方面的问题：其一是从系统方面看，国内的一些建筑物内余热小或无预热，尚需补充加热设备，致使其不能充分发挥原有的一些优点；其二是从设备方面看，水环热泵空调系统中采用的小型水/空气热泵机组所存在的一些固有问题也限制了其更广泛的应用。目前，针对上述的两个缺点，也出现了许多的解决办法，以期推广水环热泵空调系统的应用。

课题 7 ▶ 室内燃气管道安装

一、燃气的种类

气体燃料相比固体燃料，具有更高的热能利用率，燃烧温度高，清洁卫生，便于输送，对环境污染小等许多优点。但也应注意当燃气和空气混合到一定比例时，遇到明火则会发生燃烧或爆炸，燃气还具有强烈的毒性，容易引起中毒事故，因此，应确保设计、安装质量，加强管理和维护，防止泄漏。燃气按来源不同，分为人工煤气、液化石油气和天然气三类。

1. 人工煤气

人工煤气是将矿物燃料（如煤、重油等）通过热加工而得到的。有硫化氢、苯、萘、氨、焦油等杂物，具有强烈的气味及毒性，容易腐蚀及阻塞管道。因此，需要净化后才能使用。

2. 液化石油气

液化石油气是对石油进行加工处理中（例如减压、蒸馏、催化裂化、铂重整等）所获得的副产品。其主要成分是丙烷、丙烯、正（异）丁烷、正（异）丁烯、反（顺）丁烯等。在标准状态下呈气态，而在温度低于临界值时或压力升到某一数值时则呈液态。

3. 天然气

天然气是从油井钻井中开采出来的可燃气体。一种是气井气，是自由喷出地面的，即纯天然气；另一种是溶解于石油中，开采后分离出来的石油伴生气；还有一种是含石油轻质馏分的凝析气田气。主要成分是甲烷。

二、燃气供暖系统

1. 燃气红外线辐射供暖

采用燃气供暖时，必须采取相应的防火、防爆和通风换气等安全措施，并符合国家现行有关安全、防火规范的要求。燃气红外线辐射器的安装高度不应低于3m。

燃气红外线辐射器用于局部工作地点供暖时，其数量不应少于两个，且应安装在人体的侧上方。

燃气红外线辐射供暖系统采用室外供应空气时，进风口应符合下列要求：

① 设在室外空气洁净区，距地面高度不低于2.0m；
② 距排风口水平距离大于6m；当处于排风口下方时，垂直距离不小于3m；当处于排风口上方时，垂直距离不小于6m；
③ 安装过滤网。

燃气红外线辐射供暖系统的尾气应排至室外。排风口应符合下列要求：

① 设在人员不经常通行的地方，距地面高度不低于2m；
② 水平安装的排气管，其排风口伸出墙面不少于0.5m；
③ 垂直安装的排气管，其排风口高出半径为6m以内的建筑物最高点不少于1m；
④ 排气管穿越外墙或屋面处，加装金属套管。

燃气红外线辐射供暖系统应在便于操作的位置设置能直接切断供暖系统及燃气供应系统的控制开关。利用通风机供应空气时，通风机与供暖系统设置连锁开关。

2. 户式燃气炉供暖

采用户式燃气炉做热源时，应采用全封闭式燃烧，平衡式强制排烟的系统。户式燃气炉供暖系统的排烟口应保持空气畅通，远离人群和新风口。

由于受到燃气壁挂炉烟气结露温度和最小流量的限制，宜采取混水或去耦罐的热水供暖系统。

散热设备应与燃气壁挂炉供回水温度匹配。户式燃气炉散热设备可根据习惯和具体情况选择。

户式燃气炉供暖系统应设置排气泄水装置，同时应具有防冻保护功能。

三、室内燃气管道系统的安装

民用建筑室内燃气管道供气压力，公共建筑不得超过0.2MPa，居住建筑不得超过0.1MPa。其室内燃气管道系统由用户引入管、水平干管、立管、用户支管、燃气表、下垂管和灶具等部分组成，其系统如图3-55所示。

1. 管材

（1）燃气管道根据工作压力和使用场所，宜采用下列管材及连接方法。

① 低压燃气管道宜采用热镀锌钢管或焊接钢管螺纹连接；中压管道宜采用无缝钢管焊接连接。

② 居民及公共建筑室内明装燃气管道宜采用热镀锌钢管螺纹连接。

③ 敷设在下列场所的燃气管道宜采用无缝钢管焊接连接。

  a. 燃气引入管。

  b. 地下室、半地下室和地上密闭房间内的管道。

  c. 管道竖井和吊顶内的管道。

  d. 屋顶和外墙敷设的管道。

  e. 锅炉房、直燃机房内管道。

  f. 室内中压、燃气管道。

④ 居民用户暗埋室内低压燃气支管可采用不锈钢管或铜管，暗埋部分应尽量不设接头，明露部分可用卡套、螺纹或钎焊连接。

⑤ 燃具前低压燃气管道可采用橡胶管或家用燃气软管，连接可采用压紧螺母或管卡。

⑥ 凡有阀门等附件处可采用法兰或螺纹连接，法兰宜采用平焊法兰，法兰垫片宜采用耐油石棉橡胶垫片，螺纹管件宜采用可锻铸铁件，螺纹密封填料采用聚四氟乙烯带或尼龙绳等。

（2）管道的壁厚应符合设计要求。

2. 引入管的安装

（1）燃气引入管不得从卧室、浴室、厕所及电缆沟、暖气沟、烟道、垃圾道、风道等处引入。

（2）住宅燃气引入管应尽量设在厨房内，有困难时也可设在走廊或楼梯间、阳台等便于检修的非居住房间内。

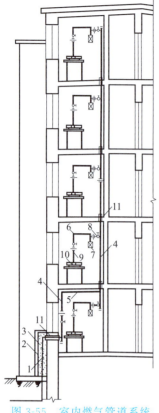

图 3-55 室内燃气管道系统
1—用户引入管；2—砖台；3—保温层；
4—立管；5—水平干管；6—用户支管；
7—燃气计量表；8—旋塞及活接头；
9—用具连接管；10—燃气用具；
11—套管

（3）建筑设计沉降量大于 50mm 以上的燃气引入管，根据情况可采取如下保护措施。

① 加大引入管穿墙处的预留孔洞尺寸。

② 引入管穿墙前水平或垂直方向弯曲 2 次以上。

③ 引入管穿墙前设金属柔性管接头或波纹补偿器。

（4）引入管穿越墙或基础进入建筑物之后，应尽快出室内地面，不得在室内地面下水平敷设。其室内地坪严禁采用架空板，应是回填土分层夯实后浇筑的混凝土地面。

（5）引入管穿越建筑物基础或墙时设在套管内；套管的内径一般不得小于引入管外径与 25mm 之和，套管与引入管之间的缝隙应用柔性的防腐防水材料填塞，用沥青封口。燃气引入管阀门宜设在室外操作方便的位置；设在外墙上的引入管阀门应设在阀门箱内；阀门的高度，室内宜在 1.5m 左右，室外宜在 1.8m 左右。

3. 水平干管的安装

（1）室内燃气干管不得穿过易燃易爆仓库、变电室、卧室、浴室、厕所、空调机房、通风机房、防烟楼梯间、电梯间及其前室等房间，也不得穿越烟道、风道、垃圾道等。当不得不穿过时，必须置于套管内。

（2）输送干燃气的水平管道可不设坡度。输送湿燃气的管道，其敷设坡度应不小于0.002，特殊情况下不得小于0.0015。

（3）室内水平燃气干管严禁穿过防火墙。

（4）室内水平干管的安装高度不低于1.8m，距顶棚不得小于150mm。

4. 立管的安装

（1）室内燃气立管宜设在厨房、开水间、走廊、阳台等处；不得设置在卧室、浴室、厕所或电梯井、排烟道、垃圾道等内。

（2）燃气立管宜明设，也可设在便于安装和检修的管道竖井内，但应符合下列要求。

① 燃气立管可与给排水、冷水管、可燃液体管、惰性气体管等设在一个竖井内，但不得与电线、电气设备或进风管、回风管、排气管、排烟管、垃圾道等共用一个竖井。

② 竖井内的燃气管道应采用焊接连接，且尽量不设或少设阀门等附件。

（3）炎热地区输送湿燃气或不论气候条件如何，输送干燃气时，经当地部门同意，立管也可沿外墙敷设，但立管与建筑物内窗洞的水平净距，中压管道不得小于0.5m，低压管道不得小于0.3m。

（4）高层建筑的立管过长时，应设置补偿器，补偿器宜采用方形或波纹管型，不得采用填料型补偿器。

（5）设置立管支架，当管道 $DN \leqslant 25mm$ 时，应每层中间设一个；$DN > 25mm$ 时，按需要设置。

5. 支管的安装

（1）室内燃气支管应明设，敷设在过厅或走道的管段不得装设阀门和活接头。当支管不得不穿过卧室、浴室、阁楼或壁柜时，必须采用焊接连接并设在套管内。浴室内设有密闭型热水器时，燃气管可不加套管，但应尽量缩短支管长度。

（2）当燃气管从外墙敷设的立管接入室内时，宜先沿外墙接出300～500mm长水平短管，然后穿墙接入室内。

（3）室内燃气支管安装高度，当高位敷设时不得低于1.8m，有门时应高于门的上框；低位敷设时距地面不得小于300mm。

6. 燃气表的安装

（1）居住家庭每户应装一只燃气表，集体、营业、专业用户、每个独立核算单位最少应装一只燃气表。

（2）煤气表安装过程中不准碰撞、倒置、敲击，不允许有铁锈杂物、油污等物质掉入表内。

（3）燃气表安装必须平正，下部应有支撑。

（4）安装皮膜燃气表时，应遵循以下规定。

① 高位表表底距地净距不得小于1.8m；中位表表底距地面不小于1.4～1.7m；低位表底距地面不小于0.15m。

② 安装在走道内的皮膜式燃气表，必须按高位表安装；室内皮膜煤气表安装以中位表为主，低位表为辅。

③ 皮膜式燃气表背面距墙净距为10～15mm。

④ 一只皮膜式燃气表一般只在表前安装一个旋塞。

7. 灶具安装

民用灶具安装，应满足以下条件。

(1) 灶具应水平放置在耐火台上，灶台高度一般为 700mm。

(2) 当灶具和燃气表之间硬连接时，其连接管道的直径不小于 15mm，并应装活接头一只。

采用软管连接时应符合下列要求。

① 软管的长度不得超过 2m，且中间不得有接头和三通分支。

② 软管的耐压能力应大于 4 倍工作压力。

③ 软管不得穿越墙、门和窗。

(3) 公共厨房内当几个灶具并列安装时，灶与灶之间的净距不应小于 500mm。

(4) 灶具应安装在有足够光线的地方，但应避免穿堂风直吹。

(5) 灶具背后与墙面的净距不小于 100mm，侧面与墙或水池的净距不小于 250mm。

8. 其他

(1) 室内燃气管道在下列各处宜设阀门。

① 引入管处。

② 从水平干管接出立管时，每个立管的起点处。

③ 从室内燃气干管或立管接至各用户的分支管上（可与表前阀门合设 1 个）。

④ 每个用气设备前。

⑤ 点火棒、取样管和测压计前。

⑥ 放散管起点处。

(2) 当燃气管道 $DN \geqslant 65mm$ 时，应用球阀，$DN < 65mm$ 时，宜采用球阀或旋塞阀。

(3) 住宅和公共建筑的立管上端和最远燃具前水平管末端应设不小于 $DN15$ 放散用堵头。

(4) 为便于拆装，螺纹连接的立管宜每隔一层距地 1.2~1.5m 处设一个活接头。遇有螺纹阀门时，在阀后设一个活接头。

(5) 室内燃气管道穿过承重墙、地板或楼板时应加钢套管，套管的内径应大于管道外径 25mm。穿墙套管的两边应与墙的饰面平齐，穿越楼板的套管上部应高出装饰地面 50mm，底部与楼板饰面平齐，套管内不得有接头。煤气管道与套管之间的缝隙应用柔性防腐防水材料填塞，热沥青封口。套管与墙、楼板之间的缝隙应用水泥砂浆堵严。

(6) 室内燃气管道的防腐和涂色规定如下。

① 引入管埋地部分按室外管道要求防腐处理。

② 室内管道采用焊接钢管或无缝钢管时，应除锈后刷两道防锈漆。

③ 管道表面一般涂刷两道黄色油漆或按当地规定执行。

9. 室内燃气管道的试压、吹扫

室内燃气管道系统在投入运行前需进行试压、吹扫。室内燃气管道只进行严密性试验。试验范围自调压箱起至灶前倒齿管止或引入管上总阀起至灶前倒齿管接头。试验介质为空气，试验压力（带表）为 5kPa，稳压 10min，压降值不超过 40Pa 为合格。严密性试验完毕后，应对室内燃气管道系统吹扫。吹扫时可将系统末端用户燃烧器的喷嘴作为放散口，一般也用燃气直接吹扫，但吹扫现场严禁火种，吹扫过程中应使房屋通风良好，及时冲淡排除燃气。

专业配合注意事项

（1）土建工程施工应依据设计在建筑物基础上预留孔洞。孔洞位置应准确，孔洞尺寸和洞顶（底）标高应符合设计要求。

（2）供热管道穿越现浇楼板或墙体时，应预留孔洞。孔洞位置、尺寸应符合管道的安装要求。穿越楼板或墙体的管道应设钢套管或塑料套管，套管应与楼板紧密接触，不得渗漏。

（3）供热管道的标高应符合设计要求，如与土建工程有矛盾时，应及时协商解决。多根管道水平平行敷设时应符合施工规范规定且处理好相关关系。与设备工程相关的预埋件的位置、尺寸、材料等应符合设计要求。

（4）发热电缆供暖系统施工时，混凝土填充层施工，应由有资质的土建施工方承担，供暖系统安装单位应紧密配合；卫生间过门处应设置止水墙，在止水墙内侧应配合土建专业做防水，以防止卫生间积水渗入绝热层，并沿绝热层渗入其他区域。

（5）其余部分参见建筑内部给水排水系统中的专业配合注意事项，各专业均应按设计、施工规范及工程实际提前协调解决。

小结

供暖系统主要由热源、供暖管道、散热设备及辅助设备组成。供暖系统可按作用范围大小（其中城镇以集中供暖为主）、热媒种类不同（其中室内宜采用低温热水供暖）等方法进行分类。

室内供暖系统形式主要有垂直式和水平式两种；多层建筑供暖系统主要有分层式、水平双线式和单元管混合式系统。

室内供暖系统使用水煤气管，$d \leqslant 32 \text{mm}$，采用螺纹连接；$d > 32 \text{mm}$，采用焊接。安装程序是供暖总管→散热器→供暖立管→供暖支管，管道安装应符合基本技术要求。

散热器是系统的主要设备，膨胀水箱、排水装置、除污器、温控与热计量装置是系统的辅助设备，安装时应符合设计和施工规范要求。

地面辐射供暖分为低温地面辐射供暖和发热电缆地面辐射供暖两种。它是以低温热水或低温发热电缆为热源，加热地板通过地面以辐射和对流的传热方式向室内供热的，其室内卫生条件和舒适度均好于散热器供暖。

低温地面辐射供暖加热管使用复合管或塑料管，其地面内应无接头。

地源热泵系统通过热泵机组向建筑物供冷供热，利用可再生能源，高效节能、无污染，集制冷、制热、生活热水于一体，可广泛应用到各种建筑中。整个系统由水源热泵机组、地热能交换系统、建筑物内系统组成。根据地热能交换系统形式的不同，分为地埋管地源热泵系统、地下水地源热泵系统和地表水地源热泵系统。

燃气按来源不同分为人工煤气、液化石油气和天然气三种，均具有毒性和爆炸性，使用时应注意安全。

室内燃气管道系统管材可使用水煤气管或焊接钢管，安装应严密并进行严密性实验，合格之后还应吹扫。

推荐阅读资料

[1]《工业建筑供暖通风与空气调节设计规范》(GB 50019—2015)。
[2]《城镇供热管网设计规范》(CJJ 34—2010)。
[3]《严寒和寒冷地区居住建筑节能设计标准》(JGJ 26—2018)。
[4]《既有居住建筑节能改造技术规程》(JGJ/T 129—2012)。
[5]《建筑工程施工质量验收统一标准》(GB 50300—2013)。
[6]《建筑工程监理规范》(GB/T 50319—2013)。
[7]《发热电缆地面辐射供暖技术规程》(XJJ 053—2012)。
[8]《地源热泵系统工程技术规范》(2009 版)(GB 50366—2005)。

能力训练题

一、名词解释
1. 高温水
2. 低温水

二、填空题
1. 供暖系统主要由_____、_____、_____和_____部分组成。
2. 低温水供暖系统供、回水设计温度分别是_____℃和_____℃。
3. 管道穿越楼板、墙体和基础时,应配合土建_____孔洞。
4. 地面辐射供暖分为_____和_____两种。
5. 燃气按来源不同可分为_____、_____和_____三种。
6. 供暖工程在交付使用前应做_____和_____;煤气管道应做_____和_____。

三、问答题
1. 什么是同程式系统?与异程式系统有什么区别?
2. 室内供暖管道安装的基本要求有什么?
3. 室内供暖系统有哪些主要设备和辅助设备?各起什么作用?安装上有哪些要求?
4. 地板辐射供暖有哪些主要特点?
5. 室内燃气管道的试压和吹扫有什么要求?

单元四
通风空调工程施工

学习目标

了解通风空调工程的作用、分类及基本组成；掌握管道设备安装基本要求，理解多层建筑防烟排烟的重要性和设计要求；掌握金属管道及设备防腐保温基本要求；能依据工程进度协调各专业关系。

学习要求

知识要点	能力要求	相关知识
通风空调系统的分类及组成	了解通风空调系统的区别、分类及组成	湿空气的基本概念
通风空调系统管道的安装	掌握风管安装的基本要求	《通风与空调工程施工质量验收规范》(GB 50243—2016)
通风空调系统设备的安装	了解设备基本构造作用；掌握基本安装要求	
高层建筑防烟排烟	理解建筑防烟排烟的重要性；了解防烟排烟设施和装置	《建筑设计防火规范》(GBJ 50016—2014)(2018年版)
管道防腐与保温	理解防腐保温的目的；掌握其施工程序、方法和要求	《工业设备及管道绝热工程设计规范》(GB 50264—2013)
太阳能空调系统	了解太阳能空调系统组成和分类，熟悉太阳能空调系统安装程序	《民用建筑太阳能空调工程技术规范》(GB 50787—2012)

课题 1 ▶ 通风空调系统的分类及组成

通风工程是送风、排风、除尘、气力输送以及防、排烟系统工程的总称。其任务是把室外的新鲜空气送入室内，把室内受到污染的空气排放到室外。它的作用在于消除生产过程中产生的粉尘、有害气体、高度潮湿和辐射热的危害，保持室内空气清洁和适宜，保证人的健康和为生产的正常进行提供良好的环境条件。

空调工程是空气调节、空气净化与洁净空调系统的总称。其任务是提供空气处理的方法，净化或者纯净空气，保证生产工艺和人们正常生活所要求的清洁度；通过加热或冷却、加湿或去湿，控制空气的温度和湿度，并且不断地进行调节。它的作用是为工业、农业、国防、科技创造一定的恒温恒湿、高清洁度和适宜的气流速度的空气环境，也为人们的正常生活提供适宜的室内空气环境。

一、通风系统的分类

建筑通风包括从室内排除污浊的空气（排风）和向室内补充新鲜空气（送风）。为实现排风或送风，所采用的一系列设备装置的总称称为通风系统。

1. 按通风系统的作用范围分类

通风系统可分为局部通风和全面通风。

局部通风的作用范围较小，仅限于车间（或房间）的个别地点或局部区域。其中，局部送风是将新鲜空气或经过处理的空气送到车间（或房间）的局部地点或局部区域；局部排风是将产生有害气体的局部地点（或设备）的污浊空气收集后直接排放或经过处理后排放到室外。

全面通风的作用范围是整个车间（或房间），是对整个车间（或房间）进行通风换气（排风或送风），使室内空气符合卫生标准的要求。

2. 按通风系统的工作动力分类

通风系统可分为自然通风和机械通风两种。

自然通风是利用空气的自然压力（风压或热压）使空气流动换气，如图 4-1 所示。

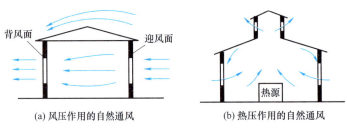

(a) 风压作用的自然通风　　(b) 热压作用的自然通风

图 4-1　自然通风

机械通风是利用风机产生的风压强制空气流动换气。局部机械排风系统如图 4-2 所示，全面机械送风系统如图 4-3 所示。

二、空调系统的组成及分类

当人或生产对空气环境要求较高，送入未经处理、变化无常的室外空气不能满足要求时，必须对送入室内的空气进行净化、加热或冷却、加湿或去湿等各种处理，使空气环境在温度、湿度、速度及洁净度等方面控制在设计范围内。这种对室内空气环境进行控制的通风称为空气调节，又称空调。

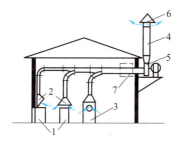

图 4-2 局部机械排风系统图

1—工艺设备；2—局部排风罩；3—排风柜；
4—风管；5—风机；6—排风帽；
7—排风处理装置

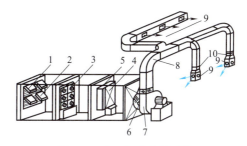

图 4-3 全面机械送风系统

1—百叶窗；2—保温阀；3—过滤器；4—空气加热器；
5—旁通阀；6—启动阀；7—风机；8—风管；
9—送风口；10—调节阀

空气调节系统由冷热源、空气处理设备、空气输送管网、室内空气分配装置及调节控制设备等部分组成。

空气调节系统的分类方法有许多，按其空气处理设备设置的情况可分为集中式、分散式和半集中式空调三种类型。

1. 集中式空气调节系统

这种空调系统如图 4-4 所示，是将空气的处理设备全部集中到空气处理室，对空气进行集中处理后，再通过风管送至各个空调房间。主要用于工业建筑、公共建筑内的空气调节。

2. 分散式空气调节系统

这种空调系统如图 4-5 所示，是利用空调机组直接在空调房间或其邻近地点就地处理空气。空调机组是将冷源、热源、空气处理、风机和自动控制等设备组装在一个或两个箱体内的定型设备，如窗式空调器、立式空调柜等。分散式空调系统主要用于办公楼、住宅等民用建筑的空气调节。

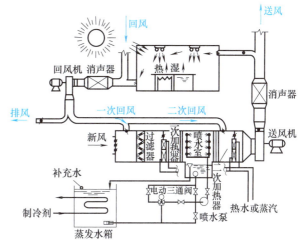

图 4-4 集中式空调系统

3. 半集中式空气调节系统

这种空调系统如图 4-6 所示，是将一部分空气处理设备集中到空气处理室，另一部分处理设备（末端装置）如风机盘管等设置到空调房间。多用于宾馆、办公楼等民用公共建筑的空气调节。

图 4-5 分散式空调系统

1—回风管道；2—新风入口

图 4-6 半集中式空调系统

课题 2 ▶ 通风空调系统管道的安装

通风空调系统常用的管道材料有金属材料，如普通薄钢板、镀锌钢板、不锈钢板及塑料复合钢板，非金属材料如硬聚氯乙烯板、玻璃钢、混凝土、砖等。

在通风空调工程中，将采用金属、非金属薄板或其他材料制作而成，用于空气流通的管道称为风管。采用混凝土、砖等建筑材料砌筑而成，用于空气流通的通道称为风道。

风管的截面有圆形和矩形两种。

一、通风空调管道的安装

1. 法兰与风管的装配

法兰与风管装配连接形式有翻边、翻边铆接和焊接三种。

（1）翻边形式适用于扁钢法兰与板厚小于 1.0mm、直径 $D \leqslant 200$mm 的圆形风管、矩形不锈钢风管或铝板风管、配件的连接，如图 4-7（a）所示。

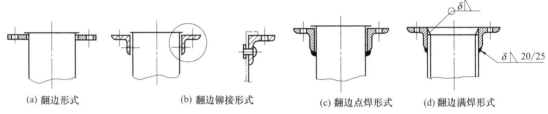

(a) 翻边形式　　(b) 翻边铆接形式　　(c) 翻边点焊形式　　(d) 翻边满焊形式

图 4-7　法兰与风管、配件的连接形式

（2）翻边铆接形式适用于角钢法兰与壁厚 $\delta \leqslant 1.5$mm、直径较大的风管及配件的连接。铆接部位应在法兰外侧，如图 4-7（b）所示。

（3）焊接形式适用于角钢法兰与风管壁厚 $\delta > 1.5$mm 的风管与配件的连接，并依风管、配件断面的大小情况，采用翻边点焊或沿风管、配件周边进行满焊连接，如图 4-7（c）、(d) 所示。

采用翻边及翻边铆接形式时，应注意翻边的宽度不得盖住法兰的螺栓孔。

另外，金属风管的加固应符合下列规定。

（1）圆形风管（不包括螺旋风管）直径大于或等于 800mm，且其管段长度大于 1250mm 或总表面积大于 $4m^2$ 均应采取加固措施。

（2）矩形风管边长大于 630mm、保温风管边长大于 800mm，管段长度大于 1250mm 或低压风管单边平面积大于 $1.2m^2$，中、高压风管面积大于 $1.0m^2$，均应采取加固措施。

非金属风管的加固除符合上述规定外，还应符合下列规定。

（1）硬聚氯乙烯风管的直径或边长大于 500mm 时，其风管与法兰的连接处应设加强板，且间距不得大于 450mm。

（2）有机及无机玻璃钢风管的加固，应为本体材料或防腐性能相同的材料，并与风管成一整体。

金属风管的加固一般采用对角线角钢法和压棱法，如图 4-8 所示。

2. 风管支、吊架的安装

支、吊架是风管系统的重要附件，起着控制风管位置、保证管道的平直度和坡度、承受风管荷载的作用。

通风空调系统常用的支、吊架有托架、吊架，如图 4-9、图 4-10 所示。

单元四　通风空调工程施工

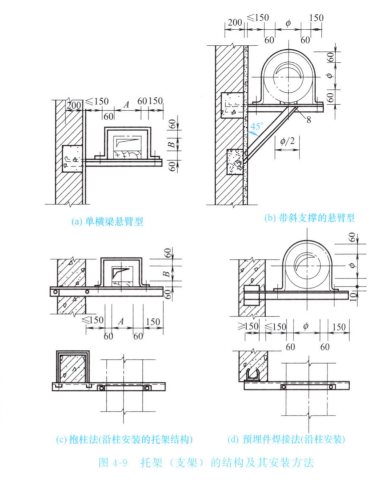

图 4-8　风管的加固

图 4-9　托架（支架）的结构及其安装方法

风管的支、吊架应根据风管截面形状、尺寸，依据标准图在加工厂或现场加工。所用的型钢一般有角钢、槽钢、扁钢及圆钢。

支、吊架的间距应满足下列要求。

（1）风管水平安装，直径或长边尺寸小于等于 400mm 时，支、吊架间距不应大于 4m；直径或长边尺寸大于 400mm 时，支、吊架间距不应大于 3m。螺旋风管的支、吊架间距可分别延长到 5m 和 3.75m；对于薄钢板法兰的风管，其支、吊架间距不应大于 3m。

（2）风管垂直安装，支、吊架间距不应大于 4m，单根直管至少应有 2 个固定点。非金属风管支架间距不应大于 3m。

（3）当水平悬吊的主、干风管长度超过 20m 时，应设置防止摆动的固定点，每个系统不应少于 1 个。

（4）支、吊架不宜设置在风口、阀门、检查门的自控机构处，离风口或接管的距离不宜小于 200mm。

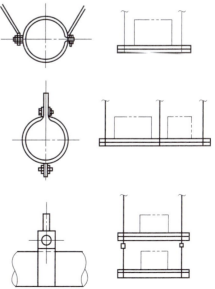

图 4-10　风管吊架

3. 风管的安装

（1）一般规定

① 输送湿空气的风管应按设计要求的坡度和坡向进行安装，风管底部不得设有纵向接缝。

② 设于易燃易爆环境中的通风系统，安装时应尽量减少法兰接口数量，并设可靠的接地装置。

③ 风管内严禁其他管线穿越，不得将电线、电缆以及给水、排水和供热等管道安装在通风空调管道内。

④ 楼板和墙内不得设可拆卸口。

⑤ 风管穿出屋面时应设防雨罩，穿出屋面的垂直风管高度超出 1.5m 时应设拉索，拉索不得固定在法兰上，并严禁拉在避雷针、网上。在屋面洞口上安装防雨罩，其上端以扁钢抱箍与立管固定，下端将整个洞口罩住。

⑥ 风管及支、吊架均应按设计要求进行防腐处理。通常是涂刷底、面漆各两道，对保温风管一般只刷底漆两道。

⑦ 风管与墙、柱的表面净距，按设计要求及规范规定。

⑧ 输送含有易燃、易爆气体或安装在易燃、易爆环境的风管系统必须设置可靠的防静电接地装置。

⑨ 输送含有易燃、易爆气体的风管系统通过生活区或其他辅助生产房间时不得设置接口。

⑩ 室外风管系统的拉索等金属固定件严禁与避雷针或避雷网连接。

（2）风管的安装步骤　在通风空调系统的风管、配件及部件已按加工安装草图的规划预制加工，风管支架已安装的情况下，风管的安装则可以进行。风管的安装有组合连接和吊装两部分。

将预制好的风管及管件，按编号顺序排列在施工现场的平地上，组合连接成适当长度的管段。如用法兰连接，每组法兰中应设垫片。然后用起重吊装工具如手拉葫芦等，将其吊装就位于支架上，找平找正后用管卡固定即可。

二、阀门的安装

通风空调工程中常用的阀门有插板阀（包括平插阀、斜插阀和密闭阀等）、蝶阀、多叶调节阀（平行式、对开式）、离心式风机圆形瓣式启动阀、防火阀、止回阀等。阀门产品制作均应符合国家标准。阀门安装时应保证其制动装置灵活。

成品风阀的制作应符合下列规定：

① 风阀应设有开度指示装置，并应能准确反映阀片开度。

② 手动风量调节阀的手轮或手柄应以顺时针方向转动为关闭。

③ 电动、气动调节阀的驱动执行装置，动作应可靠，且在最大工作压力下工作应正常。

④ 净化空调系统的风阀，活动件、固定件以及紧固件均应采取防腐措施，风阀叶片主轴与阀体轴套配合应严密，且应采取密封措施。

⑤ 工作压力大于 1000Pa 的调节风阀，生产厂应提供在 1.5 倍工作压力下能自由开关的强度测试合格的证书或试验报告。密闭阀应能严密关闭，漏风量应符合设计要求。

防火阀、排烟阀或排烟口的制作应符合现行国家标准《建筑通风和排烟系统用防火阀门》（GB 15930）的有关规定，并应具有相应的产品合格证明文件。防爆系统风阀的制作材料应符合设计要求，不得替换。

单叶风阀的结构应牢固,启闭应灵活,关闭应严密,与阀体的间隙应小于 2mm。多叶风阀开启时,不应有明显的松动现象;关闭时,叶片的搭接应贴合一致。截面积大于 $1.2m^2$ 的多叶风阀应实施分组调节。

止回阀阀片的转轴、铰链应采用耐锈蚀材料。阀片在最大负荷压力下不应弯曲变形,启闭应灵活,关闭应严密。水平安装的止回阀应有平衡调节机构。

三通调节风阀的手柄转轴或拉杆与风管(阀体)的结合处应严密,阀板不得与风管相碰擦,调节应方便,手柄与阀片应处于同一转角位置,拉杆可在操控范围内作定位固定。

插板风阀的阀体应严密,内壁应做防腐处理。插板应平整,启闭应灵活,并应有定位固定装置。斜插板风阀阀体的上、下接管应成直线。

定风量风阀的风量恒定范围和精度应符合工程设计及产品要求。

1. 蝶阀

蝶阀是通风空调系统中常用的一种风阀,其断面形状有圆形、方形和矩形三种。调节方式有手柄式和拉链式两类。由短管、阀门、调节装置三个部分组成,如图 4-11 所示。蝶阀在与管路焊接时要注意温度控制,防止损坏密封圈。由于蝶阀独特的独轴结构,为保证阀门的正常工作,安装程序中规定:对于口径小于 500mm 的阀门,在环境允许的情况下,阀门可以在 360°范围的任意角度安装;对于口径在 500～1000mm 的阀门,阀门只能在 45°～135°的范围内安装;对于口径大于 1000mm 的阀门,阀门只能在 180°的阀杆水平位置安装。

2. 多叶调节阀

对开多叶调节阀有手动式和电动式两种,如图 4-12 所示,这种调节阀装有 2～8 个叶片,每个叶片轴端装有摇柄,各摇柄的联动杆与调节手柄相连。操作手柄,各叶片就能同步开或合,调整完毕,拧紧蝶形螺母,就可以固定位置。如将调节手柄取消,把连动杆与电动执行机构相连,就成为电动式多叶调节阀,可以遥控和自动调节。

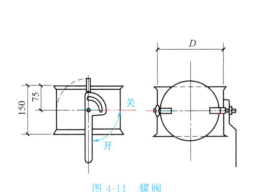

图 4-11 蝶阀

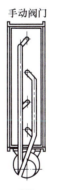 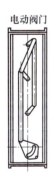

图 4-12 对开多叶调节阀

3. 三通调节阀

三通调节阀有拉杆式和手柄式两种,如图 4-13(a)、(b)所示。适用于矩形直通三通和裤衩管,不适用于直角三通。

4. 防火阀

防火阀有直滑式、悬吊式和百叶式三种,如图 4-14 所示。

在民用建筑的空调系统中,防火阀已成为不可缺少的部件。当火灾发生时,切断气流,防止火灾蔓延。阀板开启与否应有信号指示,阀板关闭后不但有信号指示,还应有打开与风机连锁的接点,使风机停转。安装时防火阀的方向位置应正确,熔断器(易熔片)应先于叶

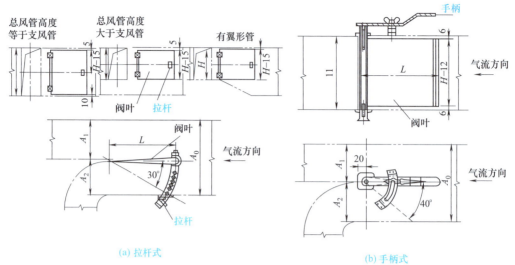

(a) 拉杆式　　　　　　　　　　　　(b) 手柄式

图 4-13　矩形三通调节阀

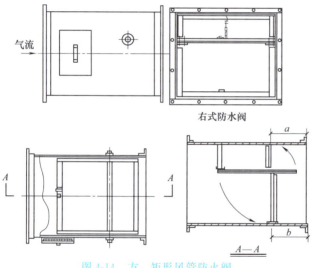

图 4-14　方、矩形风管防火阀

片轴接触热气流（即位于叶片的迎风侧）。自重式防火阀要注意叶片的上下方向气流方向标志，不得倒置。防火阀应牢靠地固定在设定的位置上，确保当发生火灾时不致因管道变形下塌而影响工作性能，必要时应设吊架。具有风量调节功能的防火阀，应在调试过程中调节阀门开度。

5. 止回阀

止回阀常装于风机出口，防止风机停止运转后气流倒流，其结构如图 4-15 所示。止回阀在管线中起逆止作用，因此，安装时要特别注意阀门的安装方向，切记不能装反。

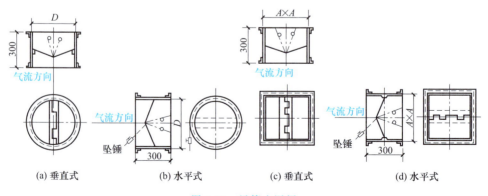

(a) 垂直式　　(b) 水平式　　(c) 垂直式　　(d) 水平式

图 4-15　风管止回阀

课题 3 ▶ 通风空调系统设备的安装

一、风机的安装

通风空调工程中常用离心式和轴流式风机。其安装有基础上的安装、钢结构支架上的安装、砖墙内的安装三种形式。

1. 轴流式风机砖墙内的安装

轴流式风机一般多安装于预留的砖墙洞内。有甲型、乙型、丙型三种安装形式。如图 4-16 所示。其中甲型、丙型为无机座安装，乙型为带支座安装。

（1）风机就位与找平　将风机嵌入预留孔洞内，用木塞或碎砖将风机轴或底座找平，风机机壳与墙洞缝隙找正。

（2）风机的稳固　用 1：2 水泥砂浆辅助以碎石将风机与墙洞间的环形缝隙填实，并与墙面抹平，使风机稳固。

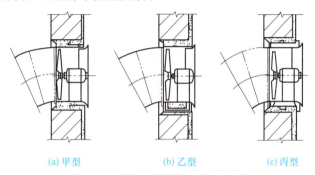

(a) 甲型　　(b) 乙型　　(c) 丙型

图 4-16　轴流式风机在砖墙内安装

（3）出风弯管或活动金属百叶窗的安装　用螺栓将出风管或金属百叶窗安装牢固。

2. 风机基础上的安装

小型离心式风机和轴流式风机可安装在支架上。不同型号、不同传动方式的离心式风机都可以安装在混凝土基础上。部分长轴传动及带传动的轴流式风机也可以安装在混凝土基础上。

风机在基础上安装分为直接用地脚螺栓紧固在基础上的直接安装及通过减振器、垫的安装两种形式。离心式风机的几种基础形式如图 4-17 所示。

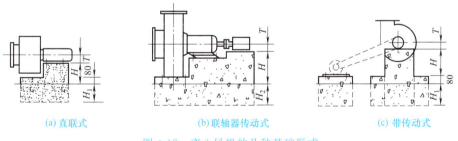

(a) 直联式　　(b) 联轴器传动式　　(c) 带传动式

图 4-17　离心风机的几种基础形式

柔性短管是用帆布、软橡胶板、人造革等材料制成的，长度一般为 150～250mm，装于风机的出入口处，防止风机振动通过风管传至室内引起噪声。消声器有片式、管式、阻抗复合式等，用于系统的消声。

二、除尘器的安装

除尘器用于通风工程中，其作用是除去空气中的粉尘。

常用除尘器有旋风除尘器、湿式除尘器、布袋除尘器、静电除尘器等。因其各自构造、工作原理不同故安装方法均不同。就其安装形式及方法而言，可归纳为除尘器在地面地脚螺栓上的安装、除尘器以钢结构支撑直立于地面基础上的安装、除尘器在墙上的安装、除尘器在楼板孔洞内的安装几种。

1. **除尘器安装的基本技术要求**

（1）除尘器安装应位置正确，牢固平稳，进出口方向符合设计要求，垂直度不大于允许偏差。

（2）除尘器的排灰阀、卸料阀、排泥阀的安装必须严密，并便于操作维修。

（3）现场组装的布袋除尘器和静电除尘器应符合设计、产品要求及施工规范的规定。

（4）除尘器制作的板厚应按照设计要求、标准样本材料明细表执行。并对其外观进行检查，确认后填写设备开箱检查记录单，经双方确认后方可安装。如有损坏应修复合格，损坏严重时应及时更换。

2. **除尘器安装**

（1）除尘器的整体安装用于自激式和冲击式湿法除尘机组以及脉冲袋式除尘机组，安装时靠机组的支撑底盘或支撑脚架支承在地面基础的地脚螺栓上。CCJ/A 型冲击式湿法除尘机组的整体安装如图 4-18 所示。

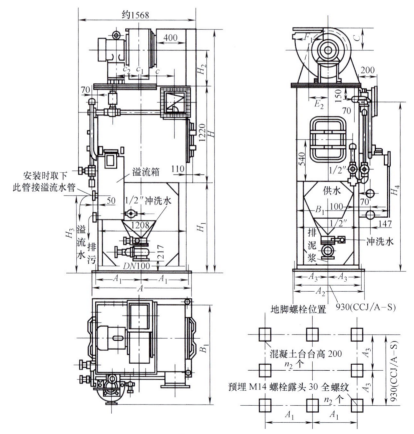

图 4-18 CCJ/A 型冲击式湿法除尘机组的整体安装

（2）除尘器在地面钢支架上的安装的钢结构构件是由各类型钢制成的支架。选择何种类型的型钢、支架的结构、几何尺寸等要根据除尘器的类型、规格和设计要求确定。除尘器在地面钢支架上的安装如图4-19所示。

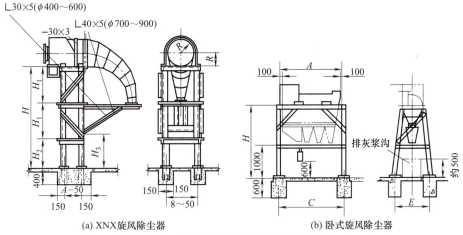

图4-19 除尘器在地面钢支架上的安装

除尘器在墙上的安装及在楼板洞内的安装应符合设计要求。

三、空气过滤器的安装

空气过滤器用于对空气的净化处理。产品有许多种类，总体分为粗效、中效和高效过滤器三类。

粗效过滤器采用化纤组合滤料制作和用粗中孔泡沫塑料制作，如图4-20所示。

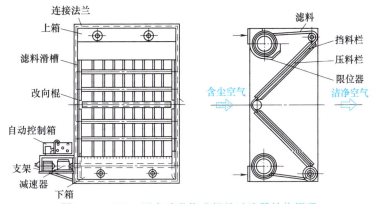

图4-20 ZJK-1型自动卷绕式粗效过滤器结构原理

中效过滤器是用中细孔泡沫或涤纶无纺布材料制成的袋式过滤器，如图4-21所示。

高效过滤器用玻璃纤维滤纸、石棉纤维滤纸等材料制成，如图4-22所示。

过滤器的安装应符合下列规定。

（1）过滤器串联使用时，安装应符合设计要求，应按空气依次通过粗效、中效、高效过滤器的顺序安装，同级过滤器可并联使用。

（2）空气过滤器应安装平整、牢固，方向正确。过滤器与框架、框架与围护结构之间应严密无缝隙。

（3）框架式或粗效、中效袋式空气过滤器的安装。过滤器四周与框架应均匀压紧，无可见缝隙，并应便于拆卸和更换滤料。

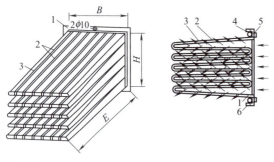
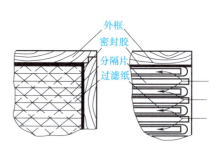

图 4-21 M 型泡沫塑料中效过滤器的外形和安装框架
1—角钢边框；2—铅丝支撑；3—泡沫塑料滤层；
4—固定螺栓；5—螺母；6—现场安装框架

图 4-22 高效过滤器的构造示意

（4）卷绕式过滤器的安装。框架应平整；展开的滤料，应松紧适度；上下筒体应平行。

（5）安装前，应在清洁环境下进行外观检查，且不应有变形、锈蚀、漆膜脱落等现象。

（6）应在风机过滤器单元进风口设置功能等同于中、高效过滤器的预过滤装置后，进行试运行，且应无异常。

四、风机盘管、诱导器的安装

风机盘管、诱导器是半集中式空调系统的末端装置，设于空调房间内。风机盘管如图 4-23 所示，诱导器如图 4-24 所示。

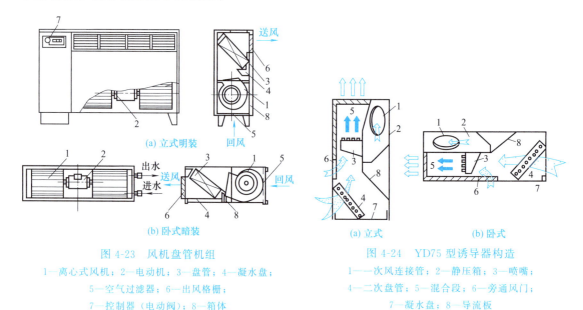

图 4-23 风机盘管机组
1—离心式风机；2—电动机；3—盘管；4—凝水盘；
5—空气过滤器；6—出风格栅；
7—控制器（电动阀）；8—箱体

图 4-24 YD75 型诱导器构造
1——次风连接管；2—静压箱；3—喷嘴；
4—二次盘管；5—混合段；6—旁通风门；
7—凝水盘；8—导流板

1. 风机盘管的安装

风机盘管的安装步骤与方法：根据设计要求确定安装位置；根据安装位置选择支、吊架的类型，并进行支、吊架的制作和安装；风机盘管安装并找平找正、固定。安装时应使风机盘管保持水平；机组凝结水管不得受损，并保证坡度，以顺畅排除凝结水；各连接处应严密不渗不漏；盘管与冷、热媒管道应在连接前清污，以免堵塞。

2. 诱导器安装

诱导器安装时应按设计要求的型号和规定位置安装，与一次风连接管处应严密无漏风；水管的接头方向和回风面的位置应符合设计；出风口或回风口的百叶格栅有效通风面积不能小于80%，凝水管应保证坡度。

五、空气热交换器的安装

通风空调系统中常用的肋片管型空气热交换器，是用无缝钢管外部缠绕或镶接铜、铝片制成的。当热交换器通入热水或水蒸气时即加热空气，称为空气加热器，当通入冷却水或低温盐水时即可冷却空气，称为表面冷却器。

空气热交换器有两排、四排、六排几种安装形式。安装时常用砌砖或焊制角钢支座支承，热交换器的角钢边框与预埋角钢安装框用螺栓紧固，且在中间垫以石棉橡胶板，与墙体及旁通阀连接处的所有不严密的缝隙，均应用耐热材料封闭严密，如图4-25所示。用于冷却空气的表面冷却器安装时，在下部应设有排水装置。

空气热交换器的支承框架如图4-26所示。与管路连接安装时应弄清进出口位置，切勿接错。

电加热器的安装必须符合下列规定：

① 电加热器与钢构架间的绝热层必须采用不燃材料，外露的接线柱应加设安全防护罩。
② 电加热器的外露可导电部分必须与PE线可靠连接。
③ 连接电加热器的风管的法兰垫片，应采用耐热不燃材料。

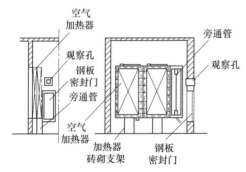

图4-25 SYA型空气热交换器安装

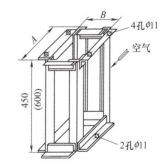

图4-26 空气热交换器的支承框架

六、装配式空气处理室的安装

卧式装配式空气处理室由不同的空气处理段组成，如新风和一次风混合的混合段、中间室、空气过滤及混合段、一次加热段、淋水段、二次加热段等，如图4-27所示。

安装时先做好混凝土基础，将空气处理室吊装至基础上固定，安装应水平，与冷、热媒等各管道的连接应正确无误，严密不渗漏。

组合式空调机组、新风机组的安装应符合下列规定：

① 组合式空调机组各功能段的组装应符合设计的顺序和要求，各功能段之间的连接应严密，整体外观应平整。
② 供、回水管与机组的连接应正确，机组下部冷凝水管的水封高度应符合设计或设备技术文件的要求。
③ 机组与风管采用柔性短管连接时，柔性短管的绝热性能应符合风管系统的要求。
④ 机组应清扫干净，箱体内不应有杂物、垃圾和积尘。

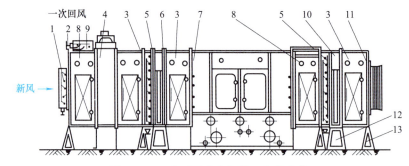

图 4-27　一次回风式空调处理室的安装

1—新风阀；2—混合室法兰盘；3—中间室；4—过滤器；5—混合阀；6——次加热器；7—淋水室；8—混合室；9—回风阀；10—二次加热器；11—风机接管；12—加热器支架；13—三角支架

⑤ 机组内空气过滤器（网）和空气热交换器翅片应清洁、完好，安装位置应便于维护和清理。

课题 4 ▶ 高层建筑防烟排烟

高层建筑的功能复杂，设备繁多，建筑物内一旦起火，楼梯间、电梯间、管道井等竖井的烟囱效应会助长火势。另外，高层建筑较高，层数多，人员集中，因此进行疏散和扑救更为困难，容易造成大的财产损失和人员伤亡事故。为减少火灾损失，高层建筑内应有完善的防火和排烟措施。

一、防火分区和防烟分区

高层建筑中，防火分区与防烟分区的划分是极其重要的。在高层建筑设计时，将建筑平面和空间划分为若干个防火分区与防烟分区，一旦起火，可将火势控制在起火分区并加以扑灭，同时，对防烟分区进行隔断以控制烟气的流动和蔓延。因此首先要了解建筑的防火分区与防烟分区。

1. 防火分区

防火分区的划分通常在建筑构造设计阶段完成。防火分区之间用防火墙、防火卷帘和耐火楼板进行隔断。每个防火分区允许最大建筑面积见表 4-1。

表 4-1　每个防火分区允许最大建筑面积

建筑类别	每个防火分区允许最大建筑面积/m²	备 注
一类建筑	1000	设有自动灭火系统时，面积可增大 1 倍
二类建筑	1500	
地下室	500	
商业营业厅、展览厅等	4000（地上）2000（地下）	设有火灾自动报警系统和自动灭火系统，且采用不燃烧或难燃烧材料装修
裙房	2500	高层建筑与裙房之间设有防火墙等防火设施，设有自动喷水灭火系统时，面积可增加 1 倍

高层建筑通常在竖向以每层划分防火分区，以楼板作为隔断。如建筑内设有上下层相连接的走廊、自动扶梯等开口部位时，应把连通的部分作为一个防火分区考虑，其面积也可按

表 4-1 确定。

2. 防烟分区

防烟分区的划分通常也在建筑构造阶段完成，但由于防烟分区与暖通专业的防、排烟设计关系紧密，设计者应根据防、排烟设计方案提出意见。防烟分区应在防火分区内划分，其间用隔墙、挡烟垂壁等进行分隔，每个防烟分区建筑面积不宜超过 500m²。

二、建筑物的防、排烟

高层建筑发生火灾时，建筑物内部人员的疏散方向为房间→走廊→防烟楼梯间前室→防烟楼梯间→室外。由此可见，防烟楼梯间是人员唯一的垂直疏散通道，而消防电梯是消防队员进行扑救的主要垂直运输工具。为了疏散和扑救的需要，必须确保在疏散和扑救过程中防烟楼梯间和消防电梯井内无烟，因此，应在防烟楼梯间及其前室、消防电梯间前室和两者合用前室设置防烟设施。为保证建筑内部人员安全进入防烟楼梯间，应在走廊和房间设置排烟设施。排烟设施分为机械排烟设施和可开启外窗的自然排烟设施。另外，高度在 100m 以上的建筑物由于人员疏散比较困难，因此还应设有避难层或避难间，对其应设置防烟设施。

1. 防烟设施

防烟设施应采用可开启外窗的自然排烟设施或机械加压送风设施。如能满足要求，应优先考虑采用自然排烟；其次，考虑采用机械加压送风。

（1）自然排烟设施　利用烟气的热压或室外风压的作用，通过与防烟楼梯间及其前室、消防电梯间前室和两者合用前室相邻的阳台、凹廊或在外墙上设置便于开启的外窗或排烟窗进行无组织的排烟。

自然排烟无需专门的排烟设施，其结构简单、经济，火灾发生时不受电源中断的影响，而且平时可用来换气。但因受室外风向、风速和建筑本身密闭性或热压作用的影响，排烟效果不够稳定。

（2）机械加压送风设施　通过通风机所产生动力来控制烟气的流动，即通过增加防烟楼梯间及其前室、消防电梯间前室和两者合用前室的压力以防止烟气侵入。机械加压送风的特点与自然排烟相反。没有条件采用自然排烟方式时，在防烟楼梯间、消防电梯间前室或合用前室，采用自然排烟措施的防烟楼梯间、不具备自然排烟条件的前室以及封闭避难层都应设置独立的机械加压送风防烟设施。

防烟楼梯间与前室或合用前室采用自然排烟方式与机械加压送风方式的组合有多种形式。它们之间的组合关系以及防烟设施的设置部位见表 4-2。

表 4-2　垂直疏散通道防烟部位的设置

组 合 关 系	防 烟 部 位
不具备自然排烟条件的防烟楼梯间	楼梯间
不具备自然排烟条件的防烟楼梯间与采用自然排烟的前室或合用前室	楼梯间
采用自然排烟的防烟楼梯间与不具备自然排烟条件的前室或合用前室	前室或合用前室
不具备自然排烟条件的防烟楼梯间与合用前室	楼梯间、合用前室
不具备自然排烟条件的消防电梯间前室	前室

2. 排烟设施

排烟设施应采用可开启外窗的自然排烟设施或机械排烟设施。如果能够满足要求，应优先考虑采用自然排烟，然后再考虑采用机械排烟。

（1）自然排烟设施　如设计在走廊、房间、中庭或地下室采用自然排风，内走廊长度不应超过 60m，而且可开启外窗面积不小于该走廊面积的 2%；需要排烟的房间可开启外窗面积不小于该房间面积的 2%；中庭的净高不小于 12m，而且可开启天窗或高侧窗的面积不小于该中庭地面面积的 5%。

(2) 机械排烟设施　机械排烟是通过降低走廊、房间、中庭或地下室的压力将着火时产生的烟气及时排出建筑物。建筑中下列部位应设置独立的机械排烟设施。

① 长度超过 60m 的内走廊或无直接自然通风，而且长度超过 20m 的内走廊。

② 面积超过 100m^2，而且经常有人停留或可燃物较多的地上无窗房间或设置固定窗的房间。

③ 不具备自然排烟条件或净高超过 12m 的中庭。

④ 除具备自然排烟条件的房间外，各房间总面积超过 200m^2 或一个房间面积超过 50m^2，而且经常有人停留或可燃物较多的地下室。

三、防、排烟装置

1. 风机

机械加压送风输送的是室外新鲜空气，而排烟风机输送的是高温烟气，因此对风机的要求是不同的。

机械加压送风可采用轴流风机或中、低压离心式风机；排烟风机可采用排烟轴流风机或离心风机，并应在入口处设有当烟气温度达到 280℃ 时能自行关闭的排烟防火阀。同时，排烟风机应保证在 280℃ 时能连续工作 30min。

图 4-28　防、排烟阀门

2. 防、排烟阀门

用于防火防、排烟的阀门种类很多，根据功能主要分为防火阀、正压送风口和排烟阀三大类，如图 4-28 所示。

(1) 防火阀　一般安装在通风空调管道穿越防火分区处，平时开启，火灾时关闭用以切断烟、火沿风道向其他防火分区蔓延。这类阀门可分为如下四种。

① 由安装在阀体中的温度熔断器带动阀体连动机械动作的防火阀，其温度熔断器的易熔片或易熔环的熔断温度一般为 70℃，是使用最多的一类阀。

② 防火调节阀：防火阀内带有 0~90℃ 无级调节功能。

③ 由设在顶棚上的烟感器连动的称为防烟防火阀。

④ 由设在顶棚上的温感器连动的防火阀，这类阀门在国内工程中很少使用。

(2) 正压送风口　前室的正压送风口由常闭型电磁式多叶调节阀组成，每层设置。楼梯间的送风口多采用自垂式百叶风口。

(3) 排烟阀　安装在专用排烟管道上，按防烟分区设置。排烟阀分为排烟口和排烟防火阀。

四、防、排烟系统施工

1. 防烟、排烟系统施工前应具备的条件

① 经批准的施工图、设计说明书等设计文件应齐全；

② 设计单位应向施工、建设、监理单位进行技术交底；

③ 系统主要材料、部件、设备的品种、型号规格符合设计要求，并能保证正常施工；

④ 施工现场及施工中的给水、供电、供气等条件满足连续施工作业要求；

⑤ 系统所需的预埋件、预留孔洞等施工前期条件符合设计要求。

2. 防烟、排烟系统应按规定进行施工过程质量控制

① 施工前，应对设备、材料及配件进行现场检查，检验合格后经监理工程师签证方可安装使用；

② 施工应按批准的施工图、设计说明书及其设计变更通知单等文件的要求进行；

③ 各工序应按施工技术标准进行质量控制，每道工序完成后，应进行检查，检查合格后方可进入下道工序；

④ 相关各专业工种之间交接时，应进行检验，并经监理工程师签证后方可进入下道工序；

⑤ 施工过程质量检查内容、数量、方法应符合本标准相关规定；

⑥ 施工过程质量检查应由监理工程师组织施工单位人员完成；

⑦ 系统安装完成后，施工单位应按相关专业调试规定进行调试；

⑧ 系统调试完成后，施工单位应向建设单位提交质量控制资料和各类施工过程质量检查记录。

课题 5 ▶ 管道防腐与保温

一、管道（设备）防腐

金属管道（设备）的腐蚀有化学腐蚀和电化学腐蚀。碳钢管（设备）的腐蚀在管道工程中是最经常、最大量的腐蚀。

影响腐蚀的因素主要有：材料性能、空气湿度、环境中含有的腐蚀性介质的多少、土壤的腐蚀性和均匀性及杂散电流的强弱。

由于受到腐蚀，金属管道和设备的使用寿命会缩短，因此应对其做防腐处理。

（一）常用防腐涂料

涂料主要由液体材料、固体材料和辅助材料三部分组成。用于涂覆至管道、设备和附件等表面上构成薄薄的液态膜层，干燥后附着于被涂表面起到防腐保护作用。

1. 涂料的分类

涂料的分类见我国标准《涂料产品分类和命名》（GB/T 2705—2003），其中工业涂料中的防腐涂料分类见表 4-3。

表 4-3 防腐涂料的分类

序号	防腐涂料类型	主要成膜物类型
1	桥梁涂料	聚氨酯、丙烯酸酯类、环氧、醇酸、酚醛、氧化橡胶、乙烯类、沥青、有机硅、氟碳等树脂
2	集装箱涂料	
3	专用埋地管道涂料及设施涂料	
4	耐高温涂料	
5	其他防腐涂料	

辅助材料按不同用途分为 6 类，见表 4-4。

表 4-4 辅助材料分类

序 号	种 类	序 号	种 类
1	稀释剂	4	脱漆剂
2	防潮剂	5	固化剂
3	催干剂	6	其他辅助材料

2. 涂料的作用

（1）防腐保护作用　涂料涂覆于管道上，防止或减缓金属管材、设备的腐蚀，延长系统的使用寿命。

（2）警告及提示作用　由于色彩不同给人产生的视觉不同，如红色标志用以表示危险或提示注意这里的装置。

（3）区别介质的种类　不同介质涂以不同的颜色，以示区别。

（4）美观装饰作用　漆膜光亮美观、鲜明艳丽，可根据需要选择色彩类型，改变环境色调。

3. 常用涂料

涂料按其作用一般可分为底漆和面漆，先用底漆打底，再用面漆罩面。防锈漆和底漆均能防锈，都可以用于打底，他们的区别在于：底漆的颜料成分高，可以打磨；漆料着重在对物体表面的附着力，而防锈漆料偏重在满足耐水、耐碱等性能的要求。

（1）防锈漆　有硼钡酚醛防锈漆和铝粉硼酚醛防锈漆、铝粉铁红酚醛醇酸防锈漆、云母氧化铁酚醛防锈漆、红丹防锈漆、铁红油性防锈漆、铁红酚醛防锈漆和酚醛防锈漆等。

（2）底漆　有7108稳化型带锈底漆、X06-1磷化底漆、G06-1铁红醇酸底漆、F069铁红纯酚醛底漆、H06-2铁红环氧底漆、G06-4铁红环氧底漆。

（3）沥青漆　常用于设备、管道表面，防止工业大气和土壤水的腐蚀。常用的沥青漆有L501沥青耐酸漆、L01-6沥青漆、L04-2铝粉沥青磁漆等。

（4）面漆　用来罩光、盖面，用作表面保护和装饰。

（二）管道（设备）的防腐施工

1. 防腐施工的一般要求

防腐施工应掌握好涂装现场的温度、湿度等环境因素。在室内涂装的适宜温度为20～25℃，相对湿度65%以下为宜。在室外施工时应无风沙、细雨，气温不宜低于5℃，不宜高于40℃，相对湿度不宜大于85%，涂装现场应有防风、防火、防冻、防雨等措施；对管道表面应进行严格的防锈，除灰土、除油脂、除焊渣处理；表面处理合格后，应在3h内涂罩第一层漆；控制好各涂料的涂装间隔时间，把握涂层之间的重涂适应性，必须达到要求的涂膜厚度，一般以150～200μm为宜；操作区域应有良好的通风及通风除尘设备，防止中毒事故发生，根据涂料的性能，按安全技术操作规程进行施工，并定期检查及维护。

2. 管道的防锈

管道（设备）表面的除锈是防腐施工中的重要环节，其除锈质量的高低，直接影响到涂膜的寿命。除锈方法有手工除锈、机械除锈和化学除锈。

（1）手工除锈　用刮刀、手锤、钢丝刷以及砂布、砂纸等手工工具磨刷管道表面的锈和油垢等。

（2）机械除锈　利用机械动力的冲击摩擦作用除去管道表面的锈蚀，是一种较先进的除锈方法。可用风动钢丝刷除锈、管子除锈机除锈、管内扫管机除锈、喷砂除锈。

（3）化学除锈　利用酸溶液和铁的氧化物发生反应将管子表面锈层溶解、剥离的除锈方法。

3. 防腐涂料的一般施工方法

防腐涂料常用的施工方法有刷、喷、浸、浇等。施工中一般多采用刷和喷两种方法。

（1）手工涂刷　用刷子将涂料均匀地刷在管道表面上。涂刷的操作程序是自上而下，从左至右纵横涂刷。

（2）喷涂　利用压缩空气为动力，用喷枪将涂料喷成雾状，均匀地喷涂于管道表面。

二、管道绝热保温

为减少输热管道（设备）及其附件向周围环境传热，或为减少环境向输冷管道（设备）传递热量，防止低温管道和设备外表面结露，而在管道（设备）外表面采取包覆保温材料。因此，对输热（冷）管道和设备进行保温的主要目的是减少热（冷）量损失，提高用热（冷）的效能。

（一）常用保温材料

保温材料的热导率 $\lambda \leqslant 0.12 \mathrm{W/(m \cdot K)}$，用于保冷的材料热导率 $\lambda \leqslant 0.064 \mathrm{W/(m \cdot K)}$。

保温材料可分为珍珠岩类、蛭石类、硅藻土类、泡沫混凝土类、软木类、石棉类、玻璃纤维类、泡沫塑料类、矿渣棉类、岩棉类。

（二）保温结构的形式及施工方法

管道保温结构由绝热层（保温层）、防潮层、保护层三个部分组成。

保温层是管道保温结构的主体部分，根据工艺介质需要、介质温度、材料供应、经济性和施工条件来选择。

防潮层主要用于输送冷介质的保冷管道，地沟内、埋地和架空敷设的管道。常用防潮层有沥青胶或防水冷胶料玻璃布防潮层、沥青玛琋脂玻璃布防潮层、聚氯乙烯膜防潮层、石油沥青油毡防潮层。

保护层应具有保护保温层和防水的性能。应具有重量轻，耐压强度高，化学稳定性好，不易燃烧，外形美观的要求。

1. 常用保护层

（1）金属保护层常用镀锌铁皮、铝合金板、不锈钢板等轻型材料制作，适用于室外保温管道。

（2）包扎式复合保护层常用玻璃布、改性沥青油毡、玻璃布铝箔或阻燃牛皮纸夹筋铝箔、沥青玻璃布油毡、玻璃钢、玻璃钢薄板、玻璃布乳化沥青涂层、玻璃布CPU涂层、玻璃布CPU卷材等制作，也属轻型结构，适用于室内外及地沟内的保温管道。

（3）涂抹式保护层常用沥青胶泥和石棉水泥等材料制作，仅适用于室内及地沟内保温管道。

2. 保温结构的施工方法

管道保温结构的施工方法有涂抹法、绑扎法、预制块法、缠绕法、充填法、粘贴法、浇灌法、喷涂法等。

保温层的施工应在管道（设备）试压合格及防腐合格后进行。保温前必须除去管道（设备）表面的脏物和铁锈，刷两道防锈漆。按先保温层后保护层的顺序进行。

（1）供暖管道保温层的施工应符合下列规定。

① 保温层应采用不燃或难燃材料，其材料、规格及厚度等应符合设计要求。

② 保温管壳的粘贴应牢固、铺设应平整；硬质或半硬质的保温壳每节至少应用防腐金属丝或耐腐织带或专用胶带进行捆扎或粘贴两道，其间距为 300～350mm，且捆扎、粘贴应严密，无滑动、松弛及断裂现象。

③ 松散或软质保温材料应按规定的密度压缩其体积，疏密应均匀；毡类材料在管道上包扎时，搭接处不应有空隙。

④ 阀门及法兰部位的保温层结构应严密，且能单独拆卸并不影响其操作功能。

⑤ 过滤器等配件的保温层应严密、无空隙，且不得影响其操作功能。

(2) 空调水系统管道及配件的绝热层施工除符合上述规定外，还应符合下列规定。

① 空调冷热水管穿越楼板和墙壁处的绝热层应连续不间断，且绝热层与穿越楼板和墙壁处的套管之间应用不燃材料填实不得有空隙，套管两端应进行密封封堵。

② 空调水系统的冷热水管道与支、吊架之间应设置绝热衬垫，其厚度不应小于绝热层厚度，宽度应不大于支、吊架支撑面的宽度。衬垫的表面应平整，衬垫与绝热材料之间应填实无缝隙。

(3) 空调风管系统及部件的保温层施工应符合下列规定。

① 保温层应采用不燃或难燃材料，其材质、规格及厚度等应符合设计要求。

② 保温层与风管、部件及设备应紧密粘接、无裂缝、空隙等缺陷，且纵、横向的接缝应错开。

③ 保温层表面应平整，当采用卷材或板材时，其厚度允许偏差为 5mm；采用涂抹或其他方式时，其厚度允许偏差为 10mm。

④ 风管法兰部位绝热层的厚度，不应低于风管绝热层厚度的 80%。

⑤ 风管穿越楼板和墙壁处的绝热层应连续不断。

⑥ 风管系统部件的绝热，不得影响其操作功能。

3. 防潮层的施工

对保冷管道及室外保温管道架空露天敷设时，均需增设防潮层。目前常用的防潮材料有石油沥青油毡和沥青胶或防水冷胶玻璃布及沥青玛琋脂玻璃布等。

沥青胶或防水冷胶玻璃布及沥青玛琋脂玻璃布防潮层施工方法：先在保温层上涂抹沥青或防水冷胶料或沥青玛琋脂，厚度均为 3mm，再将厚度为 0.1~0.2mm 的中碱粗格平纹玻璃布贴在沥青层上，其纵向、环向缝搭接不应小于 50mm，搭接处必须粘贴密封，然后用 16~18 号镀锌钢丝捆扎玻璃布，每 300mm 捆扎一道。待干燥后在玻璃布表面再涂抹厚度为 3mm 的沥青胶或防水冷胶料，最后将玻璃布密封。

石油沥青油毡防潮层施工方法：先在保温层上涂沥青玛琋脂，厚度为 3mm，再将石油沥青毡贴在沥青玛琋脂上，油毡搭接宽度 50mm，然后用 17~18 号镀锌钢丝或铁箍捆扎油毡，每 300mm 捆扎一道，在油毡上涂厚度 3mm 的沥青玛琋脂，并将油毡封闭。

(1) 供暖管道及空调水系统管道防潮层的施工要求

① 防潮层应紧密粘贴在保温层上，封闭良好，不得有虚粘、气泡、褶皱、裂缝等缺陷。

② 防潮层的立管应由管道的低端向高端敷设，环向搭接缝应朝向低端；纵向搭接缝应位于管道的侧面，并顺水。

③ 卷材防潮层采用螺旋形缠绕的方式施工时，卷材的搭接缝宽度为 30~50mm。

(2) 空调风管系统防潮层的施工要求

① 防潮层（包括绝热层的端部）应完整，且密封良好，其搭接缝应顺水。

② 带有防潮层隔气层绝热材料的拼缝处，应用胶带封严，粘胶带的宽度不应小于 50mm。

4. 保护层的施工

无论是保温结构还是保冷结构，均应设置保护层。施工方法因保护层的材料不同而不同。

(1) 包扎式复合保护层的施工

① 油毡玻璃布保护层施工。

a. 包油毡：将350号石油沥青油毡卷在保温层（或防潮层）外。

b. 捆扎：用18号镀锌钢丝捆扎，两道钢丝间距为250～300mm（适用于管径$DN \leqslant 100$mm）或用宽度15mm、厚0.4mm的钢带扎紧，钢带间距300mm（适用于管径为450～1000mm时）。

c. 缠玻璃布：将中碱玻璃布以螺旋状紧绕在油毡层外，布带两端每隔3～5m处，用18号镀锌钢丝或宽度为15mm，厚度为0.4mm的钢带捆扎。

d. 涂漆：油毡玻璃布保护层外面，应刷涂料或沥青冷底子油。室外架空管道油毡玻璃布保护层外面，应涂刷油性调和漆两道。

② 玻璃布保护层施工。

a. 在保温层外贴一层石油沥青油毡，然后包一层六角镀锌钢丝网，钢丝网接头处搭接宽度不应大于75mm，并用16号镀锌钢丝绑扎平整。

b. 涂抹湿沥青橡胶粉玛琋脂2～3mm厚。

c. 用厚度为0.1mm玻璃布贴在玛琋脂上，玻璃布纵向和横向搭接宽度应不小于50mm。

d. 在玻璃布外面刷调和漆两道。

（2）金属薄板保护层施工　金属薄板保护层常用厚度为0.5～0.8mm的镀锌薄钢板或铝合金薄板。安装前金属薄板两边先压出两道半圆凸缘，对设备保温时，为加强金属薄板的强度，可在每张金属薄板的对角线上压两道交叉拆线。

施工时，将金属薄板按管道保温层（或防潮层）外径加工成型，再套在保温层上，使纵向横向搭接宽度均保持30～40mm，纵向接缝朝向视向背面，接缝一般用螺栓固定，可先用手提电钻打孔，孔径为螺栓直径的0.8倍，再穿入螺栓固定，螺栓间距为200mm左右。禁止用手工冲孔。对有防潮层的保温管不能用自攻螺栓固定，而应用镀锌皮卡具扎紧防护层接缝。

保护层施工不得损伤保护层或防潮层。用涂抹法施工的保护层应平整光滑，无明显裂缝。用包扎法施工的保护层应搭接均匀、松紧适度。用金属薄板制作室外管道保护层时，连接缝应顺水流方向，以防渗漏。

课题6 ▶ 太阳能空调系统

一、太阳能空调

太阳能空调是利用先进的超导传热贮能技术，集成了太阳能，生物质能，超导地源制冷系统等优点的、高效节能的冷暖空调系统。

太阳能空调利用太阳集热器为吸收式制冷机提供其发生器所需要的热媒水进行制冷。热媒水的温度越高，则制冷机的性能系数越高，这样空调系统的制冷效率也越高，制冷量越大。

太阳能空调的季节适应性好，系统制冷能力随着太阳辐射能的增加而增大，这正好与夏季人们对空调的迫切要求一致。压缩式制冷机以氟利昂为介质，对大气层有极大的破坏作用，而制冷机以无毒、无害的水或溴化锂为介质，它对保护环境十分有利。太阳能空调系统可以将夏季制冷、冬季采暖和其他季节提供热水结合起来，显著地提高了太阳能空调系统的利用率和经济性。

二、太阳能空调系统的组成和分类

太阳能空调系统由太阳能集热系统、热力制冷系统、蓄能系统、空调末端系统、辅助能源系统以及控制系统六部分组成。分为太阳能制冷系统（指利用太阳能提供动力来驱动制冷机制取冷量，并最终实现建筑物内的空气调节）和太阳能采暖系统（利用太阳能集取热量直接或间接为建筑提供热量）。

三、太阳能空调系统安装

1. 施工准备

① 设计文件齐备，且已审查通过。

② 施工组织设计及施工方案已经批准，设备安装人员必须熟悉施工图纸，焊接专项施工方案做好技术和安全方面的交底工作。

③ 现场的水电、场地和道路满足施工要求，并准备好必要的工具和测量器具。

④ 开箱时应进行详细的验收，按照随机文件对各种零配件、部件都应清点齐全，无损坏、锈蚀、封堵完好等。

2. 设备基础检查、处理

① 基础应符合要求。

② 基础高度不符合要求时，过高时可采用扁铲铲低；过低时可将基础一面铲麻面后，再补灌原标号的混凝土或采用坐浆法修补。

③ 基础中心偏差较大时，可借改变地脚线螺栓的位置来补救。

④ 基础的地脚螺栓预留孔偏差过大，可采用扩大或重新凿孔来加以校正。

⑤ 对合格或已处理过已达到要求的基础表面应用凿子凿毛，对渗透在基础上的油垢表面进行处理。

3. 地脚螺栓与垫铁放置

① 地脚螺栓、螺母和垫圈规格应符合设计及规范要求，安装前应进行检查，同时核对地脚螺栓长度与基础预留孔的深度是否配合，应符合要求。

② 基础预留孔地脚螺栓的敷设应符合设计或规范要求。

③ 垫铁的装设应符合设计或规范要求。

4. 二次灌浆

① 二次灌将前基础表面应凿成麻面，被油沾染的混凝土应铲除，灌浆时必须吹扫干净，平处不得有水。

② 灌浆应设模板，竖横板至设备底座面外缘的距离不小于60mm。

③ 设备底座下全部灌浆层需承受设备负荷时，应设内模板，内模板至设备底座面外缘的距离应大于100mm。并不小于设备底座宽度。

5. 放线、就位、找平及找正

① 设备就位前，按施工图依据有关建筑物的轴线、外缘或标高线放出安装基准线。

② 平面位置安装的基准线对基础的实际轴线距离的允许偏差为±20mm。

③ 基础平面较长、标高不一致时，应采用拉线的方法或用经纬仪确定中心点后，再画出纵横基准线，两线应比设备底长300～500mm。

④ 固定在地坪上的整体或刚性连接设备，不应跨越地坪伸缩缝及沉降缝。

⑤ 设备就位前对设备临时放置，应根据建筑结构设计放在承受的地方，不得随意乱放。

⑥ 对吊装设备的起重机械要认真检查，确认能满足设备吊装要求后才能起吊。

⑦ 设备吊装应做好吊装施工方案，按照施工方案进行。

⑧ 设备上作为定位基准的面、线和点对安装基准线的平面位置及标高的允许偏差应符合要求。

⑨ 设备找平找正时，安装基准的水平度允许偏差必须符合有关专业规范和设备技术文件规定。一般横向水平度的允许偏差为 0.1mm/m。纵向水平度的允许偏差为 0.05mm/m。

6. 设备安装的拆卸和清洗

① 拆卸设备前必须熟悉设备内部的构造，设备特性和每个部件的用途和相互间的关系。

② 拆卸时，应了解拆卸零件的步骤以及所应用的工具及方法。

③ 拆卸时，应测量被拆卸件的装配间隙与有关零部件的相对位置，做出标记，标记应打在侧面，不得打在工作面上。

④ 拆卸下零、部件应分别放置在专用的零件箱内，按原来结构连在一起，放置时不得堆压，并有防尘措施。

⑤ 凡经拆卸后可能降低质量的零部件，不宜拆卸，标明不准拆卸的应严禁拆卸。

⑥ 热装配的零件，应将零件均匀加热至规定温度后方可拆卸。

⑦ 在拆卸过程中，应注意安全，使用的拆卸工具必须牢固，操作必须准确。

⑧ 拆卸部件吊离时应符合相关规定。

⑨ 设备安装时，应对需要装配或组装的零、部件按装配顺序分别进行彻底检查和清洗后方可进行安装。

⑩ 设备清洗过程中，必须认真细致地进行，以便及时发现或处理制造上的缺陷。

7. 设备的装配

① 装配人员必须了解所装机械设备的用途、构造、工作原理及有关的技术要求，熟悉并掌握装配工作中各项技术规范。

② 装配前，必须进行彻底的清洗。对较长的水、汽、油孔道和管路应用压缩空气吹净，并应按图纸对零件、部件的尺寸精度、形状、位置精度等要求进行技术检查，确认符合要求后，方可装配。应注意倒角和清除毛刺。

③ 对所有偶合件和不能互换的零件，应按拆卸时所作的记号进行装配。

④ 各种铜皮、铁皮、保险垫付片、弹簧垫圈、止动铁丝等（不能重复使用）纸垫、软木垫及毛毡的油封等均应换新。各种垫料在装配时不应涂油漆和黄油，但可涂有机油。

⑤ 所有皮质油封在装配前必须浸入已回热至 66℃ 的机油和煤油各半的混合液中浸泡 5～8min。橡胶油封应在摩擦部件涂以机油。

⑥ 采用不同的装配方法应遵守相应装配方法的有关规定或要求。

⑦ 各种不同的机械进行安装时，应符合相应的安装规定和技术要求，如：水泵加减震垫厚度、规格等，并应达到相应的质量标准。

8. 压力试验与冲洗

① 太阳能空调系统安装完毕后，在管道保温之前，应对压力管道、设备及阀门进行水压试验。水压试验压力为工作压力的 1.5 倍。非承压管路和设备应做灌水试验。当设计未注明时，水压试验和灌水试验应按现行国家标准《建筑给水排水及采暖工程施工质量验收规范》（GB 50242—2002）的相关要求进行。当环境温度低于 0℃ 进行水压试验时，应采取可靠的防冻措施。

② 吸收式和吸附式制冷机组安装完毕后应进行水压试验。系统水压试验合格后，应对系统进行冲洗直至排出的水不浑浊为止。

9. 系统调试

① 系统安装完毕投入使用前，应进行系统调试，系统调试应在设备、管道、保温、配套电气等施工全部完成后进行。

② 设备单机、部件调试包括：

a. 检查水泵安装方向、电磁阀安装方向；

b. 温度、温差、水位、流量等仪表显示正常；

c. 电气控制系统应达到设计要求功能，动作准确；

d. 剩余电流保护装置动作准确可靠；

e. 防冻、防过热保护装置工作正常；

f. 各种阀门开启灵活，密封严密；

g. 制冷设备正常运转。

③ 系统联动调试应包括：

a. 调整系统各个分支回路的调节阀门，各回路流量应平衡，并达到设计流量；

b. 根据季节切换太阳能空调系统工作模式，达到制冷、采暖或热水供应的设计要求；

c. 调试辅助能源装置，并与太阳能加热系统相匹配，达到系统设计要求；

d. 调整电磁阀控制阀门，电磁阀的阀前阀后压力应处在设计要求的压力范围内；

e. 调试监控系统，计量检测设备和执行机构应工作正常，对控制参数的反馈及动作应正确、及时。

联动调试完成后，系统应连续 3 天试运行。

专业配合注意事项

（1）土建结构工程施工时，通风风管穿越墙体应预留孔洞，墙体中包括框架结构的剪力墙或隔墙，孔洞的尺寸、标高、位置需与专业人员核对图纸确认无误时方可施工，避免大量大面积的剔凿而破坏墙体结构。如漏留孔洞需砸洞时，需与土建施工人员商定砸洞的方法及补救措施，严禁自行剔砸割筋的施工方法。

风道穿楼板时，如为现浇楼板，在支模板时应预留孔洞，如为预制楼板应做补强措施。

（2）当沿混凝土墙或柱敷设的风道，其支架安装需预埋钢构件时，其埋件的位置、标高要准确，构件的钢板面积应有足够大，避免施工误差而无法安装，埋件应与钢筋固定防止浇筑时埋件移位。

（3）风管出屋面施工时，可做出一段砖制底座再连接排风帽，砖制底座的四内壁需抹灰，防水层应包卷砖底座高度不宜小于 300mm，风道的尺寸应与风帽相符合，砖底座上可以预埋钢板或预埋螺栓，便于与风帽固定。

（4）设备基础施工时，应与专业图纸复核平面位置、标高、几何尺寸等，基础高度不宜出现正误差。地脚螺栓留孔洞位置、孔洞几何尺寸及深度应准确，安装地脚螺栓时，要保护好顶部的螺纹部分，如设备基础复杂且螺栓孔数量多，应预制螺栓间距样板保证设备顺利就位。

（5）通风管道设置在吊顶内时，应首先安装体积大的风管，然后再施工其他专业管道，土建吊顶龙骨施工时，不准附着在风道的吊杆支架上。

（6）体积大的设备如不能在结构施工中就位，需留出吊装孔位置及运输通道，待设备就位后再补砌。

（7）土建施工墙面、柱面、顶棚抹灰及面层时，应对已施工完毕的明装风道进行遮挡保护，设备用塑料布罩住防止进入砂浆或喷涂物。

对已施工完毕的墙面，安装风道时应注意不要碰坏及污染墙面，对暂未安装的风口等处需采取暂时封堵措施。

（8）当通风管道穿越土建划分的防火区时，应安装防火阀。

小结

通风工程是送风、排风、除尘、气力输送以及防、排烟系统工程的总称。

通风系统按系统作用范围不同可分为局部通风和全面通风；按系统的工作动力不同可分为自然通风和机械通风。

空调工程是空气调节、空气净化与洁净空调系统的总称。空调系统的三个基本参数是空气的温度、湿度和空气的流动速度，简称"三度"。

空调系统由冷热源、空气处理设备、空气输送管网、室内空气分配装置及调节控制设备等部分组成。按空气处理设备设置的情况可分为集中式、分散式和半集中式三种类型。

通风空调系统常用风管材料有金属板材和建筑材料。由金属板材制成的用于空气流通的管道称为风管；用混凝土砖等建筑材料砌筑而成用于空气流通的管道称为风道。风管的截面有圆形和矩形两种。

通风空气系统输送冷热水及制冷剂的管道有塑料管、复合管、水煤气管、钢管等管材。

通风空调工程的安装质量应符合《通风与空调工程施工质量验收规范》（GB 50243—2016）和《建筑给水排水及采暖工程施工质量验收规范》（GB 50242—2002）的要求。

高层建筑内应有完善的防火与排烟设施。防火和防烟分区应依据设计方案、设计规范由设计者确定，施工中必须照图施工。

金属设备管道受到腐蚀，其使用寿命会缩短，施工中应根据管材不同，对其表面做防腐处理，其施工质量应符合设计或相关施工规范要求。

为保证管道（设备）内冷（热）介质的温度，并防止低温管道（设备）外表面不结露，需要在其外表面包覆绝热保温材料，以减少冷（热）量损失，提高用冷（热）效能。其施工质量应符合设计或相关施工规范要求。

太阳能空调是利用先进的超导传热贮能技术，集成了太阳能，生物质能，超导地源制冷系统等优点的、高效节能的冷暖空调系统。该系统由太阳能集热系统、热力制冷系统、蓄能系统、空调末端系统、辅助能源系统以及控制系统六部分组成。分为太阳能制冷系统和太阳能采暖系统。

推荐阅读资料

［1］《工业建筑供暖通风与空气调节设计规范》（GB 50019—2015）.

［2］《建筑节能工程施工质量验收规范》（GB 50411—2007）.

［3］《建筑工程施工质量验收统一标准》(GB/T 50300—2013)。
［4］《民用建筑太阳能空调工程技术规范》(GB 50787—2012)。

能力训练题

一、填空题

1. 通风工程是送风、_____、_____、_____以及_____、_____系统工程的总称。空气调节工程是_____、_____和_____系统的总称。
2. 用金属薄板和_____或_____制成，用于空气流通的管道称为风管；用_____、_____等建筑材料砌筑而成，用于空气流通的通道称为风道。
3. 通风空调管道安装时，法兰和风管的装配连接形式有_____、_____和_____三种。
4. 风管内不得设其他管道，不得将_____、_____以及_____、_____和供热管道等管道安装在通风管道内。
5. 通风空调工程中常用的阀门有_____、_____、_____、_____、_____等。
6. 金属管道和设备表面使用的防腐涂料主要由_____、_____、_____三部分组成。常用涂料有_____、_____、_____和_____四种。
7. 管道保温结构的施工方法有_____、_____、_____、_____、_____、_____、_____、_____等八种。
8. 高层建筑中防火分区之间用_____、_____和_____进行隔断。防烟分区应在防火分区划分，其间用_____、_____等进行分隔。
9. 高层建筑内的防烟设施有_____、_____两种，排烟设施有_____、_____两种。防、排烟装置有_____、_____两类装置。

二、问答题

1. 通风和空调工程有何区别？是怎样分类的？
2. 风管与风道有什么区别？
3. 风管与吊架的安装应满足什么要求？
4. 风管安装的一般规定有哪些？
5. 通风空调系统中有哪些常用设备？其作用是什么？
6. 高层建筑防火分区如何隔断？防烟分区如何分隔？
7. 高层建筑防、排烟装置有哪些？其作用是什么？
8. 输冷（热）管道（设备）为什么要做防腐和绝热保温处理？

单元五

建筑给水排水、供暖及通风空调工程施工图识读

学习目标

了解施工图的作用；熟悉给排水及供暖施工图的一般规定、图例、组成及内容；掌握其识读方法；掌握通风空调施工图的识读方法。

学习要求

知识要点	能力要求	相关知识
建筑给水工程施工图	了解管道施工图一般规定、组成及内容，掌握施工图识读方法，熟悉图例、理解设计意图	1.《建筑给水排水制图标准》(GB/T 50106—2010) 2.《暖通空调制图标准》(GB/T 50114—2010) 3.《供热工程制图标准》(CJJ/T 78—2010)
建筑排水工程施工图		
建筑供暖工程施工图		
通风空调工程施工图	了解通风空调工程的组成和一般规定；熟悉图例，掌握识图方法，理解设计意图	《暖通空调制图标准》(GB/T 50114—2010)

施工图是工程的语言，是施工的依据，是编制施工图预算的基础。因此，暖卫与通风空调工程施工图必须以统一规定的图形符号和文字说明，将其设计意图正确明了地表达出来，并用以指导工程的施工。

课题 1 ▶ 建筑给水排水工程施工图

一、给水排水施工图的一般规定

给水排水施工图的一般规定应符合《建筑给水排水制图标准》（GB/T 50106—2010）的规定。

1. 比例

给水排水施工图选用的比例，宜符合表 5-1 的规定。

表 5-1　给水排水施工图选用的比例

名称	比例	备注
建筑给水排水平面图	1∶200、1∶150、1∶100	宜与建筑专业一致
建筑给排水轴测图	1∶150、1∶100、1∶50	宜与相应图纸一致
详图	1∶50、1∶30、1∶20、1∶10 1∶5、1∶2、1∶1、2∶1	—
水处理构筑物、设备间、卫生间、泵房平、剖面图	1∶100、1∶50、1∶40、1∶30	—

2. 标高

（1）给水排水施工图中标高应以"m"为单位，一般应注写到小数点后第二位。

（2）在下列部位应标注标高

① 沟渠和重力流管道、建筑物内应标注起点、变径（尺寸）点、边坡点、穿外墙及剪力墙处，需控制标高处。

② 压力流管道中的标高控制点。

③ 管道穿外墙、剪力墙和构筑物的壁及底板等处。

④ 不同水位线处。

⑤ 建（构）筑物中土建部分的相关标高。

（3）管道标高在平面图、系统图中的标注如图 5-1 所示，剖面图中的标注如图 5-2 所示。

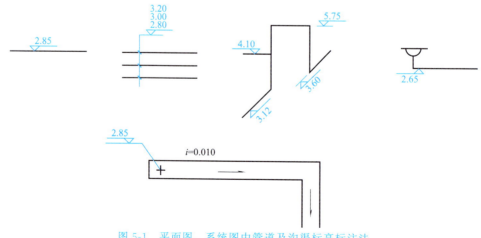

图 5-1　平面图、系统图中管道及沟渠标高标注法

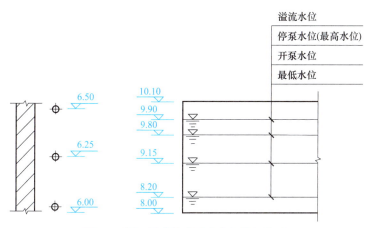

图 5-2　剖面图中管道及水位标高标注法

3. 管径

（1）管径尺寸应以"mm"为单位。

（2）管径表示方法。水煤气输送钢管（镀锌或非镀锌）、铸钢管，管径以公称直径 DN 表示（如 $DN15$、$DN50$）。无缝钢管、焊接钢管（直缝或螺旋缝）、钢管、不锈钢管等管材，管径以外径 $D×壁厚\delta$ 表示（如 $D108×4$、$D159×4.5$ 等）。塑料管材，管径按产品标注的方法表示。铜管、薄壁不锈钢管等管材，管径宜以公称外径 D_w 表示。建筑给水排水塑料管材，管径宜以公称外径 d_n 表示。钢筋混凝土（或混凝土）管，管径宜以内径 d 表示。当设计中均采用公称直径 DN 表示管径时，应有公称直径 DN 与相应产品规格对照表。

(a) 单管管径表示法　　(b) 多管管径表示法

图 5-3　管径的标注方法

管径的标注方法如图 5-3 所示。

4. 编号

（1）为便于平面图与轴测图对照，管道应按系统加以标记和编号，给水系统以每一条引入管为一个系统，排水系统以每一条排出管或几条排出管汇集至室外检查井为一个系统。当建筑物的给水引入管或排水排出管的数量超过 1 根时，宜进行编号。

系统编号的标志是在直径为 10～12mm 的圆圈内过中心画一条水平线，水平线上面使用大写的汉语拼音字母表示管道的类别，下面用阿拉伯数字编号，如图 5-4（a）所示。

（2）给水排水立管在平面图上一般用小圆圈表示，建筑物内穿越的立管，其数量超过 1 根时，宜进行编号。

标注方法是"管道类别代号-编号"，如 3 号给水立管标记为 JL-3，2 号排水立管标记为 PL-2，如图 5-4（b）所示。

（3）在总图中，当同种给水排水附属构筑物的数量超过一个时，应进行编号，宜用构筑物代号后加阿拉伯数字方法编号，即构筑物代号－编号，并应符合下列规定：

① 编号方法应采用构筑物代号加编号表示；

② 给水构筑物的编号顺序宜为从水源到干管，再从干管到支管，最后到用户；

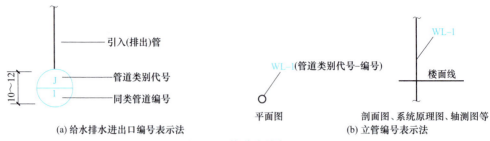

图 5-4　管道编号表示法

③ 排水构筑物的编号顺序宜为从上游到下游，先干管后支管。

二、给水排水施工图常用图例

给水排水施工图图例，详见《建筑给水排水制图标准》（GB/T 50106—2010），现摘录常用图例，见表 5-2。

表 5-2　给水排水常用图例

序号	名　　称	图　　例	序号	名　　称	图　　例
一	管道图例		23	防护套管	
1	生活给水管	—— J ——			
2	热水给水管	—— RJ ——	24	管道立管	XL-1 平面　XL-1 系统 X：管道类别 L：立管　1：编号
3	热水回水管	—— RH ——
4	中水给水管	—— ZJ ——
5	循环给水管	—— XJ ——
6	循环回水管	—— Xh ——	25	伴热管	
7	热媒给水管	—— RM ——	26	空调凝结水管	—— KN —— KN ——
8	热媒回水管	—— RMH ——	27	排水明沟	坡向 →
9	蒸汽管	—— Z ——	28	排水暗沟	坡向 →
10	凝结水管	—— N ——	二	管道附件	
11	废水管	—— F ——	1	管道伸缩器	
12	压力废水管	—— YF ——	2	方形伸缩器	
13	通气管	—— T ——	3	刚性防水套管	
14	污水管	—— W ——	4	柔性防水套管	
15	压力污水管	—— YW ——	5	波纹管	
16	雨水管	—— Y ——	6	可曲挠橡胶接头	单球　双球
17	压力雨水管	—— YY ——
18	虹吸雨水管	—— HY ——
19	膨胀管	—— PZ ——
20	保温管		7	管道固定支架	
21	多孔管				
22	地沟管		8	立管检查口	

续表

序号	名称	图例	序号	名称	图例
9	清扫口	平面　系统	3	活接头	
10	通气帽	成品　蘑菇形	4	管堵	
11	雨水斗	YD- 平面　YD- 系统	5	法兰堵盖	
			6	盲板	
12	排水漏斗	平面　系统	7	弯折管	高　低　低　高
13	圆形地漏	通用,如为无水封,地漏应加存水弯	8	管道丁字上接	高／低
			9	管道丁字下接	高／低
14	方形地漏		10	管道交叉	低／高　在下方和后面的管道应断开
15	自动冲洗水箱		四	阀门	
16	挡墩		1	闸阀	
17	减压孔板		2	角阀	
18	Y 形除污器		3	三通阀	
19	毛发聚集器	平面　系统	4	四通阀	
20	倒流防止器		5	截止阀	
21	吸气阀		6	蝶阀	
22	真空破坏器		7	电动阀	
23	防虫网罩		8	液动阀	
24	金属软管		9	气动阀	
三	管道连接		10	电动蝶阀	
1	法兰连接				
2	承插连接				

133

续表

序号	名称	图例	序号	名称	图例
11	液动蝶阀		30	自动排气阀	平面　系统
12	气动蝶阀		31	浮球阀	平面　系统
13	减压阀	左侧为高压端	32	水力液位控制阀	平面　系统
14	旋塞阀	平面　系统	33	延时自闭冲洗阀	
15	底阀		34	感应式冲洗阀	
16	球阀		35	吸水喇叭口	平面　系统
17	隔膜阀		36	疏水器	
18	气开隔膜阀		五	给水配件	
19	气闭隔膜阀		1	水嘴	平面　系统
20	电动隔膜阀		2	皮带水嘴	平面　系统
21	温度调节阀		3	洒水(栓)水嘴	
22	压力调节阀		4	化验水嘴	
23	电磁阀		5	肘式水嘴	
24	止回阀		6	脚踏开关水嘴	
25	消声止回阀		7	混合水水嘴	
26	持压阀		8	旋转水水嘴	
27	泄压阀		9	浴盆带喷头混合水嘴	
28	弹簧安全阀	左侧为通用	10	蹲便器脚踏开关	
29	平衡锤安全阀				

续表

序号	名称	图例	序号	名称	图例
六	消防设施		19	湿式报警阀	平面 系统
1	消火栓给水管	—— XH ——			
2	自动喷水灭火给水管	—— ZP ——	20	预作用报警阀	平面 系统
3	雨淋灭火给水管	—— YL ——			
4	水幕灭火给水管	—— SM ——	21	雨淋阀	平面 系统
5	水炮灭火给水管	—— SP ——			
6	室外消火栓		22	信号闸阀	
7	室内消火栓(单口)	平面 系统 白色为开启面	23	信号蝶阀	
8	室内消火栓(双口)	平面 系统	24	消防炮	平面 系统
9	水泵接合器		25	水流指示器	
10	自动喷洒头(开式)	平面 系统	26	水力警铃	
11	自动喷洒头(闭式)	下喷 平面 系统	27	末端试水装置	平面 系统
12	自动喷洒头(闭式)	上喷 平面 系统	28	手提式灭火器	
13	自动喷洒头(闭式)	上下喷 平面 系统	29	推车式灭火器	
			七	管件	
14	侧墙式自动喷洒头	平面 系统	1	偏心异径管	
15	水喷雾喷头	平面 系统	2	同心异径管	
16	直立型水幕喷头	平面 系统	3	乙字管	
			4	喇叭口	
17	下垂型水幕喷头	平面 系统	5	转动接头	
			6	S形存水弯	
18	干式报警阀	平面 系统	7	P形存水弯	

续表

序号	名 称	图 例	序号	名 称	图 例
8	90°弯头		10	妇女卫生盆	
9	正三通		11	立式小便器	
10	TY三通		12	壁挂式小便器	
11	斜三通		13	蹲式大便器	
12	正四通		14	坐式大便器	
13	斜四通		15	小便槽	
14	浴盆排水管		16	淋浴喷头	
八	卫生设备及水池		九	仪表	
1	立式洗脸盆		1	温度计	
2	台式洗脸盆		2	压力表	
3	挂式洗脸盆		3	自动记录压力表	
4	浴盆		4	压力控制器	
5	化验盆、洗涤盆		5	水表	
6	厨房洗涤盆	不锈钢制品	6	自动记录流量表	
7	带沥水板洗涤盆		7	转子流量计	平面　系统
8	盥洗槽		8	真空表	
9	污水池				

三、建筑给水排水施工图

1. 建筑给水排水施工图的组成

建筑给水排水施工图一般由设计施工说明、给水排水平面图、给水排水系统图、大样图与详图等几部分组成。

2. 建筑给水排水施工图的内容

（1）设计施工说明　阐述的主要内容有给水排水系统采用的管材及连接方法，消防设备的选型、阀门型号、系统防腐保温做法、系统试压的要求及未说明的各项施工要求。

设计施工说明阐述的内容没有特定的规范，应视工程的具体情况，以能介绍清楚设计意图为原则。

（2）平面图　主要内容有建筑平面的形式；各用水设备及卫生器具的平面位置、类型；给水排水系统的出、入口位置，编号，地沟位置及尺寸；干管走向、立管及其编号、横支管走向、位置及管道安装方式（明装或暗装）等。平面图一般有 2～3 张，分别是地下室或底层平面图、标准层平面图或顶层平面图。

（3）系统图　主要内容有各系统的编号及立管编号、用水设备及卫生器具的编号；管道的走向，与设备的位置关系；管道及设备的标高；管道的管径坡度；阀门种类及位置等。系统图一般为 1～2 张，即给水系统图 1 张，排水系统图 1 张。较大系统也可超过 2 张图，较小系统给水排水系统图可绘制在同 1 张图纸上。

（4）大样图与详图　大样图与详图可由设计人员在图纸上绘出，也可引自有关安装图集，其内容应反映工程实际情况。

课题 2 ▶ 建筑供暖工程施工图

一、供暖施工图的一般规定

建筑供暖工程施工图一般应符合《暖通空调制图标准》（GB/T 50114—2010）和《供热工程制图标准》（CJJ/T 78—2010）的规定。

1. 比例

建筑供暖工程施工图的比例一般为 1∶200、1∶100、1∶50。

2. 标高

水、汽管道所注标高未予说明时，表示管中心标高。如标注管外底或顶标高时，应在数字前加"底"或"顶"字样。

3. 管径

管径的标注方法如图 5-3 所示。

4. 系统编号

（1）建筑供暖系统以系统入口数量编号，当系统入口有两个或两个以上时，应进行编号。编号由系统代号和顺序号组成。系统代号由大写拉丁字母表示（室内供暖系统用"N"表示），顺序号由阿拉伯数字表示，如图 5-5（a）所示。当一个系统出现分支时，可采用图 5-5（b）所示的画法。系统编号宜标注在系统总管处。

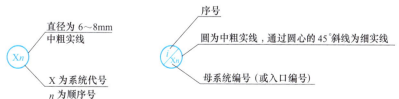

图 5-5　系统编号的画法

图 5-6 立管号的画法

（2）竖向布置的垂直管道系统应标注立管号，如图 5-6 所示。在不引起误解时，可只标注序号，但应与建筑轴线编号有明显区别。

二、供暖施工图常用图例

供暖施工图图例详见 GB/T 50114—2010 和 CJJ/T 78—2010 的规定。摘录的部分常用图例见表 5-3。

表 5-3 供暖施工图常用图例

序号	名称	图例	序号	名称	图例
一	管道		13	自动排气阀	
	采暖供水（汽）管	————	五	换热器	
	回（凝结）水管	----	1	换热器（通用）	
二	补偿器				
1	管道补偿器		2	套管式换热器	
2	方形补偿器		3	管壳式换热器	
3	套管补偿器				
4	波纹管补偿器		4	容积式换热器	
5	弧形补偿器		5	板式换热器	
6	球形补偿器		六	其他	
三	支架		1	阻火器	
1	导向支架		2	节流孔板、减压孔板	
2	固定支架		3	快速接头	
3	活动支架				
四	阀门		4	介质流向	→ 或 ⇒ 在管道断开处，流向符号宜标注在管道中心线上，其余可同管径标注位置
1	柱塞阀				
2	快开阀				
3	平衡阀				
4	定流量阀				
5	定压差阀		5	坡度及坡向	→ $i=0.003$ 或 → $i=0.003$ 坡度数值不宜与管道起止点标高同时标注，标注位置同管径标注位置
6	自动排气阀				
7	集气阀				
8	节流阀				
9	膨胀阀				
10	安全阀		6	散热器	
11	散热器放风门				
12	手动排气阀		7	金属软管	

续表

序号	名称	图例	序号	名称	图例
8	可曲挠橡胶软接头		14	除污器（通用）	
9	Y形过滤器		15	过滤器	
10	电动水泵		16	闭式水箱	
11	调速水泵		17	开式水箱	
12	真空水泵		18	消声器	
13	离心式风机				

三、建筑供暖工程施工图

1. 建筑供暖工程施工图的组成

建筑供暖工程施工图一般由设计施工说明、平面图、系统图、详图等组成。

2. 建筑供暖工程施工图的内容

（1）设计施工说明：主要阐述供暖系统的热负荷、热媒种类及参数、系统阻力；采用的管材及连接方法；散热设备及其他设备的类型；管道的防腐保温做法；系统水压试验要求及其他未说明的施工要求等。

（2）供暖平面图：主要内容有供暖系统入口位置、干管、立管、支管及立管编号；室内地沟的位置及尺寸；散热器的位置及数量；其他设备的位置及型号等。供暖平面图一般有建筑底层（或地下室）平面、标准层平面、顶层平面图共3张。

（3）供暖系统图：主要内容有供暖系统入口编号及走向、其他管道的走向，管径、坡度、立管编号；阀门种类及位置；散热器的数量（也可不标注）及管道与散热器的连接形式等。供暖系统图应在1张图纸上反映系统全貌，除非系统较大、较复杂，一般不允许断开绘制。

（4）供暖详图：与给水排水施工详图相同，可以由设计人员在图纸上绘制，也可引自安装图集。

课题 3 ▶ 建筑给水排水及供暖工程施工图识读实训

一、建筑给水排水施工图的识读

在识读建筑给水排水施工图时，应首先对照图纸目录，核对整套图纸是否完整，各张图纸的图名是否与图纸目录所列的图名相吻合，在确认无误后再正式识读。识读时必须分清系统，各系统不能混读。将平面图与系统图对照起来看，以便相互补充和相互说明，建立全面、完整、细致的工程形象，以全面地掌握设计意图。对某些卫生器具或用水设备的安装尺寸、要求、接管方式等不了解时，还必须辅以相应的安装详图。识读的方法是以系统为单位。给水系统应按水流方向先找系统的入口，按总管及入口装置、干管、立管、支管、用水设备或卫生器具的进水接口的顺序识读。排水系统应按水流方向以卫生器具排水管、排水横支管、排水立管及排出管的顺序识读。

识图举例 某三层办公楼给水施工图如图 5-7～图 5-9 所示。

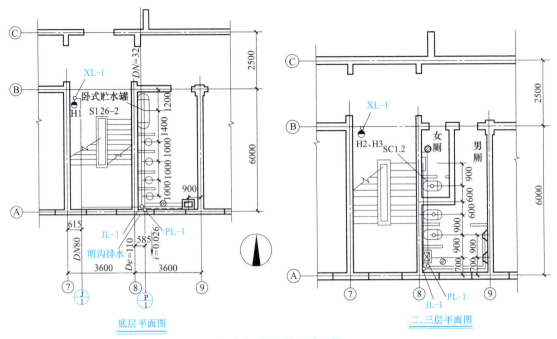

图 5-7 给水排水平面图

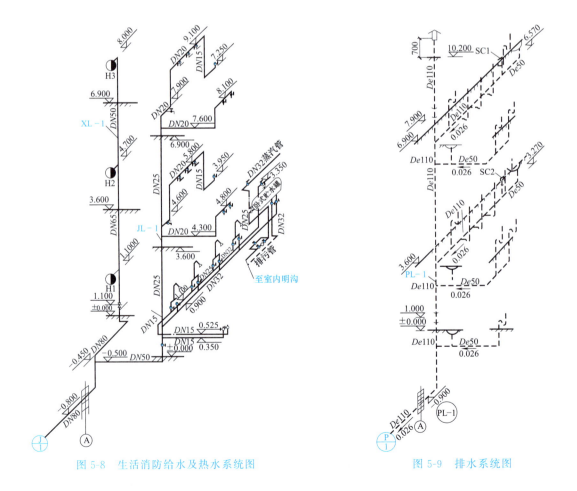

图 5-8 生活消防给水及热水系统图

图 5-9 排水系统图

1. 本工程的设计施工说明

(1) 室外给水管接入部分，由建设单位（甲方）自行考虑接入。

(2) 系统给水管采用 UPVC 管，粘接连接，埋地部分采用给水铸铁管，承插连接；热水管采用热镀锌钢管，螺纹连接；消防给水管采用热镀锌钢管，$DN \leqslant 100mm$ 时为螺纹连接，$DN > 100mm$ 时为法兰连接。

(3) 室内消防系统采用 SG18/S50 型消防箱，内配 SN50 型消火栓、消防按钮各一个，25m 衬胶水龙带一条；消火栓中心距地面 1.10m。

(4) 管道穿越楼板应设套管。卫生间套管顶应高出装饰地面 50mm，其他房间套管顶应高出装饰地面 20mm。

(5) 卫生器具的安装详见《S_3 给排水标准图集》。

(6) 给水、消防及热水系统，管道安装完毕后应做水压试验，试验压力为 0.6MPa。给水系统应做消毒冲洗，水质符合卫生标准；消防系统安装完毕后做试射试验；排水系统做通球和灌水试验。

(7) 热水采用蒸汽间接加热方式，在卧式贮水罐内加热。

(8) 管道均明装，埋地部分管道刷石油热沥青两道（塑料管道除外）。

(9) 其余未说明事宜按《建筑给水排水及采暖工程施工质量验收规范》（GB 50242—2002）执行。

2. 建筑给水施工图的识读

(1) 建筑给水平面图的识读　从图 5-7 中可以看出，卫生间在建筑的Ⓐ、Ⓑ轴线和⑧、⑨轴线围成的区域内，位于建筑物的南面，其西侧为楼梯间，北侧为走廊，卫生间和楼梯间的进深均为 6m，开间均为 3.6m。

底层浴室内设有四组淋浴器，淋浴器沿⑧轴线布置，淋浴器的间距为 1000mm，在淋浴器北侧设有一个贮水罐，罐的中心线距Ⓑ轴线为 1200mm，在靠近Ⓐ轴线外墙处设有地漏和洗脸盆各一个，洗脸盆的中心距⑨轴线 900mm。

二层和三层卫生间的布置相同，男厕所内沿⑧轴线设有污水池一个、高水箱蹲便器两套，污水池中心距Ⓐ轴线 700mm，与大便器中心距为 900mm。沿⑨轴线墙面设有两个挂式小便器，小便器中心距Ⓐ轴及小便器中心线之间的距离分别为 700mm 和 900mm。女厕所内设有高位水箱蹲式大便器和洗脸盆各一套，大便器中心距隔墙中心线为 600mm，与洗脸盆中心间距为 900mm。另外，男、女厕所均各有地面地漏一个。

各层消火栓上下对应，均设于楼梯内，其编号为 H1、H2 和 H3。

给水系统入口自建筑物南面引入，分别供给生活给水及消防给水。

(2) 建筑给水系统图的识读　从图 5-8 中看出该给水系统为生活消防给水，干管位于建筑物±0.000 以下，属下行上给式系统，系统编号为 ①，引入管管径为 $DN80$，埋深为 −0.8m。

引入管进入室内后分成两路，一路由南向北沿轴线按消防立管 XL-1，干管直径为 $DN80$，标高为 −0.450m；另一路由西向东沿轴线按给水立管 JL-1，干管直径为 $DN50$，标高为 −0.500m。

立管 JL-1 设在Ⓐ轴线与⑧轴线的墙角处，自底层 −0.500m 至 7.900m。该立管在底层分为两路供水，一路由南向北沿⑧轴线墙面明装，管径为 $DN32$，标高为 0.900m，经四组淋浴器后与贮水罐底部的进水管相接；另一路由西向东沿Ⓐ轴线墙面明装向洗脸盆供水，管

径为 $DN15$，标高为 $0.350m$。JL-1 立管在二楼卫生间内也分为两路供水，一路由西向东，管径为 $DN20$，标高为 $4.300m$，至⑨轴线上翻到标高 $4.800m$ 转弯向北，为两个小便器供水；另一路由南向北沿墙面明装，标高为 $4.600m$，管径为 $DN20$，接水龙头为污水池供水，然后上翻至标高 $5.800m$，为蹲便器高水箱供水，再返下至标高 $3.950m$，管径变为 $DN15$，为洗脸盆供水。三楼给水管道的走向、管径、器具设置与二楼相同。

消防立管 XL-1 设于轴线与⑦轴线相交的墙角处，管径为 $DN50$，在标高 $1.000m$ 处设闸阀一个，并在每层距地面 $1.100m$ 处设置消火栓，其编号分别为 H1、H2、H3。

(3) 建筑热水平面图和系统图的识读　由图 5-7、图 5-8 可以看出本工程的热水是在贮水罐中间接加热的，贮水罐上有五路管线与之连接，罐端部的上口是 $DN32$ 蒸汽管进口，下口是 $DN25$ 凝水管出口，罐底是 $DN32$ 冷水管进口及 $DN32$ 排污管至室内地面排水明沟，罐顶部是 $DN32$ 热水管出口。

热水管（用点画线表示）从罐顶接出，至标高 $3.350m$ 转弯向南，加设截止阀后转弯向下，至标高 $1.100m$ 再水平自北向南，沿墙布置，为四组淋浴器供应热水，并继续向前至Ⓐ轴线内墙面下拐至标高 $0.525m$，然后转弯向东为洗脸盆供应热水。热水管的管径从罐顶出来至前两组淋浴器为 $DN32$，后两组淋浴器热水干管管径为 $DN25$，至洗脸盆的一段管径为 $DN15$。

3. 建筑排水施工图的识读

由图 5-7、图 5-9 可以看出，本工程的排出管沿轴线排出建筑物，系统编号为 $\overset{P}{1}$，排出管的管径 $De110$，标高 $-0.900m$，坡度 $i=0.026$，坡向室外。

三楼的排水横管有两路：一路是从女厕所的地漏开始，自北向南沿楼板下面敷设，排水管的起点标高为 $6.570m$，中间接纳由洗脸盆、大便器、污水池排除的污水，并排至立管 PL-1，在排水横管上设有一个清扫口，其编号为 SC1，清扫口之前的管径为 $De50$，之后的管径为 $De110$，坡度为 0.026，坡向立管。另一路是两个小便器和地漏组成的排水横管，地漏之前的管径为 $De50$，之后的管径为 $De110$，坡度 $i=0.026$，坡向立管 PL-1。

二楼排水横管的布置、走向、管径、坡度与三楼完全相同。

底层由洗脸盆和地漏组成排水横管，属直埋敷设，地漏之前的管径为 $De50$，之后的管径为 $De110$，坡度为 0.026，坡向立管。

排水立管的编号为 PL-1，管径为 $De110$，在底层及三层距地面高度为 $1.000m$ 处设有立管检查口各一个。立管上部伸出屋面的通气管伸出屋面 $700mm$，管径 $De110$，出口设有风帽。

二、高层建筑给水排水施工图的识读

某大厦给水排水施工图如图 5-10 所示。该大厦为超高层建筑（高度超过 100m），地下有 2 层，地上有 50 层。

给水系统采用竖向分区并联给水方式，各区供水方式结合大楼实际情况采用不同的形式，主要保证大楼供水安全、经济，如图 5-10 (a) 所示。

消防给水系统采用并联供水结合减压的给水方式，节约建筑面积，减少控制环节，提高给水安全性，并且消火栓均带自救式水喉；自动喷水灭火系统采用双立管环网供水，满足了安全性及消防部门的要求，为使各层喷水强度控制在规范规定的上下不超过设计值的 20%，竖向进行分区，裙房部分面积较大，水平方向采用环网布置，如图 5-10(b) 所示。

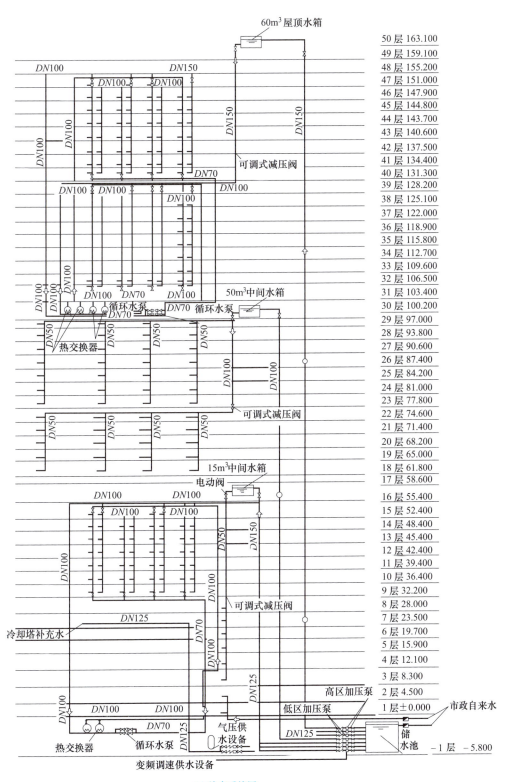

(a) 给水系统图

图 5-10

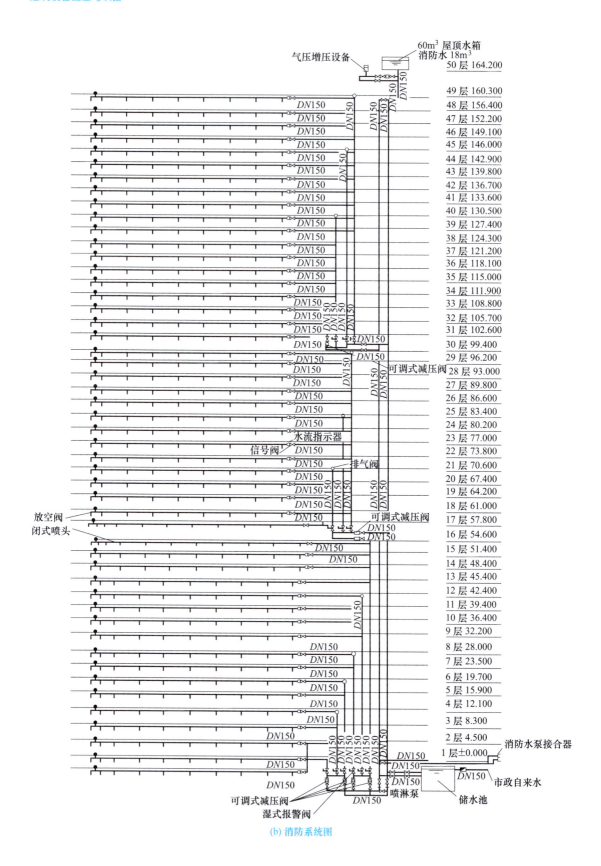

(b) 消防系统图

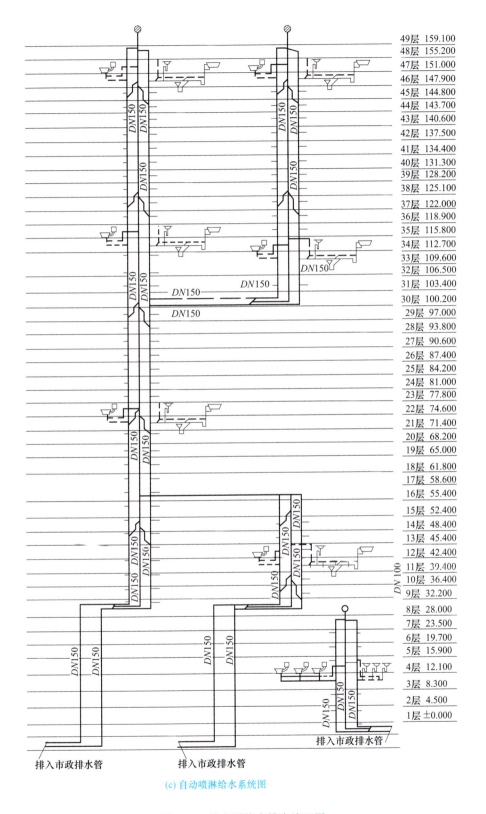

(c) 自动喷淋给水系统图

图 5-10 某大厦给水排水施工图

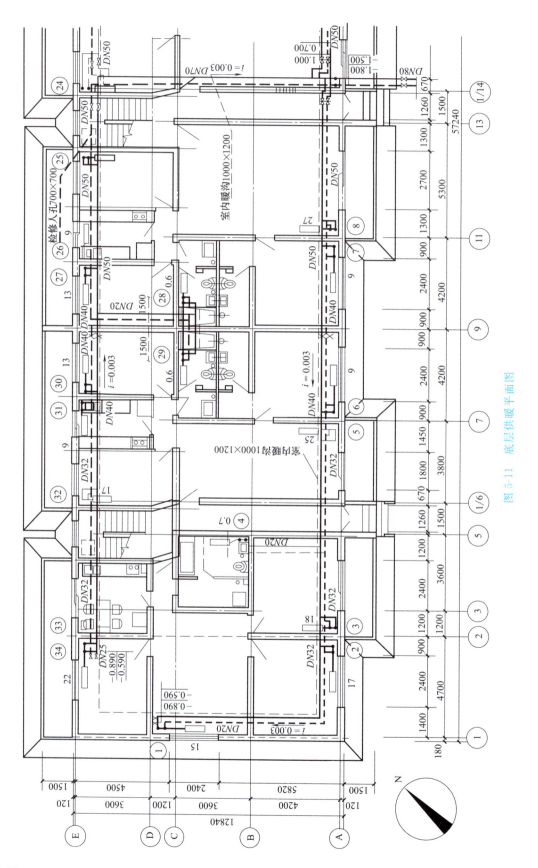

图 5-11 底层供暖平面图

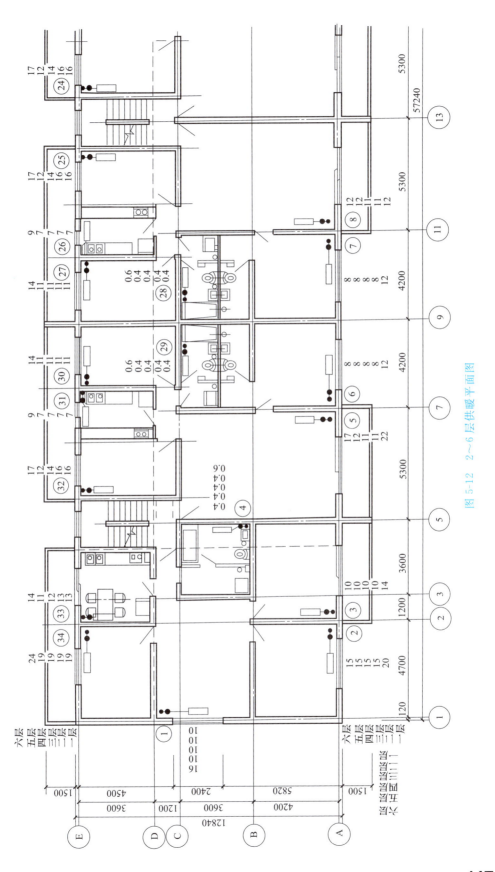

图 5-12 2~6层供暖平面图

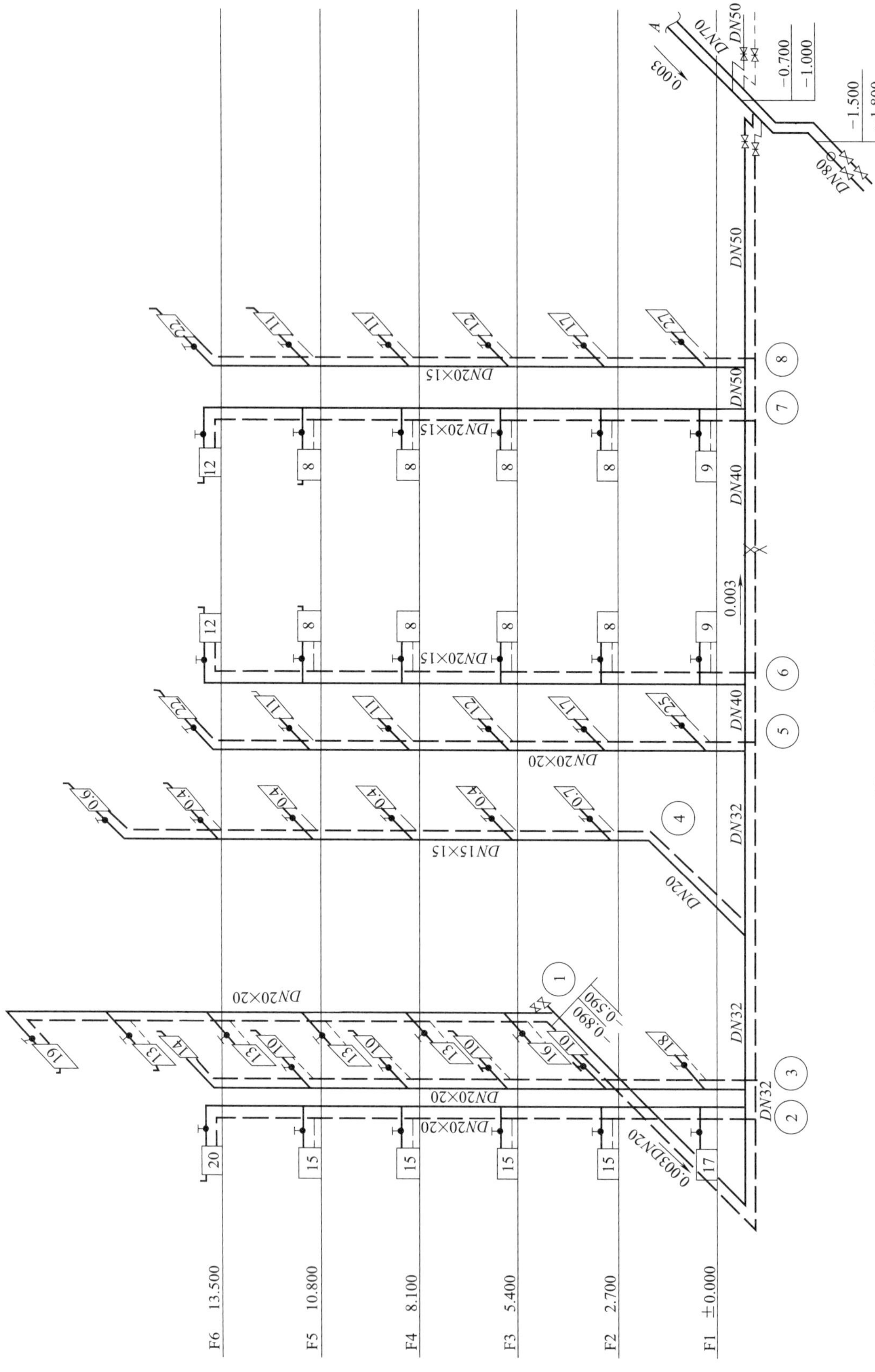

图 5-13 供暖系统图（一）

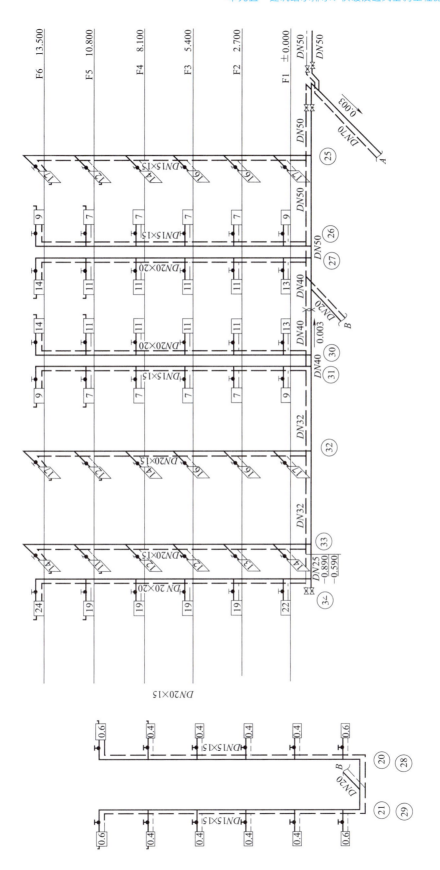

图 5-14 供暖系统图（二）

热水供应系统的分区与给水系统相同，热媒为蒸汽，换热器分设于地下1层及30层。

室内排水为分流制，粪便污水经化粪池处理，厨房含油脂废水隔油后排入市政污水管，为使管道不堵塞，隔油池设于各厨房制作中心，室内排水系统设主通气立管，卫生器具设器具通气管，如图5-10（c）所示。

三、供暖施工图的识读

建筑供暖施工图的识读方法与给水排水施工图的识读方法基本相同。即先找到系统入口（热力入口），按水流方向看即可。

现以图5-11～图5-14所示的某建筑供暖施工图为例，说明其识读方法。

该建筑为六层，热负荷为200kW，与供热外网直接连接，供暖热媒为热水，供回水设计温度为95℃/70℃；管道材质为非镀锌钢管，$DN \leqslant 32mm$ 采用螺纹连接，$DN > 32mm$ 采用焊接；阀门均采用闸阀；散热器采用四柱760型铸铁散热器，并落地安装；管道与散热器均明装，并刷防锈漆两道，调和漆两道；敷设在地沟内的供回水干管均刷防锈漆两道，并做保温处理；系统试验压力为0.3MPa；其他按现行施工验收规范执行。

（1）室内供暖平面图　图5-11所示为底层供暖平面图。系统供回水总管设置在 ⓛ/14 轴线右侧，管径为$DN80$，供水干管上装有流量计。供水总管标高为－1.500m，回水总管标高为－1.800m。在建筑物内供暖系统分成另外四个环路，供、回水干管在室内地沟内敷设，供水干管末端标高为－0.590m，回水干管始端标高为－0.890m。系统采用的是双管下供下回式系统。

在底层供暖平面图中，可以看出供回水干管的管径和坡度、供回水立管的位置、立管的编号、散热器的位置及标注的散热器数量等。

图5-12所示是2～6层部分供暖平面图。图上标注了供回水立管的编号，可以看到各组散热器的位置及数量。

（2）室内供暖系统图　如图5-13、图5-14所示，供暖热水自总供水管开始，按水流方向依次经供水干管在系统内形成分支，经供水立管、支管到散热器，再由支管、回水立管到回水干管流出室内并汇集到室外回水管网中。

如图5-13所示，可以看出供水总管标高为－1.500m，回水总管标高为－1.800m，管径均为$DN80$。图5-13所示是某一分支环路，供水干管管径为$DN50～DN20$，有8根供水立管把热水供给2～6层的散热器，热水在散热器中散热后，经回水支管、立管到回水干管，回水干管始末端的管径分别为20～50mm，各分支汇集后从回水总管流至外网。

由系统图还可看出，供回水干管的坡度为0.003，坡向供暖系统入口。供回水立管支管的管径分别为$DN20 \times 15$，各层散热器供水支管上装设了阀门，用于调节热水流量。图中还标注了各组散热器的数量，卫生间内使用闭式钢串片散热器，图例内标注的为散热器的长度规格。为便于排气在5、6层散热器上均安装了放气阀。

课题4 ▶ 通风空调工程施工图

一、通风空调工程施工图的组成

通风空调工程施工图与暖卫工程施工图相同，其施工图也是由图文与图纸两部分组成。

图文部分包括图纸目录、设计施工说明、设备材料明细表。图纸部分包括通风空调系统平面图、剖面图、系统图（轴测图）、原理图、详图等。

1. 设计施工说明

设计施工说明主要包括通风空调系统的建筑概况；系统采用的设计气象参数；房间的设计条件（冬季、夏季空调房间的空气温度、相对湿度、平均风速、新风量、噪声等级、含尘量等）；系统的划分与组成（系统编号、服务区域、空调方式等）；要求自控时的设计运行工况；风管系统和水管系统的一般规定、风管材料及加工方法、管材、支吊架及阀门安装要求、保温、减振方法、水管系统的试压和清洗等；设备的安装要求；防腐要求；系统调试和试运行方法和步骤；应遵守的施工规范等。

2. 通风空调系统平面图

通风空调系统平面图包括建筑物各层各通风空调系统的平面图、通风空调机房平面图、制冷机房平面图等。

（1）系统平面图主要说明通风空调系统的设备，风管系统，冷、热媒管道，凝结水管道的平面布置。

① 风管系统包括风管系统的构成、布置及风管上各部件、设备的位置，并注明系统编号、送回风口的空气流向。一般用双线绘制。

② 水管系统包括冷水和热水管道，凝结水管道的构成，布置及水管上各部件、仪表、设备位置等，并注明各管道的介质流向、坡度。一般用单线绘制。

③ 空气处理设备包括各处理设备的轮廓和位置。

④ 尺寸标注包括各管道、设备、部件的尺寸大小、定位尺寸以及设备基础的主要尺寸，还有各设备、部件的名称、型号、规格等。除上述之外，还应标明图纸中应用到的通用图、标准图索引号。

（2）通风空调机房平面图一般应包括空气处理设备、风管系统、水管系统、尺寸标注等内容。

① 空气处理设备应注明按产品样本要求或标准图集所采用的空调器组合段代号，空调箱内风机、表面式换热器、加湿器等设备的型号、数量以及该设备的定位尺寸。

② 风管系统包括与空调箱连接的送、回风管，新风管的位置及尺寸。用双线绘制。

③ 水管系统包括与空调箱连接的冷、热媒管道，凝结水管道的情况。用单线绘制。

3. 通风空调系统剖面图

剖面图与平面图对应，因此，剖面图主要有系统剖面图、机房剖面图、冷冻机房剖面图等，剖面图上的内容应与在平面图剖切位置上的内容对应一致，并标注设备、管道及配件的标高。

4. 通风空调系统图

通风空调系统图应包括系统中设备、配件的型号、尺寸、定位尺寸、数量以及连接于各设备之间的管道在空间的曲折、交叉、走向和尺寸、定位尺寸等，并应注明系统编号。系统图可用单线绘制也可用双线绘制。

5. 通风空调系统的原理图

通风空调系统的原理图主要包括系统的原理和流程；空调房间的设计参数，冷、热源，空气处理及输送方式；控制系统之间的相互连接；系统中的管道、设备、仪表、部件；整个系统控制点与测点之间的联系；控制方案及控制点参数，用图例表示的仪表、控制元件型号等。

二、通风空调系统施工图

1. 通风空调系统施工图的一般规定

通风空调系统施工图的一般规定应符合《建筑给水排水制图标准》（GB/T 50106—2010）、《暖通空调制图标准》（GB/T 50114—2010）、《供热工程制图标准》（CJJ/T 78—

2010)、《通风与空调工程施工质量验收规范》（GB/T 50243—2016）的规定。还应注意以下几点。

（1）比例　通风空调工程施工图的总平面图、平面图的比例，宜与工程项目设计的主导专业一致，其余可按表 5-4 选用。

表 5-4　通风空调工程施工图的比例

图名	常用比例	可用比例
剖面图	1∶50、1∶100	1∶150、1∶200
局部放大图、管沟断面图	1∶20、1∶50、1∶100	1∶25、1∶30、1∶150、1∶200
索引图、详图	1∶1、1∶2、1∶5、1∶10、1∶20	1∶3、1∶4、1∶15

（2）风管规格标注　圆形风管用管径"ϕ"表示（如 $\phi360$）；矩形风管用断面尺寸"宽×高"表示（如 400×120），单位均为 mm。

（3）风管标高标注　矩形风管为风管底标高，圆形风管为风管中心标高。

2. 通风空调系统施工图常用图例

通风空调系统施工图常用图例见表 5-5。

表 5-5　通风空调系统施工图常用图例

序号	名称	图例	序号	名称	图例
一	风管、风口		6	防雨百叶窗	
1	矩形风管	宽×高(mm)	7	检修门	
2	圆形风管	ϕ 直径(mm)	8	气流方向	左为通用表示法，中表示送风，右表示回风
3	风管向上		三	阀门	
4	风管向下		1	蝶阀	
5	天圆地方	左接矩形风管，右接圆形风管	2	插板阀	
6	软风管		3	止回风阀	
二	风口		4	余压阀	DPV
1	方形风口		5	三通调节阀	
2	条缝形风口		6	防烟、防火阀	***表示防烟、防火阀名称代号，代号说明详见规范
3	矩形风口		四	设备	
4	圆形风口		1	变风量末端	
5	侧面风口				

续表

序号	名称	图例	序号	名称	图例
2	空调机组加热、冷却盘管	从左到右分别为加热、冷却及双功能盘管	14	射流诱导风机	
3	空气过滤器	从左至右分别为粗效、中效及高效	15	减震器	左为平面图画法，右为剖面图画法
			五	调控装置及仪表	
4	挡水板		1	控制器	C
5	加湿器		2	吸顶式温度感应器	T
6	电加热器		3	温度计	
7	板式换热器		4	压力表	
8	立式明装风机盘管		5	流量计	F.M
9	立式安装风机盘管		6	能量计	E.M
10	卧式明装风机盘管		7	记录仪	
11	卧式安装风机盘管		8	电磁（双位）执行机构	
12	窗式空调器		9	电动（双位）执行机构	
13	分体空调器	室内机 室外机	10	电动（调节）执行机构	

课题 5 ▶ 通风空调工程施工图识读实训

通风空调工程施工图有其自身的特点，其复杂性要比暖卫施工图大，识读时要切实掌握各图例的含义，把握风系统与水系统的独立性和完整性。识读时要弄清系统，摸清环路，分系统阅读。

一、识读方法与步骤

（1）认真阅读图纸目录　根据图纸目录了解该工程图纸张数、图纸名称、编号等概况。

（2）认真阅读领会设计施工说明　从设计施工说明中了解系统的形式、系统的划分及设备布置等工程概况。

（3）仔细阅读有代表性的图纸　在了解工程概况的基础上，根据图纸目录找出反映通风空调系统布置、空调机房布置、冷冻机房布置的平面图，从总平面图开始阅读，然后阅读其他平面图。

（4）辅助性图纸的阅读　平面图不能清楚全面地反映整个系统情况，因此，应根据平面图上提示的辅助图纸（如剖面图、详图）进行阅读。对整个系统情况，可配合系统图阅读。

（5）其他内容的阅读　在读懂整个系统的前提下，再回头阅读施工说明及设备材料明细表，了解系统的设备安装情况、零部件加工安装详图，从而把握图纸的全部内容。

二、识图举例

1. 空调施工图的识读

如图 5-15～图 5-17 所示是某建筑多功能厅空调系统的平面图、剖面图及系统图。

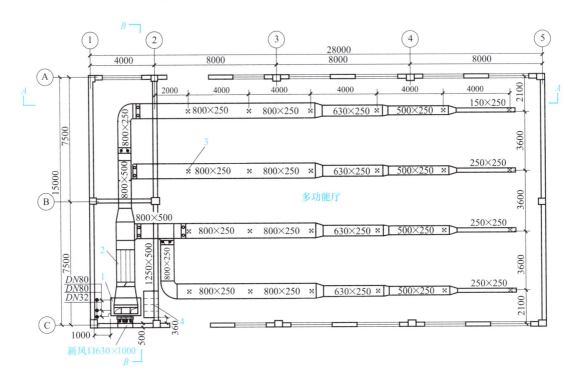

图 5-15　多功能厅空调平面图（1：150）

1—变风量空调箱（BFP×18，风量 18000m³/h，冷量 150kW，余压 400Pa，电动机功率 4.4kW）；

2—微穿孔板消声器（1250×500）；3—铝合金方形散流器（240×240，共 24 只）；

4—阻抗复合式消声器（1600×800，回风口）

从中可以看出该空调系统的空调箱设在机房内，空调机房Ⓒ轴外墙上有一带调节风阀的风管，即新风管，管径为 630mm×1000mm。空调系统的新风由室外经新风管补充到室内。

在空调机房②轴内墙上，有一消声器，这是回风管，室内大部分空气经此消声器吸入，并回到空调机房。

空调机房内有一空调箱，从图 5-16 看出在空调箱侧下部有一个接风管的进风口，新风与回风在空调机房内混合后，被空调箱由此进风口吸入，经冷热处理后，经空调箱顶部的出风口送至送风干管。

送风经过防火阀，然后经消声器，流入管径为 1250mm×500mm 的送风管，在这里分支出管径为 800mm×500mm 的第一个分支管；继续向前，经管径为 800mm×500mm 的管道，分支出第二个分支管，管径为 800mm×250mm，再向前又分支出管径为 800mm×250mm 的第三个分支管，在该分支管上有管径为 240mm×240mm 的方形散流器（送风口）共 6 只，通过散流器将送风送入多功能厅。然后，大部分回风经消声器回到空调机房，

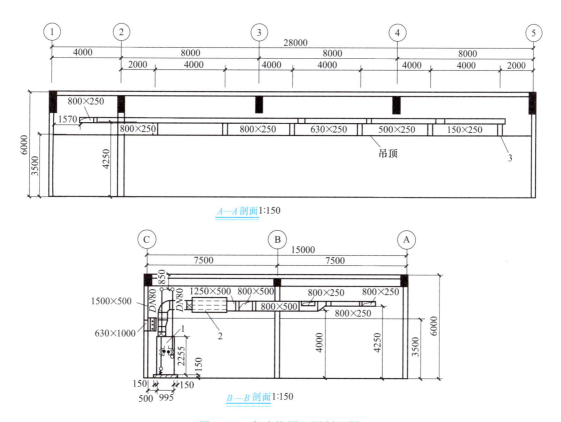

图 5-16 多功能厅空调剖面图

1—变风量空调箱（BFP×18，风量 18000m³/h，冷量 150kW，余压 400Pa，电动机功率 4.4kW）；
2—微穿孔板消声器（1250×500）；3—铝合金方形散流器（240×240，共 24 只）

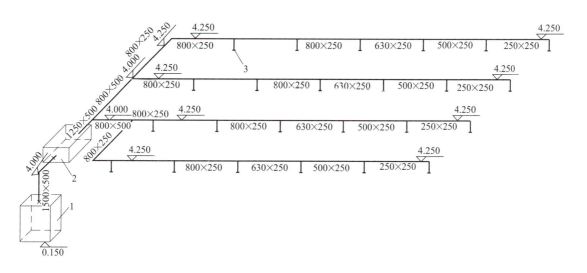

图 5-17 多功能厅空调系统图

1—变风量空调箱（BFP×18，风量 18000m³/h，冷量 150kW，余压 400Pa，电动机功率 4.4kW）；
2—微穿孔板消声器（1250×500）；3—铝合金方形散流器（240×240，共 24 只）

与新风混合被吸入空调箱的进风口,完成一次循环。另一小部分室内空气经门窗缝隙渗至室外。

由 A—A 剖面图看出,房间高度为 6m,吊顶距地面高度为 3.5m,风管暗装在吊顶内,送风口直接开在吊顶面上,风管底标高分别为 4.25m 和 4.00m,气流组织为上送下回。

由 B—B 剖面图看出,送风管通过软接头直接从空调箱上接出,沿气流方向高度不断减小,由 500mm 变为 250mm。从该剖面图上还可以看到三个送风支管在总风管上的接口位置,支管断面尺寸分别为 800mm×500mm、800mm×250mm、800mm×250mm。

系统图则清楚地表明了该空调系统的构成、管道的走向及设备位置等内容。

将平面图、剖面图、系统图对应起来看,可以清楚地了解这个带有新、回风的空调系统的情况,首先是多功能厅的空气从地面附近通过消声器被吸入空调机房,同时新风也从室外被吸入到空调机房,新风与回风混合后从空调箱进风口被吸入到空调箱内,经过空调箱处理后经送风管送至多功能厅送风方形散流器风口,空气便送入多功能厅。这显然是一个一次回风(新风与室内回风在空调箱内混合一次)的全空气系统。

2. 金属空调箱详图的识读

看详图时,一般是在概括了解这个设备在管道系统中的地位、用途和工作情况后,从主要的视图开始,找出各视图间的投影关系,并参考明细表,再进一步了解它的构造及零件的装配情况。

如图 5-18 所示为叠式金属空调箱,它的构造是标准化的,详细构造可由采暖通风标准图集查阅。图中所示为空调箱的总图,分别为 A—A、B—B、C—C 剖面图。

从三个剖面图及标注的零、部件名称来看,这个空调箱总共分为上、下两层,每层有三段,总共有六段。制造时也分成六段,分别用型钢、钢板等制成箱体,再装上各类配件,分段制造完成后再拼装成整体。

上层的三段分别如下:

① 左面的为中间段,它是一个空的箱体,里面没有设备,只供空气从此通过。

② 中间一段为加热及过滤段,本段比较大并且作用重要。它的左方是装加热器的部位(本工程中因不需要而未装);中部顶上有两个带法兰盘的矩形管,是用来与新风管和送风管相连接的,两管中间的下方用钢板把箱体隔开;右部装设过滤器,过滤器装成"之"字形以增加空气流通的面积。

③ 右段为加热段,热交换器倾斜装在角钢托架上。

下层的三段分别如下:

① 右面的为中间段,里面没有设备,只供空气流通。

② 中段为喷淋段,是很重要且构造较复杂的一段。右部装有导流风板,中部为两根 DN50 的水平冷水管,每根水平管上装有三根 DN40 的立管,每根立管上有六根 DN15 水平支管,支管上装有喷嘴,喷淋段入口和出口均装有挡水板,其作用是挡水并使空气均匀地流入和流出喷淋段。喷淋段的下部设有水池,喷淋后的冷水经过滤网过滤,由吸水管吸出送回到制冷机房的冷水箱以备循环使用。去湿处理时水池内的水面回上升,至控制高度水位时,则由设在左侧溢水槽溢出回到冷水管,备循环使用,如果水池水位过低,则可以从浮球阀控制的给水管补给。

③ 左部为风机段,内部安装有离心通风机。

可见空调箱的总的情况是新风从上层中间顶部的新风口进入,转向右面经过滤器过

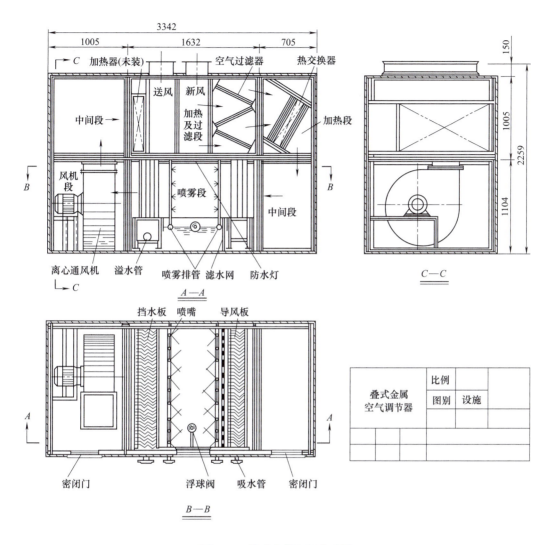

图 5-18 叠式金属空调箱总图

滤，再经热交换器加热或冷却，之后进入下层中间段，转变流向进入喷雾段处理后经风机段，由风机压送到上层左部向上方送风口送出，再由与空调箱相连的送风管道到空调房间。

3. 冷、热媒管道施工图的识读

对空调送风系统而言，处理空气的空调需供给冷冻水、热水或蒸汽。制造冷冻水就必须设置制冷系统。

安装制冷设备的房间称为制冷机房。制冷机房制造的冷冻水，通过管道送至机房内的空调箱中，使用过的冷水则需送回机房经处理后循环使用。

由此可见，制冷机房和空调机房内均有许多冷、热媒管道，分别与相应的设备相连接。在多数情况下，可以利用已在空调机房和制冷机房的有关剖面图中所表达的一些有关部分，而省去专门绘制的剖面图，只用平面图和系统图表示。一般用单线绘制即可。

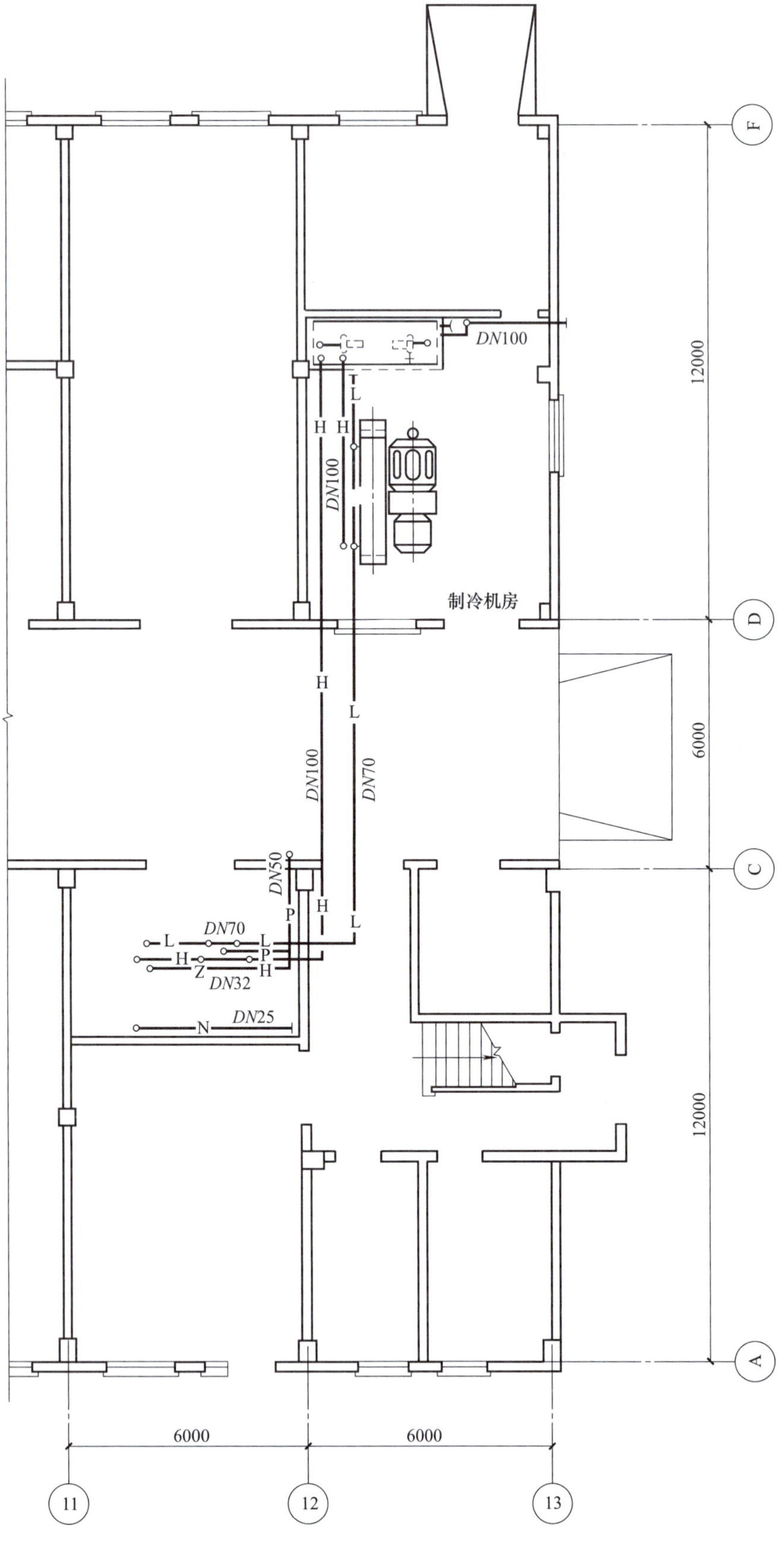

图 5-19 冷、热媒管道底层平面图

现以图 5-19～图 5-21 为例，说明冷、热媒管道施工图的识读方法。

图 5-19、图 5-21 所示为冷、热媒管道系统的底层平面图和二层平面图。由图 5-19 可以看出从制冷机房接出的两条长的管子即冷水供水管（L）与冷水回水管（H），水平转弯后，就垂直向上走。在这个房间内还有蒸汽管（Z）、凝结水管（N）、排水管（P），它们都吊装在该房间靠近顶相同的位置上，与设置在二层的空调箱相连。对照图 5-20 二层平面中调-1 空调机房的布置情况，它们和一层中的管道是相对应的，并可以看出各类管道的布置情况。在制冷机房平面图中还有冷水箱、水泵及相连的各种管道。各管道在空间方向的情况，可由图 5-21 所示冷、热媒管道的系统图来表示。

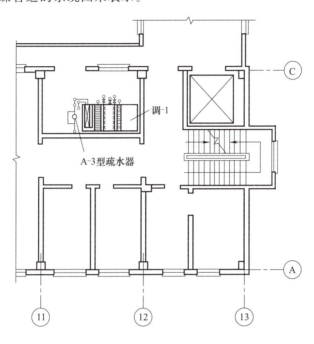

图 5-20　冷、热媒管道二层平面图

从图 5-21 中可以看到制冷机房和空调机房的设备与管路的布置，冷、热媒系统的工作运行情况。由调-1 空调箱分出三根支管，一、二分支管把冷冻水分别送到二排喷水管的喷嘴喷出。为表明喷水管，假想空调箱箱体是透明的，可以看到其内部的管道情况。第三分支管通往热交换器，使热交换器表面温度降低，导致经换热器的空气得到冷却降温。如需要加热，则关闭冷水供水管（L）上的阀门，打开蒸汽管（Z）上的阀门将蒸汽供给热交换器；从热交换器出来的冷水经冷水回水管（H），并与空调箱下部接出的两根回水管汇合（这两根回水管与空调箱的吸水管和溢水管相接），用管径为 $DN100$ 的管道接到冷水箱。冷水箱中的水要进行再降温时，由水箱下面的冷水回水管（H）接至水泵，送到制冷机组进行降温。

当空调系统不使用时，冷水箱和空调箱水池中存留的水都经排水管（P）排净。

总之，通风空调工程施工图的识读，只要在掌握各系统的基本原理、基本理论，掌握各系统施工图的投影的基本理论，掌握正确识图方法的基础上，再经过较长时间的识图实践锻炼，即可达到比较熟练的程度。

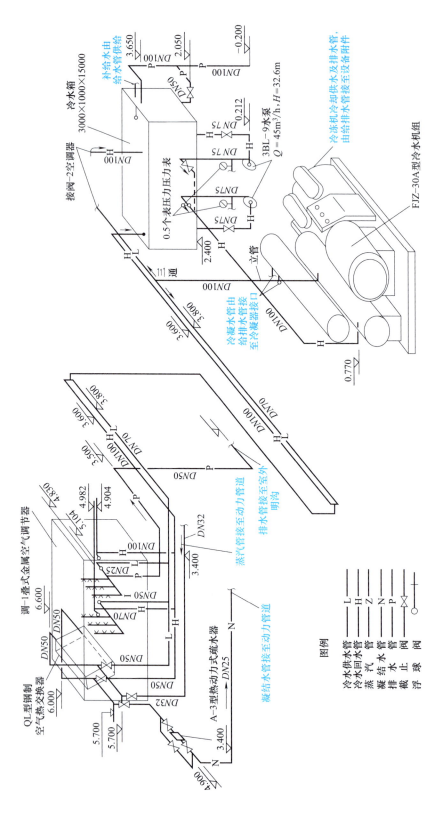

图 5-21 冷、热媒管道的系统图

小结

施工图是工程的语言,是施工的依据,是编制施工图预算的基础。室内给水排水及供暖工程施工图均由设计施工说明、平面图、系统图、大样图与详图组成。

施工图的识读方法是以系统为单位,给水系统由室外向室内自系统入口沿水流方向顺序识读;排水系统由室内向室外自卫生器具沿水流方向顺序识读;供暖系统从热力入口由室外向室内从供水管沿水流方向再由室内向室外顺序识读。

通风空调工程施工图由图文部分(图纸目录、设计施工说明、材料设备明细表)和图纸部分(平面图、剖面图、系统图、原理图、详图)组成。识读时应熟悉其制图的一般规定和图例含义,由于其比给水排水、供暖工程施工图复杂,识读时应把握风系统与水系统的独立性和完整性,掌握识读方法和步骤,正确理解设计意图。

推荐阅读资料

[1]《建筑给水排水及采暖施工质量验收规范》(GB 50242—2002)。
[2]《建筑给水硬聚氯乙烯管道工程技术规程》(CECS 41:2004)。
[3]《建筑中水设计标准》(GB 50336—2018)。
[4]《自动喷水灭火系统设计规范》(GB 50084—2017)。
其余请参考单元一的推荐阅读资料 [1]、[5]、[8] 和相关标准图集。

能力训练题

一、填空题

1. 压力管道宜标注_____标高,排水管道宜标注_____标高。
2. 水煤气输送钢管管径用公称直径表示,符号为_____;无缝钢管管径以管外径×壁厚表示,符号为_____,单位均为_____。
3. 立管在平面图上一般用_____表示,同类别管道的立管其数量超过_____根时,宜进行编号。
4. 为便于平面图与系统图对照,管道应按系统加以_____,给水系统以每一条_____或几条_____汇集至室外检查井为一个系统;室内供暖系统以系统入口_____编号。
5. 圆形风管的规格用符号_____表示,矩形风管的规格用_____表示,单位均为_____。
6. 风管的标高标注:圆形风管为_____标高;矩形风管为_____标高。
7. 识别下列图例

序号	图例	名称	序号	图例	名称
1			3		
2			4		

续表

序号	图例	名称	序号	图例	名称
5			11		
6			12		
7			13		
8			14		
9			15		
10			16		

二、问答题

1. 室内给水排水工程施工图由几部分组成？其内容有哪些？
2. 怎样识读室内给水排水工程施工图？
3. 室内供暖工程施工图由几部分组成？其内容有哪些？
4. 怎样识读室内供暖工程施工图？
5. 建筑给水排水工程施工图与通风空调工程施工图在图纸组成中有什么不同？
6. 通风空调工程施工图应包含哪些主要内容？如何识读？

三、实训题

1. 以某建筑给水排水及供暖工程施工图为实例，进行相关知识的解读。由学生完成以下任务（可分为若干小组）。

任务：施工图识读。

条件：多套完整施工图。

要求：施工图纸的会审（结合施工图全面详读，找出图纸中的差错）。

2. 以某建筑通风空调工程施工图为实例，进行相关知识的解读。完成以下任务（可分为若干小组）。

任务：施工图识读。

条件：多套完整施工图。

要求：施工图纸的会审（结合施工图全面详读，找出图纸中的差错）。

单元六
建筑电气设备施工

学习目标

了解建筑电气设备和系统的作用、分类和组成;熟悉建筑电气设备的类型,能够正确选择低压电器设备;掌握常用导线及电缆的表示方法、特点及使用场所;掌握三相电力变压器的安装注意事项,能根据工程施工进度协调各专业关系。

学习要求

知识要点	能力要求	相关知识
建筑电气设备、系统的分类及基本组成	了解建筑电气设备和系统的作用、分类、组成和特点,掌握火灾自动报警及消防联动系统的特点	火灾自动报警及消防联动系统工作过程
建筑电气设备的构成及施工	掌握低压电气设备的种类、特点和选择方法;了解三相电力变压器的种类和型号,掌握安装注意事项;掌握导电材料的分类、特点和型号表示,能够识读常用导线及电缆型号、规格	《建筑电气工程施工质量验收规范》(GB 50303—2015)

课题 1 ▶ 建筑电气设备、系统的分类及基本组成

一、建筑电气设备的分类

根据建筑电气设备在建筑中所起的作用不同,可将其分为以下几类。

1. 供配电设备

供配电设备的作用是对引入建筑物的电能进行分配和供应。按照工作任务的不同和工作电压的高低,供配电设备又可分为高压配电设备、低压配电设备和电力变压器。高压配电设

备有高压熔断器、高压隔离开关、高压负荷开关、高压断路器等。低压配电设备有低压熔断器、低压刀开关、低压刀熔开关、低压负荷开关、低压断路器等。电力变压器是用来变换电压等级的设备。建筑供配电系统中的配电变压器均为三相电力变压器，有油浸式和干式两种。

2. 动力设备

建筑工程中应用的动力设备有四种：电动机、空气压缩机、内燃机（汽油机和柴油机）和蒸汽机。建筑设备中最常使用的动力设备是电动机，约占动力设备的80%以上。电动机的作用是将电能转换为机械能。

电动机分为交流电动机和直流电动机两大类。交流电动机分为异步电动机和同步电动机。异步电动机结构简单、可靠性高、维护方便、造价低廉，是所有电动机中应用最广泛的一种。建筑工程中的起重机、电梯、鼓风机、水泵等普遍使用三相异步电动机。异步电动机又分为鼠笼式异步电动机和绕线式异步电动机。

3. 照明设备

照明是现代建筑的重要组成部分。良好的照明是生产和生活正常进行的必要条件，发挥和表现建筑物的美感也离不开照明。照明设备主要由电光源和灯具组成。

4. 低压电器设备

电器按其工作电压等级可分为高压电器和低压电器。低压电器一般是指用于交流电压1200V、直流电压1500V及以下的电路起通断、保护、控制或调节作用的电器产品。低压电器按其作用可分为控制电器、保护电器等。

常用的低压电器有刀开关、熔断器、按钮、行程开关、万能转换开关、主令控制器、接触器、继电器、低压断路器、插座、灯开关、电能表、低压配电柜等。

5. 导电材料

常用的导电材料有导线、电缆和母线。

导线又称为电线，一般可分为裸导线和绝缘导线。裸导线即无绝缘层的导线，绝缘导线是具有绝缘包层（单层或数层）的电线。电缆是在一个绝缘软套内裹有多根相互绝缘的线芯。母线也称汇流排，是用来汇集和分配电流的导体，分为硬母线和软母线。软母线用在35kV及以上的高压配电装置中，硬母线用在工厂高、低压配电装置中。

6. 楼宇智能化设备

楼宇智能化设备是实现智能建筑的基础，主要包括通信自动化设备、办公自动化设备、楼宇自动控制设备、火灾自动报警设备、视频监控及安全防范设备。

二、建筑电气系统的分类

1. 建筑供配电系统

建筑供配电系统是建筑电气的最基本系统，它从电网引入电源，经过适当的电压变换，再合理地分配给各用电设备使用。建筑供配电系统由供电电源和供配电设备组成。根据建筑物内的用电负荷的大小和用电设备额定电压的不同，供电电源一般有单相220V电源、三相380/220V电源和10kV高压供电电源三种类型。供配电设备主要有变压器、高压配电装置、低压配电装置。

2. 建筑照明电气系统

建筑照明电气系统是建筑物的重要组成部分。电气照明的优劣直接影响建筑物的功能和建筑艺术效果。建筑照明电气系统由照明装置及其电气部分组成。照明装置主要是指灯具，其电气部分包括照明配电、照明控制电器、照明线路等。

3. 动力及控制系统

建筑设备中最常使用的动力设备是电动机，动力及控制系统就是对电动机进行配电并进行控制的系统。不同容量、不同供电可靠性以及不同控制目的的动力设备，其配电或控制系统不同。例如，对于空调动力设备的配电，因其功率大且设备种类多，一般采用直配方式配电；对于供电可靠性要求较高的电梯，则采用专用的回路供电，且不与其他配电导线敷设在同一电线管内；而对于电梯和空调，因为各自的工作方式和使用目的不同，其控制电路不同。

4. 智能建筑系统

智能建筑（intelligent building，IB）是利用系统集成的方法，将计算机技术、通信技术、控制技术与建筑技术有机结合的产物。智能建筑将建筑物中用于综合布线、楼宇控制、计算机系统的各种分离的设备及其功能信息，有机地组合成一个相互关联、统一协调的整体，各种硬件与软件资源被优化组合成一个能满足用户需要的完整体系，并朝着高速化、共性能的方向发展。智能建筑以建筑环境内的系统集成中心（SIC）通过建筑物综合布线系统（GCS）或通信网络系统（CNS）与各种信息终端（微机、电话、传真机、各类传感器等）连接，收集数据，"感知"建筑环境各个空间的"信息"并通过计算机处理，得出相应的处理结果，再通过网络系统向通信终端或控制终端（各类步进电动机、阀门、电子锁和电子开关）发出指令，终端做出相应动作，使建筑物具有某种"智能"功能。

智能建筑的核心是通过多种综合技术对楼宇进行控制、通信和管理，强调实现楼宇三个方向自动化的功能，即建筑物的自动化 BA（building automation）、通信系统的自动化 CA（communication automation）、办公业务的自动化 OA（office automation）。与建筑工程技术专业紧密相关的主要包括以下内容：火灾自动报警及消防联动系统、通信网络系统、建筑设备监控系统、安全防范系统、信息网络系统、综合布线系统、智能化系统集成等。

三、火灾自动报警及消防联动系统

在建筑物中装设火灾自动报警系统，能在火灾初期阶段，但还未成灾之前发出警报以便及时疏散人员、启动灭火系统、并联动其他设备的输出接点，能够控制自动灭火系统、事故广播、事故照明、消防给水和排烟等减灾系统，并对外发送火警信息实现检测、报警和灭火的自动化。这对于消除火灾或减少火灾的损失，是一种极为重要的方法和十分有效的措施。

1. 火灾自动报警系统组成及作用

火灾自动报警系统由触发器件（探测器、手动报警按钮）、火灾警报装置（火灾报警控制器）、火灾警报装置（声光报警器）控制装置及消防联动系统和自动灭火系统等部分组成，实现建筑物的火灾自动报警及消防联动。

火灾探测器将现场火灾信息（烟、温度、光）气体浓度转换成电气信号，传送至自动报警控制器；火灾报警控制器将接收到的火灾信号，经过逻辑运算处理后认定火灾，输出指令信号。一方面启动火灾报警装置，如声光报警等，另一方面启动灭火联动装置，用以驱动各种灭火设备；同时也启动联锁减灾系统，用以驱动各种减灾设备。火灾探测器、火灾报警控制器、报警装置、联动装置、连锁装置等组成了一个实用的自动报警与灭火系统。为提高可靠性，火灾自动报警系统还应设置手动触发装置，以防止系统由于故障原因而导致火灾信号不能发出。

火灾探测器是火灾自动探测系统的传感部分，能在现场发出火灾报警信号或向控制及指示设备发出现场火灾状态信号，被形象地称为"消防哨兵"。

报警器的作用是当发生火情时，能发出区别环境声光的声或光报警信号。

火灾报警控制器一般可分为区域报警控制器、集中报警控制器和通用火灾报警控制器。

区域报警控制器用于火灾探测器的监测、巡检、供电与备电，接收监测区域内火灾探测器的报警信号，并转换为声光报警输出，显示火灾部位等。其主要功能有火灾信号处理与判断、声光报警、故障监测、模拟检查、报警计时备电切换和联动控制等。

集中报警控制器用于接收区域控制器发送的火灾信号，显示火灾部位和记录火灾信息，协调联动控制和构成终端显示等。主要功能包括报警显示，控制显示，计时，联动连锁控制，信息传输处理等。

通用火灾报警控制器兼有区域和集中控制器功能，小型的可作为区域控制器使用，大型的可以构成中心处理系统，其形式多样，功能完备，可按其特点构成各种类型的火灾自动报警系统模式。

自动灭火系统是在火灾报警装置控制器的联动控制下，执行灭火的自动系统。如自动喷洒水灭火系统、卤代烷灭火系统、泡沫灭火系统、二氧化碳灭火系统等成套装置。

2. 火灾探测器的分类及选用

根据对可燃固体、可燃液体、可燃气体及电气火灾等的燃烧实验，为正确无误地对不同物体的火灾进行探测，目前研制出来的常用探测器主要有感烟式、感温式、感光可燃、气体探测式、复合式和智能型等主要类型。按其警戒范围不同又可分为点型和线型两大类。常用火灾探测器实物如图6-1所示。

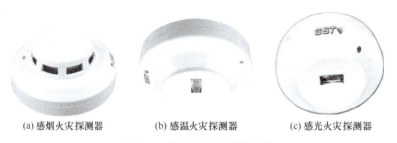

(a) 感烟火灾探测器　　(b) 感温火灾探测器　　(c) 感光火灾探测器

图 6-1　常用火灾探测器实物

（1）感烟火灾探测器　用以探测火灾初期燃烧所产生的气溶胶或烟粒子浓度，适用于火灾的前期和早期报警。但是在正常情况下多烟或多尘的场所、存放火药或汽油等着火迅速的场所、安装高度大于20m时烟不宜到达的场所，以及维护管理困难的场所，不宜设置感烟火灾探测器。感烟火灾探测器分为离子型、光电型、电容式或半导体型等类型。

（2）感温火灾探测器　响应异常温度、温升速率和温差等火灾信号，感温探测器不受非火灾性烟尘雾气等干扰，当火灾发生并达到一定温度时工作状态较稳定，但此时火灾已引起物质上的损失，故适用于早期、中期火灾报警。凡是不能采用感烟火灾探测器、非爆炸性的并允许产生一定损失的场所，均可采用感温火灾探测器。常用的有定温型（环境温度达到或超过预定值时响应）、差温型（环境温升速率超过预定值时响应）、差定温型（兼有差温、定温两种功能）。

（3）感光火灾探测器　主要对火焰辐射出的红外、紫外、可见光予以响应，故又称火焰探测器，该类型探测器在一定程度上可克服感烟火灾探测器的缺点，但报警时已造成一定的物质损失。当探测器附近有过强的红外或紫外光源时，可导致探测器工作状态不稳定，一般只适宜在特定场所下使用。常用的有红外火焰型和紫外火焰型两种。

（4）可燃气体火灾探测器　可燃气体火灾探测器严格来讲并不是火灾探测器，它既不探测烟雾、温度，也不探测火光这些火灾信息，它是装设在存在可燃气体泄漏而又可能导致燃烧和爆炸的场所，是专门用于探测可燃气体的浓度。一旦可燃气体外泄且达到一定浓度时，能及时给出报警信号，可以避免高浓度可燃气体遇明火发生燃烧和爆炸的可能，从而提高系统监控的可靠性。可燃气体火灾探测器主要用于易燃、易爆场所中探测可燃气体的浓度。可燃气体火灾探测器目前主要用于宾馆厨房或燃料气储备间、汽车库、压气机站、过滤车间、溶剂库、炼油厂、燃油电厂等存在可燃气体的场所。

（5）复合火灾探测器　可响应两种或两种以上火灾参数，是两种或两种以上火灾探测器性能的优化组合，对相互关联的每个探测器的测值进行计算，从而降低了误报率。主要有感温感烟型、感光感烟型、感光感温型等。

（6）智能型火灾探测器　内部微处理芯片上预设了一些针对常规及个别区域和用途的火情判定计算规则。探测器本身带有微处理信息功能，可以处理由环境所收到的信息，并针对信息进行处理，统计评估，再根据相关预设程序做出正确报警动作。从而大大降低由环境变化而引起的误报或漏报。此外，还有一些特殊类型的火灾探测器，包括：使用摄像机、红外热成像器件等视频设备或它们的组合方式获取监控现场视频信息，进行火灾探测的图像型火灾探测器；探测泄漏电流大小的漏电流感应型火灾探测器；探测静电电位高低的静电感应型火灾探测器；还有在一些特殊场合使用的、要求探测极其灵敏、动作极为迅速，通过探测爆炸产生的参数变化（如压力的变化）信号来抑制、消灭爆炸事故发生的微压差型火灾探测器；利用超声原理探测火灾的超声波火灾探测器等。

3. 火灾探测器的安装及布线

（1）火灾探测器的安装　一般规定，探测区域内的每个房间至少应布置一个探测器。各类型探测器的保护面积和保护半径，与探测区域的面积、高度及屋顶坡度有关。在实际安装中还应考虑房间通风换气及梁对探测器的影响，在通风换气房间，烟的自然蔓延发生受到破坏，换气越频繁，烟的浓度越低，部分烟被空气带走，导致探测器接收烟量减少，致使感烟探测器的灵敏度降低，此时应注意采取一定的补偿方法。一般采取压缩每只探测器的保护面积或增大探测器的灵敏度。而房间顶棚有梁时，由于烟的自然蔓延受到梁的阻碍，探测器的保护面积会受到梁的影响，一般规定房间高度在 5m 以下，感烟探测器在梁高小于 200mm 时，无需考虑其梁的影响；房间高度在 5m 以上，梁高大于 200mm 时，探测器的保护面积需重新考虑。

在宽度小于 3m 的内走道顶棚上，感烟探测器间距不应超过 15m，感温探测器的间距不应超过 10m。探测器到端墙的距离不应超过探测器布置间距的一半。在空调房间内，为了防止从送风口流出的气流阻碍烟雾扩散到探测器中，规定探测器到空调送风口边的距离应大于 1.5m。

感光探测器应布置在阳光或灯光不能直射或反射到的地点，且应处在被保护区域的视角范围以内，以免形成"死区"。

可燃气体探测器应布置在可燃气体可能泄漏点的附近或泄漏出的可燃气体易流经或易滞留的场所，探测器的安装高度应根据可燃气体与空气的密度来确定。当可燃气密度大于空气密度时，探测器安装高度一般距地 0.3m 左右；当可燃气体密度小于空气密度时，探测器一般距顶棚 0.3m，同时距侧壁大于 0.1m。

（2）系统的布线　火灾自动报警系统中的线路包括：消防设备的电源线路、控制线路、报警线路和通信线路等。线路的合理选择、布置与敷设是消防系统发挥其应有作用的重要保证。

消防系统内的各种线路均应按设计要求采用铜芯绝缘导线或电缆，耐压等级不低于 500V，并应符合现行国家标准《火灾自动报警系统施工及验收标准》（GB 50166—2019）中的规定。火灾自动报警系统传输线路采用屏蔽电缆时，应采取穿桥架和专用线管敷设，桥架和金属线管应作保护接地。消防联动控制、自动灭火控制、通信、应急照明、紧急广播等线路，应采取金属管保护，并宜暗敷在非燃烧体结构内，其保护层厚度不应小于 3cm。

火灾报警系统线缆的连接应在端子箱或分支盒内进行，导线连接应采用可靠压接或焊接。各类接地线应采用铜芯绝缘导线或电缆，不得利用镀锌扁钢或金属软管，消防控制设备的金属外壳及基础除应可靠接地外，接地线还应引入接地端子箱。

消防设备的电源线路以允许的载流量和允许的电压损失为主要参数来选择导线或电缆的截面。报警线路中的工作电流较小，在满足负载电流的情况下，一般以机械强度的要求为主要参数来选择导线或电缆截面。其最小截面见表 6-1。为便于施工和维护，还应采用不同颜色的导线。

火灾自动报警系统是涉及火灾监控各个方面的一个综合性的消防技术体系，也是现代化智能建筑中的一个不可缺少的组成部分。其安装施工是一项专业性很强的工作，施工安装须经过公安消防部门的批准，由具有相应资质等级的安装单位承担。设计和施工必须严格按照国家有关现行规范执行，以确保系统实现火灾早期报警及各种设备的联动。

表 6-1　线芯最小截面

类别	线芯最小截面/mm²	备注
穿管敷设的绝缘导线	1.00	—
线槽内敷设的绝缘导线	0.75	—
多芯电缆	0.50	—
由探测器到区域报警器	0.75	多股铜芯耐热线
由区域报警器到集中报警器	1.00	单股铜芯线
水流指示器控制线	1.00	
湿式报警器及信号阀	1.00	
排烟防火电源线	1.50	控制线＞1.00mm²
电动卷帘门电源线	2.50	控制线＞1.50mm²
消火栓箱控制按钮线	1.50	

4. 火灾自动报警系统的基本方式

在实际工程中，主要采用以下三种火灾自动报警系统。

（1）区域报警系统　由火灾探测器、手动火灾报警器、区域火灾报警控制器、火灾报警装置组成。区域报警控制系统用于对建筑物内某一个局部范围或设施进行报警或控制，报警控制器应设在专门有人值班的房间或场所。通常用于图书馆、档案室、电子计算机房等。

（2）集中报警系统　由火灾探测器、手动火灾报警器、区域火灾报警控制器、集中火灾报警控制器、火灾报警装置等组成。如图 6-2 所示。

（3）控制中心报警系统　消防控制中心报警系统是由设置在消防控制室的消防控制设备、集中报警控制器、区域报警控制器和火灾探测器等组成的火灾报警系统。一般适用于特级、一级保护对象。

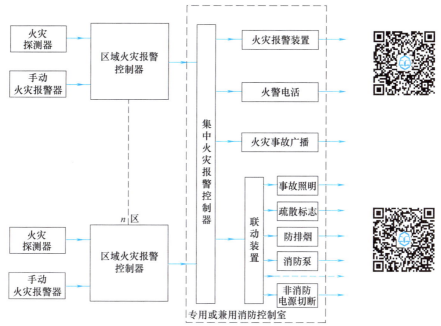

图 6-2 集中报警系统组成示意图

5. 消防联动设备

消防联动设备的作用是有效地防止火灾蔓延，便于人员及财物的疏散，尽量减少火灾损失。减灾设备和灭火设备一样受控于联动控制器，而联动控制器又受控于火灾报警控制器。

（1）电动防火门与防火卷帘　电动防火门及防火卷帘是一种防火分隔设施。在发生火灾时可将火势控制在一定的范围内，阻止火势蔓延，以有利于消防扑救，减少火灾损失。无火灾时电动防火门处于开启状态，防火卷帘处于收卷状态；有火灾时则处于关闭状态和降下状态。它们与安全门开启状态正好相反——安全门在无火灾时处于关闭状态，而在有火灾时则处于开启状态。

（2）防排烟设施　所谓防排烟，就是在着火房间和着火房间所在的防烟分区内将火灾产生的烟气加以排出，防止烟气扩散到疏散通道和其他防烟分区中去，确保疏散和扑救用的防烟楼梯间、消防电梯内无烟。

防排烟设施是为了在着火时使火灾层人员疏散和灭火救灾的需要，保证火灾层以上各层人们生命安全而设置的。

防排烟设施主要是根据火灾自动报警系统中的防排烟方式选择的。自然排烟、机械排烟和机械加压送风排烟是高层建筑的主要排烟方式。排烟设施通常由排烟风机、风管路、排烟口、防烟垂帘及控制阀等构成。

（3）火灾事故广播　它负责发出火灾通知、命令，指挥人员灭火和安全疏散。广播系统主要由火灾广播专用扩音机、扬声器及控制开关等构成。

（4）应急照明灯　应急照明灯包括事故照明灯与疏散照明灯。应急照明灯由消防专用电源供电。事故照明灯主要用于火灾现场的照明，疏散照明灯主要用于疏散方向的照明及出入口的照明。应急照明灯应采用白炽灯等能立即点燃的热辐射电光源。

（5）消防电梯　消防电梯是发生火灾时的专用电梯。消防电梯受控于消防人员或消防控制中心，实行灭火专用。

6. 电气火灾监控系统

电气火灾监控系统由电气火灾监控器、电气火灾监控探测器和火灾声光警报器组成，能在电气线路、该线路中的配电设备或用电设备发生电气故障并产生一定电气火灾隐患的条件下发出报警，提醒专业人员排除电气火灾隐患，实现电气火灾的早期预防，避免电气火灾的发生，因此具有很强的电气防火预警功能。

电气火灾监控探测器的分类如下。

(1) 电气火灾监控探测器按工作方式分类

① 独立式电气火灾监控探测器，即可以自成系统，不需要配接电气火灾监控设备；

② 非独立式电气火灾监控探测器，即自身不具有报警功能，需要配接电气火灾监控设备组成系统。

(2) 电气火灾监控探测器按工作原理分类

① 剩余电流保护式电气火灾监控探测器，即当被保护线路的相线直接或通过非预期负载对大地接通，而产生近似正弦波形且其有效值呈缓慢变化的剩余电流，当该电流大于预定数值时即自动报警的电气火灾监控探测器。

② 测温式（过热保护式）电气火灾监控探测器，即当被保护线路的温度高于预定数值时，自动报警的电气火灾监控探测器。

③ 故障电弧式电气火灾监控探测器，即当被保护线路上发生故障电弧时，发出报警信号的电气火灾监控探测器。

电气火灾监控设备按系统连线方式分类如下：

(1) 多线制电气火灾监控设备，即采用多线制方式与电气火灾监控探测器连接。

(2) 总线制电气火灾监控设备，即采用总线（一般为2～4根）方式与电气火灾监控探测器连接。

电气火灾监控系统适用于具有电气火灾危险场所，尤其是变电站、石油石化、冶金等不能中断供电的重要供电场所的电气故障探测，在产生一定电气火灾隐患的条件下发出报警信号，提醒专业人员排除电气火灾隐患，实现电气火灾的早期预防，避免电气火灾的发生。

电气火灾监控系统是火灾自动报警系统的独立子系统，属于火灾预警系统。电气火灾监控系统的组成如图6-3所示。

(1) 电气火灾监控器

电气火灾监控器用于为所连接的电气火灾监控探测器供电，能接收来自电气火灾监控探测器的报警信号，发出声、光报警信号和控制信号，指示报警部位，记录并保存报警信息的装置。

(2) 电气火灾监控探测器

电气火灾监控探测器是能够对保护线路中的剩余电流、温度等电气故障参数响应，自动产生报警信号并向电气火灾监控器传输报警信号的器件。

(3) 系统工作原理

发生电气故障时，电气火灾监控探测器将保护线路中的剩余电流、温度等电气故障参数信息转变为电信号，经数据处理后，探测器做出报警判断，将报警信息传输到电气火灾监控器。电气火灾监控器在接收到探测器的报警信息后，经报警确认判断，显示电气故障报警探测器的部位信息，记录探测器报警的时间，同时驱动安装在保护区域现场的声光警报装置，发出声光警报，警示人员采取相应的处置措施，排除电气故障、消除电气火灾隐患，防止电气火灾的发生。电气火灾监控系统的工作原理如图6-4所示。

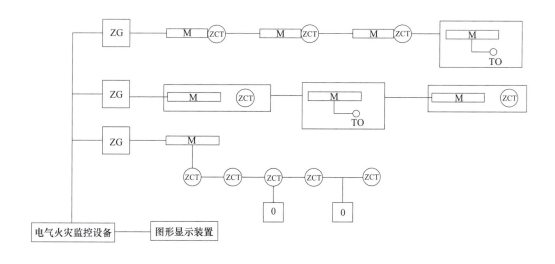

图 6-3　电气火灾监控系统组成示意图

电气火灾监控系统是一个独立的子系统，属于火灾预警系统，应独立组成。电气火灾监控探测器应接入电气火灾监控器，不应直接接入火灾报警控制器的探测器回路。

当电气火灾监控系统接入火灾自动报警系统中时，应由电气火灾监控器将报警信号传输至消防控制室的图形显示装置或集中火灾报警控制器上，但其显示应与火灾报警信息有区别；在无消防控制室且电气火灾监控探测器设置数量不超过 8 个小时，可采用独立式电气火灾监控探测器。

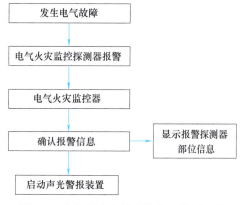

图 6-4　电气火灾监控系统的工作原理图

（1）剩余电流式电气火灾监控探测器的设置

剩余电流式电气火灾监控探测器应以设置在低压配电系统首端为基本原则，宜设置在第一级配电柜（箱）的出线端。在供电线路泄漏电流大于 5300mA 时，宜在其下一级配电柜（箱）上设置。

剩余电流式电气火灾监控探测器不宜设置在 IT 系统的配电线路和消防配电线路中。选择剩余电流式电气火灾监控探测器时，应计及供电系统自然漏电流的影响，并选择参数合适的探测器；探测器报警值宜为 300mA～500mA。具有探测线路故障电弧功能的电气火灾监控探测器，其保护线路的长度不宜大于 100m。

（2）测温式电气火灾监控探测器的设置

测温式电气火灾监控探测器应设置在电缆接头、端子、重点发热部件等部位。保护对象为1000V及以下的配电线路测温式电气火灾监控探测器应采用接触式设置。保护对象为1000V以上的供电线路，测温式电气火灾监控探测器宜选择光栅光纤测温式或红外测温式电气火灾监控探测器，光栅光纤测温式电气火灾监控探测器应直接设置在保护对象的表面。

（3）独立式电气火灾监控探测器的设置

独立式电气火灾监控探测器的设置应符合电气火灾监控探测器的设置要求。设有火灾自动报警系统时，独立式电气火灾监控探测器的报警信息和故障信息应在消防控制室图形显示装置或集中火灾报警控制器上显示；但该类信息与火灾报警信息的显示应有区别。未设火灾自动报警系统时，独立式电气火灾监控探测器应将报警信号传至有人员值班的场所。

（4）电气火灾监控器的设置

设有消防控制室时，电气火灾监控器应设置在消防控制室内或保护区域附近；设置在保护区域附近时，应将报警信息和故障信息传入。

四、共用天线电视系统

共用天线电视接收系统简称CATV系统。该系统是为了提高建筑物内各用户的收视效果，有效地解决远离城市的边远地区由于高山或高层建筑的遮挡或反射造成电视信号微弱无法收看的困难，以及城市内收看电视节目时出现的重影、雪花等干扰问题，所采用的一种用户共用一组天线接收电视台电视信号，信号经过适当的技术处理后，由专用部件将信号合理地分配给各电视接收机。由于系统各部件之间采用了大量的同轴电缆作为信号传输线，故CATV系统又称电缆电视系统，是目前广泛应用的有线电视。

共用天线电视系统一般由信号源设备、前端设备、传输分配网络和用户终端组成。具体如图6-5所示。

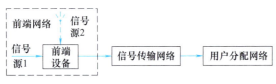

图6-5 共用天线电视系统组成

1. 信号源设备

信号源设备包括接收天线和录像机等自办节目制作设备，是用以接收并输出图像及伴音信号的设备。接收天线的作用是获得地面无线电视信号、调配广播信号、微波传输电视信号和卫星电视信号。接收天线可分为引向天线、抛物面天线、环形天线和对数周期天线等。

在共用天线系统中，天线的选型及其安装位置的选择都极其重要，要结合现场条件，避开天线入射方向的障碍和各种干扰，提高接收信号强度和减少噪声强度。为防止天线的互相干扰，在组合使用时，应尽量使天线间隔大些。共用天线在安装时，天线应朝向电视发射台的方向，附近不应有阻挡物，天线与建筑物应保持6m以上的距离。此外，接收天线宜装设在距电梯房、风机机房等电力设施较远处，以避开因电视设备产生的干扰。

天线应根据生产厂家的安装说明书，在地面组装好后，再安装于竖杆合适基座位置上，其基座上的地脚螺栓应与建筑物钢筋焊连，必须与接地系统焊连。天线与地面应平行安装，其馈电端与阻抗匹配器、馈线电缆、天线放大器的连接应正确、牢固，接触良好。对天线系统还应考虑防雷措施，宜在天线竖杆顶部设避雷针，其引下线至天线基座底部并与接地装置连接起来。

2. 前端设备

前端设备用于将天线接收的信号进行必要的处理，并送入传输分配系统。前端设备一般由天线放大器、频道放大器、混合器、干线放大器、调制器等组成。

前端设备安装在前端箱内，前端箱一般分箱式、柜式、台式三种。箱式前端明装于前置间内时，箱底距地 1.2m；暗装时为 1.2~1.5m。台式前端安装在前置间内的操作台桌面上，高度不宜小于 0.8m，柜式前端宜落地安装在混凝土基础上面，安装方式同落地式动力配电箱。

3. 传输分配系统

传输分配系统由线路放大器、分配器、分支器和传输电缆等组成。用以将前端输出信号进行传输分配，并尽可能均匀地、以足够强的信号分配给每个用户。

分配器是分配高频信号电能的装置，其作用是将混合器或放大器送来的信号平均分成若干份，送给干线，向不同的用户提供电视信号，并能保证各部分得到良好的匹配，同时保持各传输干线及各输出端之间的信号隔离，防止扰动。常见的有二分配器、三分配器、四分配器。

分支器的作用是将干线信号的一部分送到支线，分支器与分配器配合使用可组成形形色色的传输分配网络。在分配网络中各元件之间均用传输电缆连接，构成信号传输的通路。

传输电缆一般采用同轴电缆，可分为主干线、干线、分支线等。主干线接在前端与传输分配网络之间；干线用于分配网络中各元件之间的连接；分支线用于分配网络与用户终端的连接。

用户终端又称为用户接线盒，是共用天线电视系统供给电视机电视信号的接线器。用户接线盒有单孔盒和双孔盒之分。单孔盒输出电视信号，双孔盒可同时输出电视信号和调频广播信号。用户盒的安装分明装和暗装。明装用户盒可直接用塑料胀管和木螺钉固定在墙上。暗装用户盒应配合土建施工将盒及电缆保护管埋入墙内，盒口应和墙面保持平齐，面板可略高出墙面。同照明工程中插座盒、开关盒的安装。

CATV 系统在安装中还应注意如下事项：

(1) 线路应尽量短直，安全稳定，便于施工及维护。前端设备箱一般安装在顶层，尽量靠近天线，与其距离不应超过 15m。

(2) 电缆管道敷设应避开电梯及其他冲击性负荷干扰源，与其保持 2m 以上距离；与一般电源线（照明线）在钢管敷设时，间距也应不小于 0.5m。

(3) 系统中应尽量减少配管弯曲次数，且配管弯曲半径应不小于 10 倍管径，在拐弯处要预留余量。

(4) 前端设备箱距地 1.8m，预埋箱件一般距地 0.3m（或 1.8m），便于安装、维修。

(5) 配管切口不应损伤电缆，伸入预埋箱体不得大于 10mm。SYV-75-9 电缆应选 ϕ25mm 管径，SYV-75-5-5-1 电缆应选 ϕ10mm 管径（或按图纸要求）。

(6) 管长超过 25m 时，必须加接线盒。电缆连接亦应在盒内处理。

(7) 线缆在铺设过程中，不应受到挤压、撞击和猛拉变形，穿线时可使用滑石粉以免对电缆施加强力操作，造成线缆划伤。

(8) 明线敷设时，对有阳台的建筑，可将分配器、分支器设置在阳台遮雨处。电缆沿外墙敷设，由门窗入户。对于无阳台的建筑，可将分配器、分支器设置在走廊内。明缆敷设可利用塑料涨塞、压线卡子等部件，要求走线横平、竖直，每米不得少于一个卡子。

(9) 两建筑物之间架设空中电缆时，应预先拉好钢索绳，然后将电缆挂上去，不宜过紧。架空电缆最好不超过 30m。

(10) 卫星接收天线应在避雷针保护范围内，避雷装置应有良好接地系统，接地电阻应小于 4Ω。

(11) 避雷装置的接地应独立走线，不得将防雷接地与接收设备的室内接地线共用。

（12）系统所有支路的末端及分配器、分支器的空置输出端口均应接 75Ω 终端电阻。

五、广播音响系统

广播音响系统是指建筑物自成体系的独立优先的广播音响系统，是一种通信和宣传工具，由于该系统设备简单、维护和使用方便、影响面大、工程造价低，被广泛地应用于各类公共建筑内。广播音响系统一般可分为三大类，即业务性广播系统、服务性广播系统、火灾事故广播系统。

（1）业务性广播系统主要满足业务及行政管理为主的语言广播要求，设置于办公楼、商场、院校、车站、客运码头及航空港等建筑物内。系统一般较简单，在设计和设备选型上无过高的要求。

（2）服务性广播多以播放欣赏性音乐为主，多设于商场、宾馆、大型公共活动场所。

（3）火灾事故广播系统一般与火灾自动报警及联动控制系统配套设置，用于火灾事故发生时或其他紧急情况发生时，引导人员安全疏散。

广播音响系统主要由节目源设备、放大和信号处理设备、传输线路及扬声器系统四部分组成。

（1）节目源设备通常由节目源和设备组成。节目源为有线广播系统提供声源，可以是无线电广播（调频、调幅）、激光唱片（CD）和盒式磁带等。节目源设备有 FM/AM 调谐器、激光唱机和录音卡座以及传声器（话筒）、电视伴音（包括影碟机、录像机和卫星电视的伴音）、电子乐器等。

（2）放大和信号处理设备主要对音频信号进行功率放大，并以电压显示输出具有一定功率的音频信号。一般包括调音台、前置放大器、功率放大器和各种控制器及音响加工设备等。

（3）传输线路是将处理好的音频信号传输给扬声系统，由于系统和传输方式的不同对传输线路有不同的要求。

（4）扬声器系统是将系统传送的音频信号还原为人们耳朵能听到的声音的设备。有电动式、静电式和电磁式等多种，音箱、扬声器箱均为扬声器系统。选择扬声器时应考虑其灵敏度、频率响应范围、指向性和功率等因素。

广播音响系统的安装：

（1）室外广播传输线缆应穿管埋地或在电缆沟内敷设，室内广播传输线一般采用铜芯双股塑料绝缘导线，导线应穿钢管沿墙、地坪或吊顶暗敷，钢管的预埋和穿线方法与强电线路相同。

（2）综合控制台、音响主机一般为落地式安装，安装时应与室内设备布置、地板铺设及广播线路敷设相配合。

（3）扬声器在选择时应考虑其灵敏度、频率响应范围、指向性和功率等因素。一般 1～2W 电动式纸盆扬声器装设在办公室、生活间、客房等场所，可在墙、柱等 2.5m 处明装，也可嵌入吊顶内暗装；3～5W 的纸盆扬声器则用于走廊、门厅及商场、餐厅处的背景音乐或业务广播，安装间距为层高的 2～2.5 倍，当层高大于 4m 时，也可采用小型声柱；室外安装高度一般为 4～5m。

（4）安装位置应考虑音响效果，纸盆扬声器在墙壁内暗装时，预留孔位置应准确，大小适中。助声箱随扬声器一起安装在预留孔中，应与墙面平齐；挂式扬声器采用塑料胀钉和木螺钉直接固定在墙壁上，应平整、牢固。在建筑物吊顶上安装，应将助声箱固定在龙骨上。声柱只能竖直安装，不能横放安装。安装时应先根据声柱安装方向、倾斜度制作支架，依据施工图纸预埋固定支架，再将声柱用螺栓固定在支架上，应保证固定牢固、角度方位正确。

（5）当广播系统具备消防应急广播功能时，应采用阻燃线槽、阻燃线管和阻燃线缆敷设。

（6）广播系统的功率传输线缆应采用专用线槽和线管敷设，其绝缘电压等级应与额定传输电压相匹配，其接头不得裸露，电位不等的接头应分别进行绝缘处理。

六、电话交换系统

电话交换系统是通信系统的主要方式之一。通信按传输的媒介可分为有线传输（明敷线、电缆、波导通信等）和无线传输（微波、短波、微波中继、卫星通信等）。有线电话通信系统是实现两地之间最基本和最重要的传输方式。有线传输又分为模拟传输和数字传输两种。

电话交换系统由三部分组成，即电话交换设备、传输系统和用户终端设备。

1. 常用电话机

常用电话机有拨号盘式电话机、按键式电话机、扬声自动电话机、免提电话机、双音多频（DTMF）按键式电话机、无绳电话机、可视电话机、自动录音电话机、电视电话机以及各种功能奇特的电话机等。一般住宅、办公室、公用电话服务站等在无需要配合程控电话交换机时普遍选用按键式电话机，该电话机由电话、发号和振铃三个基本部分组成，具有脉冲稳定、按键简单、话音失真度小等特点，且发送和接收系统的灵敏度可按要求调节，此外还有号码重发、缩位拨号、插入等待、锁号、脉冲与音频兼容、免提、发送闭音等多种附属功能。而对于重要用户、专线电话、调度、指挥中心等机构多选用多功能电话机。

2. 交换机

交换机是根据用户通话的要求，交换通断相应电话机通路的设备。可以完成建筑物内部用户与用户之间的信息交换，以及内部用户与外部用户之间的话音及图文数据传输。交换机的种类较多，总体上可以分为人工电话交换机和自动电话交换机两大类，目前应用较广泛的是一种利用软件预先把交换动作的顺序编成程序，集中存放在存储器中，然后由程序自动执行控制交换机的交换连续动作，从而完成用户之间的通话的通信方式，称为程控交换机。

程控交换机主要由话路系统、中央处理系统、输入输出系统等三部分组成。

3. 通信及传输设备

通信及传输设备包括配线设备、分线设备、配线电缆、用户线及用户终端机。配线设备主要指用户配线架或交接箱，配线设备在有用户交换机的建筑物内一般设置配线架与电话站，在无用户交换机的较大型建筑物内，往往在首层或地下室一层电话进户电缆引入点设电缆交接间，内置交接箱。分线设备主要是分线箱（盒），分为明装和暗装两种。

配线系统是指由市话局引入的主干电缆直到连接用户设备的所有线路。电话系统的室内配线形式主要取决于电话的数量及其在室内的分布，并考虑系统的可靠性、灵活性及工程造价等因素，选用合理的配线方案。电话系统的干线使用电话电缆。室外埋地敷设时使用铠装电缆，架空敷设时用钢丝绳悬挂普通电缆，或使用带自承钢丝绳的电缆，室内使用普通电缆。常用电缆有 HYA 型综合护层塑料绝缘电缆和 HPVV 铜芯全聚氯乙烯电缆，电缆规格标注为 HYA10×2×0.5，其中 HYA 为型号，10 表示缆内 10 对电话线，2×0.5 表示每对线为 2 根直径 0.5 mm 的导线。电缆的对数为 5～2400 对，线芯有直径 0.5mm 和 0.4mm 两种规格。

在选择电缆时，电缆对数要比实际设计用户数多 20% 左右，以作为线路增容和维护使用。

用户线是连接电话机和交换机之间的电气信号通路。要保证通话的清晰度，需采取必要的抗干扰措施，通常采用 RVS2×0.5 塑料绝缘的软绞线。电话线缆的敷设应符合《城市住宅区和办公楼电话通信设施验收规范》（YD 5048—1997）的有关规定。在具体敷设中应注意，交换机与电话机以放射式连接。这一点与照明灯具布线方式不同。

用户终端设备包括电话机、传真机、计算机和保安器等。

4. 现代电话通信网的配线方式

建筑物的电话线路包括主干电缆（或干线电缆）、分支电缆（或配线电缆）和用户线路三部分，其配线方式应根据建筑物的结构及用户的需要，选用技术先进、经济合理的方案，做到便于施工和维护管理、安全可靠。

干线电缆的配线方式有单独式、复接式、递减式、交接式和混合式，如图 6-6 所示。

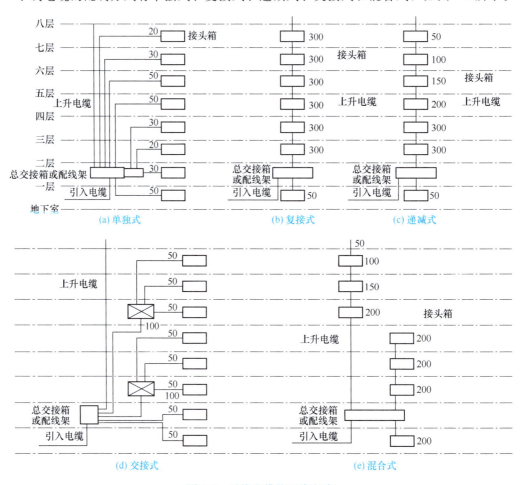

图 6-6　干线电缆的配线方式

（1）单独式　采用这种配线方式时，从总交接箱（或总配线架、总配线箱）分别直接引出各个楼层的配线电缆（各楼层所需电缆对数根据需要确定）到各个分配线箱，然后采用塑料绝缘导线作为用户线从分线箱引至各电话终端出线盒。各个楼层的电缆采取分别独立的直接供线。

该方式的优点是各层电缆彼此相对独立，互不影响，发生故障时容易判断和检修；其缺点是电缆数量较多，工程造价较高，电缆线路网的灵活性差，各层的线对无法充分利用，线路利用率不高。这种方式适用于各楼层需要线对较多且较为固定不变的建筑物，如高级宾馆或办公写字楼的标准层。

（2）复接式　由同一条上升电缆接出各个楼层配线电缆，各个楼层之间的电缆线对部分复接或全部复接，复接的线对根据各层需要来决定。每线对的复接次数一般不超过两次，各个楼层的电话电缆由同一条上伸电缆接出，不是单独供线。

这种配线工程造价低，且可以灵活调度，缺点是楼层间相互影响，不便于维护检修。复接式一般适用于各楼层需要的电缆线对数量不均匀、变化比较频繁的场合。

（3）递减式　各个楼层线对互相不复接，楼层之间的电缆线对引出使用后，上升电缆逐段递减。这种配线方式发生故障时容易判断和检修，但灵活性较差，各层的线对无法充分使用，线路利用率不高。递减式一般适用于各层所需电缆线对数量不均匀且无变化的场合，如规模较小的宾馆、办公楼及高级公寓等。

（4）交接式　将整个建筑物分为几个交接配线区域，每个区域由若干楼层组成，并设一个容量较大的分线箱，再将出线电缆接到各层容量较小的分线箱。即各层配线电缆均分别经有关交接箱与总交接箱（或配线架）连接。这种方式各楼层配线电缆互不影响，主干电缆芯线利用率高，适用于各层需要线对数量不同且变化较多的场合，如规模较大、变化较多的办公楼、高级宾馆、科技贸易中心等。

（5）混合式　这种方式是根据建筑物内的用户性质及分区的特点，综合利用以上各种配线方式的特点而采用的混合配线方式，因而适用场合较多，尤其适用于规模较大的公共建筑。

5. 现代电话通信网室内设备的安装

电话通信设备安装时，有关技术措施要符合国家和邮电部门颁布的标准、规范、规程，并接受邮电部门的监督指导。

建筑物内的分线箱（盒）多在墙壁上安装。可分为明装和暗装两种。分线箱是内部仅有端子板的壁龛。明装时分线箱用木钉安装在墙壁表面的木板上，装设应牢固周正，木板上应至少用 3 个膨胀螺栓固定在墙上，木板四周超出分线箱盒各边 2cm，分线箱底部一般高于地面 2.5m。暗装时电缆分线箱、电缆接头箱和过路箱等统称为壁龛，是埋置在墙内的长方体形的箱子，以供电话电缆在上升管路及楼层管路内分支、接续、安装分线端子板用。

壁龛的大小由上升电缆和分支电缆进出的条数、外径和电缆的容量、端子板的大小和尾巴电缆的情况（如有无气闭接头等）决定。如采用铁质壁龛，要事先在预留壁龛中穿放电缆和导线的孔，还需要按照布置线路在壁龛内安装固定电缆、导线的卡子。如采用木质壁龛，木板材要坚实，厚度为 2~2.5cm，且内部和外面均应涂防腐漆，以防腐蚀。壁龛的底部一般离地 500~1000mm 处为合适。

交接箱的安装可分为架空式和落地式两种，主要安装在建筑物外。

电话机一般不直接与线路接在一起，而是通过接线盒与电话线路连接，主要是为了检修、维护和更换电话机方便。室内线路明敷时，采用有 4 个接头，即 2 根进线和 2 根出线的明装接线盒，明装接线盒很简单。电话机两条引线无极性区别，可以任意连接。

室内采用线路暗敷，电话机接至墙壁式出线盒上，这种接线盒有的需将电话机引线接入盒内接线柱上，有的则用插头插座连接。墙壁出线盒的安装高度一般距地 30cm，根据用户需要也可装于距地 1.3m 处，这个位置适用于安装墙壁电话机。

课题 2 ▶ 建筑电气设备的构成及施工

一、低压控制设备

1. 刀开关

刀开关主要用在低压成套配电装置中，用于不频繁地手动接通和分断容量不大的交直流电路，有时也用作电源隔离开关。刀开关可分为低压刀开关、胶盖刀开关、刀形转换开关、铁壳开关、熔断式刀开关、组合开关等。

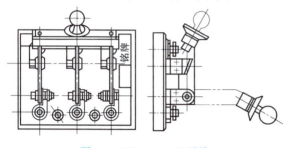

图 6-7　HD11-400 刀开关

刀开关的额定电压应等于或大于电路额定电压。其额定电流应等于（在开启和通风良好的场合）或稍大于（在封闭的开关柜内或散热条件较差的工作场合，一般选 1.15 倍）电路工作电流。在开关柜内使用还应考虑操作方式，如杠杆操作机构、旋转式操作机构等。当用刀开关控制电动机时，其额定电流要大于电动机额定电流的 3 倍。

（1）低压刀开关　其基本组成部分是闸刀（动触头）、刀座（静触头）和底板，结构如图 6-7 所示。

低压刀开关型号含义如下：

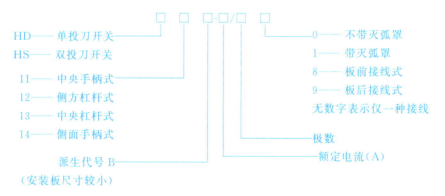

低压刀开关主要用于 380V、50Hz 交流电路中进行隔离电源或电流转换。其中 HS 系列主要用于转换电源，即当一路电源不能供电，需要另一路电源供电时就由它来进行转换，当转换开关处于中间位置时，可以起隔离作用。

（2）胶盖刀开关　又称开启式负荷开关。闸刀装在瓷质底板上，每相附有熔断器、接线柱，用胶木罩壳盖住闸刀，以防止切断电源时电弧烧伤操作者。胶盖刀开关结构如图 6-8 所示。

胶盖刀开关的型号含义如下：

胶盖刀开关价格便宜、使用方便，在建筑中广泛使用。三相胶盖刀开关在小电流配电系统中用来接通和切断电路，也可用于小容量三相异步电动机的全压启动操作，单相双极刀开关用在照明电路或其他单相电路上，其中熔断器起短路保护作用。

（3）铁壳开关　主要由刀开关、熔断器和铁制外壳组成，又称封闭式负荷开关。在刀闸断开处有灭弧罩，由于在手柄操作机构增加了弹簧储能结构，因此，断开速度比胶盖刀开关快、灭弧能力强，分断能力优于胶盖刀开关，并具有短路保护。它适用于各种配电设备，用于频繁手动接通和分断负荷电路，包括用作感应电动机的不频繁启动和分断。铁壳开关的型号主要有 HH3、HH4、HH12 等系列，铁壳开关结构如图 6-9 所示。

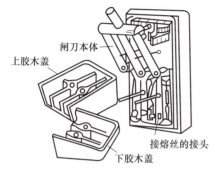

图 6-8　胶盖刀开关

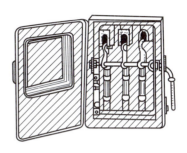

图 6-9　铁壳开关结构

（4）熔断式刀开关　也称刀熔开关，是以熔断体或带有熔断体的载熔件作为动触点的一种隔离开关。其结构紧凑，可代替分列的刀开关和熔断器，通常装于开关柜及电力配电箱内，常用型号有 HR3、HR5、HR6、HR11 系列，主要用于额定电压 AC 380V（50Hz）、额定发热电流至 630A 的具有高短路电流的配电电路和电动机电路中，作为电源开关、隔离开关、应急开关，并作为电路保护用，但一般不直接控制单台电动机。

（5）组合开关　是一种刀开关，又称转换开关，其刀片（动触片）是转动式的，比刀开关轻巧而且组合性强，能组成各种不同的线路。可用来接通或分断电路，切换电源或负载，测量三相电压，控制小容量电动机正、反转等，但不能用作频繁操作的手动开关，主要型号有 HZ10 系列等。

除上述所介绍的各种形式的手动开关外，近几年来国内已有厂家从国外引进技术，生产出较为先进的新型隔离开关，如 PK 系列可拼装式隔离开关和 PG 系列熔断器多极开关。新型隔离开关的外壳采用陶瓷等材料制成，耐高温、抗老化、绝缘性能好。该产品体积小、质量轻，可采用导轨进行拼装，电寿命和机械寿命都较长。它可代替前述的小型刀开关，广泛用于工矿企业、民用建筑等场所的低压配电电路和控制电路中。

2. 低压断路器

低压断路器又称自动空气开关。适用于不频繁地接通和切断电路或启动、停止电动机，并能在电路发生过负荷、短路和欠电压等情况下自动切断电路，它是低压交、直流配电系统中重要的控制和保护电器。断路器主要由触头系统、灭弧系统、脱扣器和操作机构等部分组成。其操作机构比较复杂，主触头的通断可以手动，也可以电动。断路器的结构原理如图 6-10 所示。

当手动合闸后，跳钩 2 和锁扣 3 扣住，开关的触头闭合，当电路出现短路故障时，过电流脱扣器 6 中线圈的电流会增加许多倍，其上部的衔铁逆时针方向转动推动锁扣向上，使其跳钩 2 脱钩，在弹簧弹力的作用下，开关自动打开，断开线路；当线路过负荷时，热元件 8

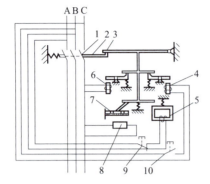

图 6-10　断路器的结构原理图
1—触头；2—跳钩；3—锁扣；4—分励脱扣器；
5—欠电压脱扣器；6—过电流脱扣器；
7—双金属片；8—热元件；
9—常闭按钮；10—常开按钮

的发热量会增加，使双金属片向上弯曲程度加大，托起锁扣 3，最终使开关跳闸；当线路电压不足时，欠电压脱扣器 5 中线圈的电流会下降，铁芯的电磁力下降，不能克服衔铁上弹簧的弹力，使衔铁上跳，锁扣 3 上跳，与跳钩 2 脱离，致使开关打开。按钮 9 和 10 起分励脱扣作用，当按下按钮时，开关的动作过程与电路失压时是相同的；按下按钮 10 时，使分励脱扣器线圈通电，最终使开关打开。

（1）万能式断路器　一般具有一个有绝缘衬垫的钢制框架，所有部件均安装在这个框架内，所以又称为框架式断路器。万能式断路器的容量较大（1000A～4000A），同时具有瞬时、短延时和长延时动作的电流保护特性，主要用于低压配电网主干线的开关和保护。万能式断路器大多采用电动机构传动。极限通断能力较高的万能式断路器还采用储能操作机构以提高通断速度。

（2）塑料外壳式断路器　其外壳采用聚酯绝缘材料模压而成，所有部件均装在这个封闭型外壳中。塑料外壳式断路器一般只有瞬时和长延时的保护特性，主要用于低压配电开关柜（箱）中，用作配电线路、电动机、照明电路及电热器等设备的电源控制开关及保护。在正常情况下，断路器可分别作为线路的不频繁投切及电动机的不频繁启动之用。

（3）模数化小型断路器　属于配电网的终端电器，是组成终端组合电器的主要部件之一。终端电器是指装于线路末端的电器，对有关系统和用电设备进行分合控制和保护。其结构上具有外形尺寸模数化（9mm 的倍数）和安装导轨化的特点，安装在标准的 35mm×15mm 电器安装轨上，利用断路器后面的安装槽及带弹簧的夹紧卡子定位，拆卸方便。

模数化小型断路器一般也只有瞬时和长延时保护特性，主要用于线路和交流电动机等的电源控制开关及过载、短路等保护，广泛应用于工矿企业、建筑及家庭等场所。

（4）智能化低压断路器　是采用以微处理器或单片机为核心的智能控制器（智能脱扣器），它不仅具备普通断路器的各种保护功能，同时还具备实时显示电路中的各种电气参数（电流、电压、功率、功率因数等），对电路进行在线监视、自选调节、测量、试验、自诊断、可通信等功能；能够对各种保护功能的动作参数进行显示、设定和修改；保护电路动作时的故障参数能够存储在非易失存储器中。

二、低压保护设备

（一）低压熔断器

低压熔断器是用来进行短路保护的器件，当通过熔断器的电流大于一定的值（通常为熔断器的熔断电流）时，能依靠自身产生的热量使特制的金属（熔体）熔化而自动分断电路。

1. 常用的低压熔断器

（1）RC1A 系列瓷插式熔断器　其结构如图 6-11 所示，它主要由瓷座、静触头、动触头、熔丝（熔体）及瓷盖组成。

RC1A 系列瓷插式熔断器具有结构简单、价格便宜、更换方便等优点，因而广泛应用于

500V 以下的电路中，对照明设备、小容量电动机以及家用电器进行过载和短路保护。

（2）RL1 系列螺旋式熔断器　其结构如图 6-12 所示，它主要由瓷帽、熔断管、瓷套、上接线端、下接线端及底座等部分组成。

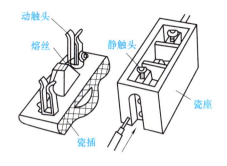

图 6-11　RC1A 系列瓷插式熔断器结构

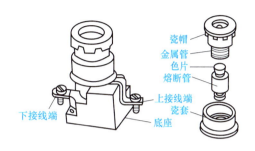

图 6-12　RL1 系列螺旋式熔断器

熔断器熔断管内装有一根或数根熔丝，并填充石英砂，作为熄灭电弧用。管盖上有一色片，当熔丝熔断时，色片被弹落，提示需要更换熔丝管。在装接时，用电设备的连接线接到连接金属螺纹壳的上接线端，电源线接到瓷底座上的下接线端，这样在更换熔丝时，旋出瓷帽后螺纹壳上不会带电，保证安全。

RL1 系列螺旋式熔断器具有断流能力大、体积小、重量轻、安装面积小、更换熔管方便、运行安全可靠、熔体熔断后有指示、价格低等优点，因而广泛应用于 500V 以下的电路中，用作线路、照明设备、小容量电动机的过载和短路保护。

（3）RM 系列无填料封闭管式熔断器　其构造简单，如图 6-13 所示。它用耐高温的密封保护管，内装熔丝或熔片，当熔丝熔断时，电弧的高温使纤维管内壁分解大量的气体，密封的熔管内压力骤增，电弧与气体及管内壁发生强烈的复合冷却，在电路中出现冲击电流之前电弧就熄灭。这种熔断器常用在容量较大的负载上进行短路保护和连续过载保护。

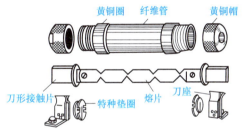

图 6-13　RM 系列无填料封闭管式熔断器

（4）RT0 系列有填料封闭管式熔断器　其结构如图 6-14 所示。熔管采用高频陶瓷制成，熔体是两片网状紫铜片，中间用低熔点的锡桥连接，围成筒形置入瓷管中。熔管内填满石英砂，在切断电流时起迅速灭弧作用。熔丝指示器和螺旋式熔断器中的指示器相似，色片消失表示熔体已熔断。RT0 系列熔断器的主要优点是：极限断流能力大，保护特性稳定，运行安全可靠，但熔体一般不能更换。因此，多用于短路电流较大的交、直流低压网络和配电装置中。

（5）快速熔断器　其结构和 RT0 系列相似，不同之处是它的熔体是用纯银制造的，切断短路电流的速度更快，限流作用更好，常用于电力电子器件的保护。

（6）自复式熔断器　是一种采用气体、超导材料或液态金属钠等作为熔体的一种限流元件，分为限流型和复合型两种。限流型本身不能分断电路，而是与断路器串联使用限制短路电流，从而提高断路器分断能力。复合型熔断器具有限流和分断电路两种功能。

采用液态金属钠等作为熔体的自复式熔断器的结构原理如图 6-15 所示。在常温下具有高导电率，在故障电流作用下，其中的局部液态金属钠受高温迅速气化而蒸发，形成约 400MPa 气压的等离子状态，呈现高阻态，从而限制了短路电流。当故障消失后温度下降，金属钠蒸气冷却并凝结，又恢复至原来的导电状态，熔体所在电路恢复，又为重新动作做好准备。

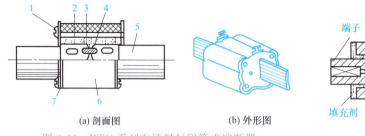
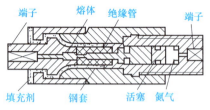

图 6-14 RTO 系列有填料封闭管式熔断器
1—指示器；2—熔丝指示器；3—石英砂；
4—熔体；5—闸刀；6—瓷管；7—盖板

图 6-15 自复式熔断器

2. 熔断器熔丝的选择

（1）对于照明等冲击电流很小的负载，熔体的额定电流 I_{RN} 等于或稍大于电路的实际工作电流 I，即 $I_{RN} \geqslant I$ 或 $I_{RN} = (1.1 \sim 1.5)I$。

（2）对于启动电流较大的负载，如电动机，熔体的额定电流 I_{RN} 等于或稍大于电路的实际工作电流 I 的 1.5～2.5 倍，即 $I_{RN} \geqslant (1.5 \sim 2.5)I$。

选择多台电动机的供电干线总保险可以按下式计算：

$$I_{RN} = (1.5 \sim 2.5)I_{MN} + \sum I_{N(n-1)}$$

式中 I_{MN}——设备中最大的一台电动机的额定电流；

$I_{N(n-1)}$——设备中除了最大的一台电动机以外的其他电动机的额定电流。

（二）漏电保护断路器

漏电保护断路器又称漏电保护开关。当回路中有电流泄漏且达到一定值时，漏电保护断路器就可以快速自动切断电源，以避免触电事故的发生或因泄漏电流造成火灾事故的发生。

1. 漏电保护断路器的分类

漏电保护断路器种类较多，按动作原理可以分为电压型、电流型和脉冲型三种，按结构可以分为电磁式和电子式的两种。电磁式漏电保护器是由零序电流互感器、漏电脱扣器、主开关等元件组成。电磁式漏电保护器是由零序电流互感器检测线路中的零序电流，由此产生的电磁场来削弱永久磁铁的磁场，使储能弹簧将衔铁释放，脱扣器动作，开关跳闸，切除故障线路。电子式漏电保护断路器主要由检测元件、电子放大电路、执行元件以及试验电路等几部分组成。电子式漏电保护器是利用零序电流互感器次级绕组电压，经电子放大，产生足够的功率使开关跳闸。

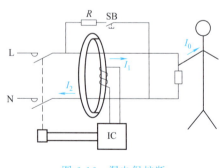

图 6-16 漏电保护断路器工作原理

2. 漏电保护断路器的工作原理

在负载正常工作的时候，相线电流 I_1 和中性线电流 I_2 相等，漏电流 I_0 为零，电流感应器中无感应电流，保护器不动作，见图 6-16。当设备绝缘损坏或发生人身触电时，则有漏电流 I_0 存在。此时，相线和中性线的电流不相等，经过高灵敏零序电流互感器检出，并感应出电压信号，经过放大器 IC 放大后，送至脱扣器，脱扣器动作，切断电源。试验按钮 SB 用于检验漏电保护断路器的可靠性。

三、三相电力变压器

1. 变压器的作用

变压器是输配电系统中不可缺少的重要设备之一，当输送功率和负载功率因数一定时，输送电压越高，则线路电流越小，不仅可以减少输电导线的截面积，节省金属材料，而且还能减少线路上的功率损耗和电压损失。三相电力变压器是建筑供电系统的重要电源设备，它的主要作用是将高压电能变换为低压电能向建筑物供电。

2. 变压器的结构

变压器结构如图 6-17 所示。变压器由铁芯、绕组、冷却装置、绝缘套管等组成，铁芯和绕组是变压器的主体。铁芯是变压器的磁路部分，由硅钢片叠压而成。绕组是变压器的电路部分，用绝缘铜线或铝线绕制而成。变压器运行时自身损耗转化为热量使绕组和铁芯发热，温度过高会损伤或烧坏绝缘材料，因此变压器运行需要有冷却装置。绝缘套管可固定引出线并使之与油箱绝缘。绝缘套管一般是瓷质的，其结构主要取决于电压等级。此外，变压器还装有气体继电器、防爆管、分接开关、放油阀等附件。

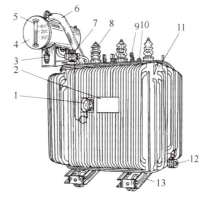

图 6-17 油浸式电力变压器
1—信号式温度计；2—铭牌；3—吸湿器；4—储油柜；5—油表；6—安全气道；7—气体继电器；8—高压套管；9—低压套管；10—分接开关；11—油箱；12—放油阀；13—小车

3. 三相电力变压器的种类

（1）油浸式变压器　其铁芯和绕组均浸入灌满了变压器油的油箱中，具有绝缘电压高、性能稳定、成本低等特点，在电力系统中广泛应用。但因为变压器油是可燃性的，所以只能在独立式变电所和厂房附设式变电所中选用，在高层民用建筑内严禁使用。硅油变压器在采取消防措施后，可以进入大楼。

油浸式变压器按其冷却方式又可分为油浸自冷式、油浸风冷式和强迫油循环等。一般独立式变电所内的变压器采用自然风冷，即变压器室墙、门上开足够的进风窗和出风窗，通过热空气自然上升的原理使变压器冷却。强迫风冷主要用于进风窗和出风窗面积不够或变压器增容情况。

（2）干式变压器　环氧树脂浇铸干式变压器（简称干变）的主要特点是耐热等级高、可靠性高、安全性好、无爆炸危险、体积小、重量轻，因此在国内高层建筑中，10kV 电压等级的变压器普遍采用干式变压器。干式变压器采用风机冷却。

（3）气体绝缘介质变压器　主要是 SF_6 变压器。SF_6 气体是一种惰性气体，它作为绝缘介质具有不燃、无毒、无臭、优越的耐电弧性、很高的绝缘性能等优点。

（4）电力电子配电变压器　又称固态变压器，是采用电力电子变流技术的新型配电变压器。与传统变压器相比较，它可以使电网与用户隔离，既能消除来自电网侧的电压波动、电压波形失真以及电网频率的波动,也可以消除由用户端所产生的无功、谐波、瞬时短路对供电电网的影响,同时避免了由于铁芯磁饱和而造成系统中电压、电流的波形畸变,从而改善了供电质量。

4. 变压器的铭牌

变压器的铭牌是指其外壳上都有的一块刻有变压器型号和主要技术数据的黑底白字金属牌。

(1) 变压器的型号　用来表示设备的特征和性能,一般由两部分组成:前一部分用汉语拼音字母表示变压器的类型和特点;后一部分由数字组成,斜线左方数字表示额定容量(kV·A),斜线右方数字表示高压侧额定电压(kV)。型号含义如下:

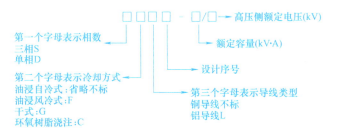

例如:S9-315/10 表示三相油浸自冷式铜绕组变压器,设计序号为9,额定容量为315kV·A,高压侧额定电压为10kV。

电力变压器的主要类型除 S9 外,还有 S6、S7、SL7、SF7 等。

(2) 变压器的主要技术数据

① 一次额定电压:根据变压器的绝缘强度和允许发热程度而规定的原边应加的正常工作电压。

② 额定电流:指一次额定电流和二次额定电流是根据变压器允许发热程度而规定的一次与二次中长期容许通过的最大电流值。

③ 额定容量:指变压器在额定工作条件下的输出能力,即视在功率,单位为千伏安(kV·A)。

④ 额定频率:指变压器运行时允许的外加电源频率。我国电力变压器的额定频率为50Hz。

⑤ 温升:指变压器额定运行时,允许内部温度超过周围标准环境温度的数值。

⑥ 变压器的效率:指变压器输出有功功率 P_2 与输入有功功率 P_1 之比,一般用百分数表示。变压器效率与内部损耗密切相关。变压器的内部损耗包括铜耗和铁耗。铜耗 P_{Cu} 是电流流过一次、二次绕组时在绕组电阻上消耗的电功率。铁耗 P_{Fe} 主要取决于电源频率和铁芯中的磁通量。变压器运行时,内部损耗转换成热能,使绕组和铁芯发热。

5. 变压器安装注意事项

(1) 安装前建筑工程应具备的条件

① 门窗、玻璃安装完毕,室内涂料作业完毕且屋顶无漏水。采取适当保护措施,防止土建施工造成设备污染或损坏。

② 土建施工基本完毕,标高、尺寸符号要求。

③ 预埋件的尺寸、结构、位置以及焊接件的强度符合要求。

④ 安装单位应配合土建,将变压器轨道安装完毕并符合设计要求。

⑤ 清理作业场地杂物,保证作业空间足够。

⑥ 干式变压器安装前必须保证室内无灰尘，相对湿度一般保持在70%以下。

(2) 成品保护

① 已安装就位的变压器高、低压瓷套管及环氧树脂件，应避免被砸或被碰撞，防止器件损伤或位置变动。

② 保持变压器器身清洁，油漆面完好。应特别注意防止铁件等异物掉入干式变压器的线圈内。

③ 在变压器上方作业或进行电气焊时，操作人员不得蹬踩变压器，并带上工具袋，防止材料和工具落下。焊接时，应对变压器进行有效遮盖，避免焊渣落下，损伤设备。

④ 保护安装好的电气管线及其支架，避免损坏电器元件和仪表，不得随意拆卸设备部件。

⑤ 变压器室门应加锁，未经施工单位许可，非工作人员不得入内。

(3) 安全环保措施

① 进行干燥作业和过滤绝缘油时，应谨慎作业，并备好消防器材，防止变压器芯部绝缘物、绝缘油和滤油纸着火。

② 变压器施工时固体废弃物应统一回收到规定的地点存放清运。

③ 废变压器油应进行回收，防止造成土壤和水体污染。

④ 变压器搬运时应有电工配合，使用汽车运输时，应将设备用钢丝绳固定，注意在施工场地内车速不能过快，保持行车平稳，并防止粉尘飞扬。

四、配电线路导线

1. 常用导电材料

导电材料的主要用途是输送和传导电流，有时也用来产生热、光及化学反应。

对导电材料的基本要求是电阻低、熔点高、力学性能好、电阻温度系数小、相对密度小。建筑配电系统中常用的导电材料主要以铜、铝、钢为主，铜的导电性能优于铝和钢。为减少配电线路中电能传输时引起的线路损耗，减少导线阻抗，以铜为导电材料的使用量大于铝和钢。常用导电材料性能特点及用途见表 6-2。

表 6-2　常用导电材料性能特点及用途

材料名称	性能特点	主要用途
铜	铜电阻率小，延展性强，耐蚀。铜材可分为硬铜和软铜。硬铜经冷态延拉而成，机械强度高；软铜由硬铜通过450～600℃退火而成，韧性较好	硬铜常用作架空电力线、电车滑触线、配电装置的母线、电动机换向器片等；软铜常用作电线电缆的线芯
铝	铝导电性能仅次于铜，机械强度为铜的一半，耐蚀性较铜差，延展性好，易加工，资源丰富。铝的长期工作温度不宜超过 90℃，短期工作温度不宜超过 120℃	铝价格较铜低，资源丰富，因此对无特殊要求的场所，应优先采用铝作为导电材料。铝可用作电线电缆线芯、母线及电缆保护层等
钢	钢是铁碳合金的一种，其含碳量小于 2%，机械强度高，但导电性能低于铜和铝，不耐蚀，在潮湿和热环境下极易氧化生锈	钢常用于小功率架空电力线和接地装置中的接地线，也用于制作钢芯铝绞线

下列情况下，应采用铜芯线缆。

(1) 特等建筑，如具有重大纪念、历史或意义的各类建筑。

(2) 重要的公共建筑和居住建筑。

（3）重要的资料室（如档案室、书库等）、重要库房、银行金库等。

（4）大型商场、车站、码头、航空港、影剧院、体育馆等人员聚集较多的场所。

（5）连接与移动设备或敷设于剧烈振动的场所。

（6）特别潮湿场所和对铝材有严重腐蚀的线路。

（7）应急系统及包括消防设施的线路。

（8）有特殊规定的其他易燃、易爆的措施。

2. 常用导线

导线又称为电线，常用导线可分为绝缘导线和裸导线。导线线芯要求导电性能好、机械强度大、质地均匀、表面光滑、无裂纹、耐蚀性好。导线的绝缘层要求绝缘性能好，质地柔韧且具有一定的机械强度，能耐酸、碱、油、臭氧的侵蚀。

（1）裸导线 只有导体部分，没有绝缘层和保护层。裸导线主要由铝、铜、钢等制成。裸导线按股数可分为裸单线（单股线）和裸绞线（多股绞合线）两种，按材料分为铝绞线、钢芯铝绞线、铜绞线；按线芯的性能可分为硬裸导线和软裸导线。硬裸导线主要用于高、低压架空电力线路输送电能；软裸导线主要用于电气装置的接线、元件的接线及接地线等。裸导线文字符号标注中铜用字母"T"表示；铝用字母"L"表示；钢用字母"G"表示。导线的截面积用数字表示。如 LJ-35 表示截面积为 35mm^2 的硬铝绞线。LGJ-70 表示截面积为 70mm^2 的钢芯铝绞线。常用裸导线型号、特点及用途见表 6-3。

表 6-3 常用裸导线型号、特点及用途

名称	型号	特点	用途	名称	型号	特点	用途
硬圆铜线	TY	硬线抗拉强度大，软线延伸率高，半硬线介于两者之间。导电性能、力学性能良好，钢芯铝绞线拉断力大，钢绞线柔软	硬线主要用作架空导线，软线、半硬线主要用作电线、电缆、电磁线的线芯，也用于电气产品高、低压架空电力电路，铜软绞线引出线、接地线及电子元器件线引出线	硬扁铜线	TBY	铜、铝扁线和母线的机械特性和圆线相同，扁线、母线的结构形状均为矩形	铜、铝扁线主要用于制造电机、电器的线圈。铝母排主要用作汇流排
软圆铜线	TR			软扁铜线	TBR		
硬圆铝线	LY			硬扁铝线	LBY		
软圆铝线	LR			半硬扁铝线	LBBY		
铝镁硅系合金圆线	LHA LHB			软扁铝线	LBR		
				硬铝母线	LMY		
				软铝母线	LMR		
扬声器音圈接线	TZ-4 TZX-4 TZ-4-1			铜电刷线	TS TSX TSR TSXR	柔软，耐振动、耐弯曲	用于电刷连接线
铝绞线	LJ						
钢芯铝绞线	LGJ			软铜编织线	TZ	柔软	用作汽车、拖拉机蓄电池连接线
铜绞线	TJ						

（2）绝缘导线 是在裸导线外层包有绝缘材料的导线。绝缘导线按线芯材料分为铜芯和铝芯；按结构分为单芯、双芯、多芯等；按线芯股数分为单股和多股；按绝缘材料分为橡胶绝缘导线和塑料绝缘导线两类。橡胶绝缘导线是在单股或多股裸导线外包一层橡胶，或再敷一层棉纱或玻璃丝编织层作为保护层，并经过防潮处理，一般用于室内敷设。塑料绝缘导线用聚氯乙烯作为绝缘包层，具有耐油、耐酸、耐蚀、防潮、防霉等特点，工程中主要用于室内照明线路。绝缘导线文字符号含义见表 6-4。常用绝缘导线型号及适用场所见表 6-5。

表 6-4　绝缘导线文字符号含义

性能		分类代号或用途		线芯材料		绝缘		护套		派生	
符号	意义	符号	意义	符号	意义	符号	意义	符号	意义	符号	意义
ZR NH	阻燃 耐火	A B Y T HR HP	安装线 布电线 移动电器线 天线 电话软线 电话配线	T L	铜 铝	V F Y X F ST	聚氯乙烯 氟塑料 聚乙烯 橡胶 氯丁橡胶 天然丝	V H B N SK L	聚氯乙烯 橡套 编织套 尼龙套 尼龙丝 腊克	P R S B D P_1	屏蔽 软 双绞 平行 带行 缠绕屏蔽

表 6-5　常用绝缘导线型号及适用场所

名　称	型　号	适 用 场 所
铜芯塑料线 铝芯塑料线	BV BLV	用于交流 500V 及以下,直流 1000V 及以下电气设备和照明装置的连接
阻燃铜芯塑料线 耐火铜芯塑料线	ZR-BV NH-BV	用于交流 500V 及以下,直流 1000V 及以下室内较重要措施固定敷设
铜芯塑料软线 铝芯塑料软线	BVR BLVR	用于交流 500V 及以下,要求电线较柔软的场所固定敷设
铜芯塑料护套线 铝芯塑料护套线	BVV BLVV	用于交流 500V 及以下,直流 1000V 及以下室内固定敷设
铜芯平行塑料连接软线 铜芯双绞塑料连接软线 铜芯塑料连接线软线	RVB RVS RV	用于交流 250V,室内连接小型电器,移动或半移动敷设时使用
铜芯橡胶线 铝芯橡胶线	BX BLX	用于交流 500V 及以下,直流 1000V 及以下的户内外架空、明设、穿管固定敷设的照明及电气设备电路
铜芯橡胶软线	BXR	用于交流 500V 及以下,直流 1000V 及以下电气设备及照明装置,要求电线比较柔软的室内安装
铜芯橡胶氯丁橡胶线	BXF	用于交流 500V 及以下,直流 1000V 及以下的户内外架空、明设、穿管固定敷设的照明及电气设备电路(尤其适用于室外)

注：如 ZR-BV-4 表示导线截面为 $4mm^2$ 的阻燃铜芯塑料线,BLVV-10 表示导线截面为 $10mm^2$ 的铝芯塑料护套线。

3. 常用电缆

电缆是一种多芯导线,即在一个绝缘软套内裹有多根相互绝缘的线芯。电缆线路与一般线路比较,一次性成本较高,维修困难,但绝缘能力、力学性能好,运行可靠,不易受外界影响。电缆的种类较多,按用途可分为电力电缆、控制电缆、通信电缆、其他电缆;按导线材质可分为铜芯电缆、铝芯电缆;按绝缘材料可分为橡胶绝缘、油浸纸绝缘、塑料绝缘;按芯数可分为单芯、双芯、三芯、四芯及多芯电缆。不论何种电缆其基本结构均由缆芯、绝缘层、保护层三部分组成。电缆型号的组成和含义见表 6-6。

表 6-6　电缆型号的组成和含义

性 能	类 别	电缆种类	线芯材料	内护层	其他特征	外护层	
						第一个数字	第二个数字
ZR—阻燃 NH—耐火	电力电缆不表示 K—控制电缆 Y—移动式软电缆 P—信号电缆 H—室内电话电缆	Z—纸绝缘 X—橡胶 V—聚氯乙烯 Y—聚乙烯 YJ—交联聚乙烯	F—铜(省略) L—铝	Q—铅护套 L—铝护套 H—橡套 (H)F—非燃性橡套 V—聚氯乙烯护套 Y—聚乙烯护套	D—不滴流 F—分相铝包 P—屏蔽 C—重型	2—双钢带 3—细圆钢丝 4—粗圆钢丝	1—纤维护套 2—聚氯乙烯护套 3—聚乙烯护套

（1）电力电缆 是用来输送和分配大功率电能的导线。通常采用导电性能良好的铜、铝作为缆芯；绝缘层用高绝缘的材料保证芯线之间绝缘，要求绝缘性能良好，有一定耐热性能；保护层用于保护绝缘层和缆芯，分为内护层和外护层两部分，内护层用于保护绝缘层不受潮气侵入并防止电缆浸渍剂外流，外保护层用来保护内保护层不受外力机械损伤和化学腐蚀；电缆外护层具有"三耐"和"五防"功能。"三耐"是指耐寒、耐热、耐油；"五防"是指防潮、防雷、防蚁、防鼠、防蚀。根据需要，电力电缆又设有铠装和无铠装电缆，无铠装电缆适用于室内、电缆沟内、电缆桥架内和穿管敷设，但不可承受压力和拉力。钢带铠装电缆适用于直埋敷设，能承受一定的正压力，但不能承受拉力。电力电缆剖面图如图6-18所示。

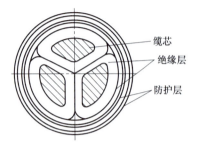

图6-18 电力电缆剖面

常用的电力电缆如下。

① 油浸纸绝缘电力电缆。这种电缆耐压强度高、耐热性能好、介质损耗低、使用寿命长，但它的制造工艺复杂，敷设时弯曲半径大，低温敷设时，需预先加热，施工困难，且电缆两端水平差不宜过大，民用建筑内配电不宜采用。

② 聚氯乙烯电力电缆。该电缆制造工艺简单，没有敷设高差限制，重量轻，弯曲性能好，敷设、连接及维护都比较方便，耐蚀性能好，不延燃，价格便宜，在民用建筑低压电气配电系统中得到广泛应用。

③ 橡胶绝缘电力电缆。此类电缆弯曲性能好，耐寒能力强，尤其适用于水平高差大和垂直敷设的场合，但其允许运行温度低，耐压及耐油性能差，价格较贵，一般室内配电使用不多。

④ 交联聚乙烯、绝缘聚乙烯护套电力电缆。该电缆绝缘性能强，工作电压可达35kV。耐热性能好，工作温度可达80℃，耐蚀、重量轻，载流量大，但价格较贵，且有延燃性，适用于电缆两端水平高差较大的场合。

⑤ 矿物绝缘电缆。矿物绝缘电缆简称MI电缆，国内习惯称为氧化镁电缆或防火电缆，它是由矿物材料氧化镁粉作为绝缘的铜芯铜护套电缆，矿物绝缘电缆由铜导体、氧化镁、铜护套组成。该电缆绝缘性能强，载流量大，防火、防水、防爆性好，寿命长、无卤无毒；耐过载，铜护套可以作接地线。矿物绝缘电缆广泛应用于高层建筑、石油化工、机场、隧道、船舶、海上石油平台、航空航天、钢铁冶金、购物中心、停车场等场合。

在实际建筑工程中，选择电力电缆时，一般优先考虑交联聚乙烯电缆，其次用不滴流纸绝缘电缆，最后考虑普通油浸纸绝缘电缆。常用电力电缆的型号及用途见表6-7。

表6-7 常用电力电缆的型号及用途

型 号		名 称	用 途
铜芯	铝芯		
VV	VLV	聚氯乙烯绝缘聚氯乙烯护套电力电缆	敷设在室内、沟道中及管子内，耐腐蚀、不延燃，但不能承受机械外力
VY	VLY	聚氯乙烯绝缘聚乙烯护套电力电缆	
VV22	VLV22	聚氯乙烯绝缘钢带铠装聚氯乙烯护套电力电缆	敷设在室内、沟道中、管子内及土壤中，耐蚀、不延燃，能承受一定机械外力，但不承受压力
VV23	VLV23	聚氯乙烯绝缘细钢带铠装聚氯乙烯护套电力电缆	
VV32	VLV32	聚氯乙烯绝缘细钢带铠装聚氯乙烯护套电力电缆	可用于垂直及高落差处，敷设在水下或土壤中耐蚀、不延燃，能承受一定机械压力和拉力
VV33	VLV33	聚氯乙烯绝缘细钢带铠装聚氯乙烯护套电力电缆	

续表

型　号		名　称	用　途
铜芯	铝芯		
YJV	YJLV	交联聚氯乙烯绝缘聚氯乙烯护套电力电缆	敷设于室内、隧道、电缆沟及管道中,也可埋在松散的土壤中,不能承受机械外力,但可承受一定敷设牵引力
YJY	YJLY	交联聚氯乙烯绝缘聚乙烯护套电力电缆	
YJV22	YJLV22	交联聚氯乙烯绝缘聚钢带铠装聚氯乙烯护套电力电缆	适用于室内、隧道、电缆沟及地下直埋敷设,能承受机械外力,但不能承受大的拉力
YJV23	YJLV23	交联聚氯乙烯绝缘聚钢带铠装聚乙烯护套电力电缆	

完整的电缆表示方法是型号、芯数×截面、工作电压、长度。如 VV22-4×70+1×25 表示 4 根截面为 70mm^2 和 1 根截面为 25mm^2 的铜芯聚氯乙烯绝缘钢带铠装聚氯乙烯护套电力电缆；VV22-3×50-10-500，即表示聚氯乙烯绝缘细钢带铠装聚氯乙烯护套电力电缆，3 芯 50mm^2 电力电缆，工作电压为 10kV，电缆长度为 500m。

（2）控制电缆　用于配电装置、继电保护和自动控制回路中作为控制、测量、信号、保护回路中传送控制电流、连接电气仪表及电气元件用。它是一种低压电缆，其构造与电力电缆相似，一般运行电压为交流 380V、220V；直流 48V、110V、220V。芯数为几芯到几十芯不等，截面为 1.5～10mm^2，多采用铜导体。

4. 常用母排

母排即矩形母线（又称汇流排），是大截面载流导体，用来汇集和分配电流，按材质可分为铜母线、铝母线、钢母线和母线槽。按其软硬程度可分为硬母线和软母线，软母线用在 35kV 及以上的高压配电装置中，硬母线用在工厂高、低压配电装置中。为防止母线被腐蚀和便于识别相序，母线安装后应按表 6-8 涂色或做色别标记。

表 6-8　母线涂色

母线类别	L1	L2	L3	正极	负极	中线	接地线
涂漆颜色	黄	绿	红	褐	蓝	紫	紫底黑条

注：铜、铝母线的型号由字母和表示规格的数字组成，第一个字母表示材质，T—铜，L—铝；第二个字母 M—母线；第三个字母 Y—硬母线，R—软母线，如 TMY 表示硬铜母线，LMR 表示软铝母线。

5. 电气工程常用材料进场验收

电气工程主要材料、成品和半成品应进场验收合格，并应做好验收记录和验收资料归档。当设计有技术参数要求时，应核对其技术参数，并应符合设计要求。

实行生产许可证或强制性认证（CCC 认证）的产品，应有许可证编号或 CCC 认证标志，并应抽查生产许可证或 CCC 认证证书的认证范围、有效性及真实性。

新型电气器具和材料进场验收时应提供安装、使用、维修和试验要求等技术文件。

进口电气器具和材料进场验收时应提供质量合格证明文件，性能检测报告以及安装、使用、维修、试验要求和说明等技术文件；对有商检规定要求的进口电气设备，尚应提供商检证明。

当主要材料、成品和半成品的进场验收需进行现场抽样检测或因有异议送有资质试验室抽样检测时，应符合下列规定：

（1）现场抽样检测：对于母线槽、导管、绝缘导线、电缆等，同厂家、同批次、同型号、同规格的，每批至少应抽取 1 个样本；对于灯具、插座、开关等电器设备，同厂家、同材质、同类型的，应各抽检 3%，自带蓄电池的灯具应按 5% 抽检，且均不应少于

1个（套）。

（2）因有异议送有资质的试验室而抽样检测：对于母线槽、绝缘导线、电缆、梯架、托盘、槽盒、导管、型钢、镀锌制品等，同厂家、同批次、不同种规格的，应抽检10％，且不应少于2个规格；对于灯具、插座、开关等电器设备，同厂家、同材质、同类型的，数量500个（套）及以下时应抽检2个（套），但应各不少于1个（套），500个（套）以上时应抽检3个（套）。

（3）对于由同一施工单位施工的同一建设项目的多个单位工程，当使用同一生产厂家、同材质、同批次、同类型的主要设备、材料、成品和半成品时，其抽检比例宜合并计算。

（4）当抽样检测结果出现不合格，可加倍抽样检测，仍不合格时，则该批设备、材料、成品或半成品应判定为不合格品，不得使用。

绝缘导线、电缆的进场验收应符合下列规定：

（1）查验合格证：合格证内容填写应齐全、完整。

（2）外观检查：包装完好，电缆端头应密封良好，标识应齐全。抽检的绝缘导线或电缆绝缘层应完整无损，厚度均匀。电缆无压扁、扭曲，铠装不应松卷。绝缘导线、电缆外护层应有明显标识和制造厂标。

（3）检测绝缘性能：电线、电缆的绝缘性能应符合产品技术标准或产品技术文件规定。

（4）检查标称截面积和电阻值：绝缘导线、电缆的标称截面积应符合设计要求，其导体电阻值应符合现行国家标准《电缆的导体》（GB/T 3956—2008）的有关规定。当对绝缘导线和电缆的导电性能、绝缘性能、绝缘厚度、机械性能和阻燃耐火性能有异议时，应按批抽样送有资质的试验室检测。检测项目和内容应符合国家现行有关产品标准的规定。

专业配合注意事项

变压器安装应注意以下事项。

1. 安装前，建筑工程应具备的条件

（1）门窗、玻璃安装完毕，室内涂料作业完毕且屋顶无漏水。采取适当保护措施，防止土建施工造成设备污染或损坏。

（2）土建施工基本完毕，标高、尺寸符合要求。

（3）预埋件的尺寸、结构、位置以及焊接件的强度符合要求。

（4）安装单位应配合土建，将变压器轨道安装完毕并符合设计要求。

（5）清理作业场地杂物，保证作业空间足够。

（6）干式变压器安装前必须保证室内无灰尘，相对湿度一般保持在70％以下。

2. 成品保护

（1）已安装就位的变压器高、低压瓷套管及环氧树脂件，应避免被砸或被碰撞，防止器件损伤或位置变动。

（2）保持变压器器身清洁，油漆面完好。应特别注意防止铁件等异物掉入干式变压器的线圈内。

（3）在变压器上方作业或进行电气焊时，操作人员不得蹬踩变压器，并带上工具袋，防止材料和工具落下。焊接时，应对变压器进行有效遮盖，避免焊渣落下，损伤设备。

（4）保护安装好的电气管线及其支架，避免损坏电器元件和仪表，不得随意拆卸设备部件。

(5) 变压器室门应加锁，未经施工单位许可，非工作人员不得入内。

3．安全环保措施

(1) 进行干燥作业和过滤绝缘油时，应谨慎作业，并备好消防器材，防止变压器芯部绝缘物、绝缘油和滤油纸着火。

(2) 变压器施工时固体废弃物应统一回收到规定的地点存放清运。

(3) 废变压器油应进行回收，防止造成土壤和水体污染。

(4) 变压器搬运时应有电工配合，使用汽车运输时，应将设备用钢丝绳固定，注意在施工场地内车速不能过快，保持行车平稳，并防止粉尘飞扬。

小结

建筑电气设备按其在建筑中所起的作用不同分为供配电设备、动力设备、照明设备、低压电器设备、导电材料、楼宇智能化设备。

建筑电气系统分为建筑供配电系统、建筑照明电气系统、动力及控制系统、智能建筑系统。智能建筑的核心是通过多种综合技术对楼宇进行控制、通信和管理，强调实现楼宇三个方向自动化的功能，即建筑物的自动化 BA、通信系统的自动化 CA、办公业务的自动化 OA。

低压控制设备包括刀开关和低压断路器。低压保护设备包括低压熔断器和漏电保护断路器。三相电力变压器是建筑供电系统的重要电源设备，它的主要作用是将高压电能变换为低压电能向建筑物供电，减少输电导线的截面积，节省金属材料，减少线路上的功率损耗和电压损失。三相电力变压器包括油浸式变压器、干式变压器、气体绝缘介质变压器、电力电子配电变压器。变压器安装前建筑工程应具备一定的条件，安装后应注意成品保护和安全环保措施。

导电材料的主要用途是输送和传导电流。常用导线可分为绝缘导线和裸导线，裸导线主要由铝、铜、钢等制成。裸导线按股数可分为裸单线（单股线）和裸绞线（多股绞合线）两种。绝缘导线按线芯材料分为铜芯和铝芯；按结构分为单芯、双芯、多芯等；按线芯股数分为单股和多股；按绝缘材料分为橡胶绝缘导线和塑料绝缘导线两类。电缆线路绝缘能力强、力学性能好，运行可靠，不易受外界影响。

建筑电气设备按其在建筑中所起的作用不同分为：供配电设备、动力设备、照明设备、低压电器设备、导电材料、火灾自动报警设备、视频监控及安全防范设备等。

推荐阅读资料

[1] 《供配电系统设计规范》（GB 50052—2009）.

[2] 《民用建筑电气设计规范》（JGJ 16—2008）.

[3] 《智能建筑设计标准》（GB/T 50314—2015）.

[4] 《火灾自动报警系统设计规范》（GB 50116—2013）.

[5] 张立新．建筑电气工程施工工艺标准与检验批填写范例．北京．中国电力出版

社，2008.

其余参考现行国家相关标准图集、企业相关标准。

能力训练题

一、名词解释
1. 建筑供配电系统
2. 智能建筑

二、填空题
1. 常用导线可分为_____和_____两种。
2. 橡胶绝缘导线主要用于_____敷设。
3. 电缆的基本结构是由_____、_____、_____三部分组成。
4. 母线是用来汇集和分配电流的导体，分为_____和_____。
5. 电力变压器是用来_____的设备，是变电所设备的核心。
6. 低压熔断器的种类不同，其特性和使用场合也有所不同，常用的熔断器有_____熔断器、_____熔断器、_____熔断器、_____熔断器等。
7. 低压断路器主要由_____、_____、_____和操作机构组成。
8. 低压刀开关按其操作方式分为_____和_____；按其极数分为单极、双极和_____。

三、单项选择题
1. 用于照明线路的橡胶绝缘导线，长期工作温度不得超过_____，额定电压≤250V。
   A. +50℃　　　B. +60℃　　　C. +70℃　　　D. +80℃
2. ZR-BV 表示_____导线。
   A. 耐火铜芯塑料线　　　B. 耐火铝芯塑料线
   C. 阻燃铜芯塑料线　　　D. 阻燃铝芯塑料线
3. 预制分支电缆的型号由_____加其他电缆型号组成。
   A. FYD　　　B. FDY　　　C. YFZD　　　D. YFD
4. 电力负荷根据其重要性和中断供电后在政治上、经济上所造成的损失或影响的程度，电力负荷分为_____。
   A. 二级　　　B. 三级　　　C. 四级　　　D. 五级
5. 螺旋式熔断器的常用型号是_____。
   A. RC　　　B. RL1　　　C. RM　　　D. RT0

四、多项选择题
1. 导线的线芯要求_____。
   A. 导电性能好　　B. 机械强度大　　C. 表面光滑　　D. 耐蚀性好
2. 裸导线的材料主要有_____。
   A. 铝　　　B. 铜　　　C. 钢　　　D. 铅
3. 电缆按绝缘可分为_____。
   A. 橡胶绝缘　　B. 石棉绝缘　　C. 油浸纸绝缘　　D. 塑料绝缘
4. 低压断路器的形式有_____几种。
   A. 振动式　　B. 装置式　　C. 框架式　　D. 混合式

五、解释下列导线型号的含义
1. BXR-10
2. BLVV-2.5

3. VLV22-4×70+1×25

六、问答题

1. 建筑电气设备按其作用可分为哪几类？
2. 建筑电气系统可分为哪几类？
3. 常用的低压控制设备有哪些？
4. 铁壳开关为什么能够频繁手动接通和分断负荷电路？
5. 低压断路器如何实现过负荷、短路和欠电压保护？
6. 常用的低压保护设备有哪些？
7. 为什么螺旋式熔断器中要填充石英砂？
8. 为什么漏电保护断路器能够实现漏电保护？
9. 变压器在电力线路中的作用是什么？
10. 区域火灾控制器、集中火灾控制器和通用火灾控制器有何区别？各适用于什么场所？
11. 共用天线接收系统中，天线的选型及其安装位置应注意什么？
12. 在什么情况下采用铜芯线缆？铜芯线缆与铝芯线缆有何区别？
13. 导线、电缆、母线三者各适用于什么场所？为什么？
14. 低压刀开关有哪些组成部分？其主要用途是什么？
15. 熔断式刀开关的作用是什么？常用型号有哪些？
16. 万能式断路器和塑料外壳式断路器各有什么特点？
17. 常用的低压熔断器有哪些？各有什么特点？
18. 漏电保护断路器有哪些种类？
19. 变压器由哪些部件组成？变压器的型号含义是什么？
20. 变压器安装有哪些注意事项？
21. 区域火灾控制器、集中火灾控制器和通用火灾控制器有何区别？各适用于什么场所？
22. 共用天线接收系统中，天线的选型及其安装位置应注意什么？
23. 简述导电材料的基本要求。
24. 常用绝缘导线的型号及主要特点有哪些？
25. 常用的电力电缆有哪些？各有什么特点？

单元七
建筑供配电及照明工程施工

学习目标

了解电力系统的组成及各部分作用；了解建筑供电系统的组成；了解低压配电系统的功能及配电方式；掌握电缆施工质量检查及验收方法；掌握室内配线工程施工质量检查及验收方法。了解照明的种类和照明的方式；掌握电光源的分类、组成和特点，能根据使用环境的不同选择合适的照明灯具。掌握不同照明负荷的供电方式，能根据建筑物的功能选择照明负荷的供电方式；掌握《建筑节能工程施工质量验收标准》（GB 50411—2019）对建筑供配电与照明系统节能的规定。了解施工现场临时用电特点及安全技术规范；熟悉施工现场电气设备安装及要求，能根据工程施工进度协调各专业关系。

学习要求

知识要点	能力要求	相关知识
供配电系统	了解电力系统的组成及各部分作用；掌握影响电能质量的因素；了解建筑供电系统的组成；了解变配电所的功能、组成及类型，掌握变配电所位置的选择要求；掌握建筑低压配电系统的组成、施工程序和工艺要求	《建筑电气工程施工质量验收规范》（GB 50303—2015）
建筑电气照明	了解常用的光学物理量、照明质量指标；掌握电光源的分类、组成和特点；掌握不同灯具的结构特点及选择要求，能根据使用环境的不同选择合适的灯具；了解照明配电箱与控制电器的组成，掌握照明配电箱的安装要求；掌握《建筑节能工程施工质量验收规范》对建筑供配电与照明系统节能的规定	《供配电系统设计规范》（GB 50052—2009）；《建筑照明设计标准》（GB 50034—2013）；《建筑节能工程施工质量验收标准》（GB 50411—2019）
建筑施工现场临时用电	掌握施工现场临时用电特点；掌握施工现场配电线路的敷设和要求；掌握建筑施工现场临时用电配电线路和配电设施安装及要求；能正确理解有关施工现场临时用电的安全技术规范，对建筑施工现场违规操作予以指正	《施工现场临时用电安全技术规范》（JGJ 46—2005）
建筑物防雷和安全用电	了解雷电的形成及作用形式；掌握建筑物的避雷装置组成、各类防雷建筑物的防雷措施；掌握防雷装置的安装方法、材料要求及安装注意事项；掌握建筑施工工地的防雷措施；能配合电气专业安装防雷装置	《建筑物防雷设计规范》（GB 50057—2010）

课题 1 ▶ 供配电系统

一、电力系统简介
（一）电力系统概念

电力是工农业生产、国防及民用建筑的主要动力，在现代社会中得到了广泛的应用。用电部门除自备发电机补充供电外，几乎都是由电力系统提供电能。在电力系统中，如果每个发电厂孤立地向用户供电，其可靠性不高。如当某个电厂发生故障或停机检修时，该地区将被迫停电。为了提高供电的安全性、可靠性、连续性、运行的经济性，并提高设备的利用率，减少整个地区的总备用容量，常将许多的发电厂、电网和电力用户连成一个整体。由发电厂、电网和电力用户组成的统一整体称为电力系统。典型电力系统示意图如图7-1所示。

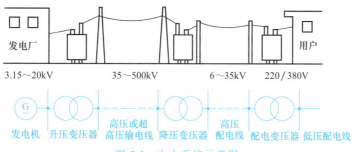

图 7-1　电力系统示意图

1. 发电厂

发电厂是将一次能源（如水力、火力、风力、地热、太阳能、核能和沼气等）转换成二次能源（电能）的场所。

2. 变电站、配电所

变电站是进行电压变换以及电能接收和分配的场所。根据变电站的性质可分为升压和降压变电站。升压变电站是将发电厂发出的电能进行升压处理，便于大功率和远距离传输。降压变电站是对电力系统的高电压进行降压处理，以便电气设备的使用。降压变电站根据用途可分为枢纽变电站、区域变电站和用户变电站。

只进行电能接收和分配，没有电压变换功能的场所称为配电所。

3. 电力线路

电力线路是进行电能输送的通道。它分为输电线路和配电线路两种。输电线路是将发电厂发出的经升压后的电能送到邻近负荷中心枢纽变电站的线路，或由枢纽变电站将电能送到区域变电站，其电压等级一般在220kV以上；配电线路则是将电能从区域变电站经降压后输送到电能用户的线路，其电压等级一般为110kV及以下。电力用户根据供电电压分为高压用户和低压用户。如果用户电压高于1000V，则供电线路称为高压配电线路；如果用户电压低于1000V，则称为低压配电线路。低压用户的额定电压一般为380/220V。

4. 电力用户

电力用户也称电力负荷。在电力系统中，一切消耗电能的用电设备均称为电力用户。按其用途可分为动力用电设备、工艺用电设备、电热用电设备、照明用电设备等，它们分别将电能转换为机械能、热能和光能等不同形式，适应生产和生活的需要。据统计，用电设备中70%是电动机类设备，20%是照明设备。

(二) 电力系统的电压

1. 电压等级

电力系统的电压等级很多，不同的电压等级所起的作用不同。我国电力系统的额定电压等级主要有 220V、380V、6kV、10kV、35kV、110kV、220kV、330kV、500kV 等几种。其中 220V、380V 用于低压配电线路，6kV、10kV 用于高压配电线路，而 35kV 以上的电压则用于输电网。

对于输电线路，电压越高则输送的距离越远，输送的容量越大，线路的电能损耗越小，但相应的绝缘水平要求也越高，变压器和开关设备的价格越高。目前最高的输电电压等级是 750kV。

2. 各种电压等级的适用范围

在我国电力系统中，较大的电力系统主干输电线一般采用 220kV 及以上的电压等级，输送距离为几百千米；中、小电力系统的主干输电线一般采用 110kV 电压等级，输送距离为 100km 左右；电力系统的二次电网以及大型工厂的内部供电一般采用 35kV 电压等级，输送距离为 30km 左右；6～10kV 电压等级用于送电距离为 10km 左右的城镇和工业与民用建筑施工供电；电动机、照明等用电设备，一般采用 380/220V 三相四线制供电。3kV、6kV 是工业企业高压电气设备的供电电压。

10～110kV 配电网为高压配电网，1kV 以下配电网称为低压配电网。

(三) 电能的质量

1. 频率质量

频率会直接影响电气设备的运行，频率偏差将影响电钟的准确性，也会影响工厂产品的质量和产量。电力系统的额定频率为 50Hz。当电力系统的容量在 300 万千瓦及以上时，频率偏差允许值为 ±0.2Hz；电力系统的容量在 300 万千瓦以下时，频率偏差允许值为 ±0.5Hz。

电力系统的频率由调频系统自动装置控制，由调度机构监视和管理。

2. 电压质量

《电能质量 供电电压偏差》(GB/T 12325—2008) 规定，电压变动幅度不应超过以下标准：35kV 及其以上三相供电电压正、负偏差的绝对值之和不超过额定电压的 10%，若供电电压上、下偏差同号，以较大偏差的绝对值作为依据；10kV 及其以下三相供电电压允许偏差为额定电压的 ±7%；220V 单相供电电压允许偏差为额定电压的 +7%、-10%；对供电电压允许偏差有特殊要求的用户，由供、用电双方协议解决。

《供配电系统设计规范》(GB 50052—2009) 规定，正常运行情况下，用电设备端子处电压偏差的允许值应符合下列要求。电动机为 ±5%。照明：在一般场所为 ±5%；对于远离变电所的小面积一般工作场所，难以满足以上要求时，可为 +5%、-10%；应急照明、道路照明和警卫照明等为 +5%、-10%。其他用电设备：当无特殊规定时为 ±5%。

电气设备在使用时所接受的实际电压与额定电压相同时才能获得最佳的经济效果。如果用电设备的受电电压与额定电压有偏移时，设备的特性和使用寿命都会受到影响，影响的大小取决于用电设备的特性和受电电压对额定电压偏移的大小。例如，当电压下降 10% 时，白炽灯的使用寿命会延长 2～3 倍，但发光效率将下降 30% 以上；当电压上升 10% 时，白炽灯发光效率将提高 1/3，但其使用寿命会缩短为原来的 1/3。对于感应电动机，因为其转矩与电压的平方成正比，所以当电压低于额定电压时，转矩急剧下降，转速降低，生产效率降低，产品质量下降，同时负荷电流增加，温升增加，将缩短电动机的寿命，甚至将其烧坏；

当电压高于额定电压时，负荷电流和温升也会增加，绝缘容易受损，也会缩短电动机寿命。

3. 波形质量

电力系统电压的波形应是 50Hz 的正弦波形，如果波形偏离正弦波形就称为波形畸变。

在电力系统中，发电机感应的电动势的波形畸变很小，电网本身的各级电压波形畸变也很小。但近年来随着硅整流及晶闸管换流设备的广泛使用，用户的非线性负荷大量增加，从而使电网中产生谐波电压，电能的波形质量下降，给电网带来极为严重的危害，如降低设备运行效率、加剧电气设备绝缘的老化、产生过电压或过电流、增加感应式电能表的测量误差、引起半导体继电保护误动作等。

二、电力负荷的分级及供电要求

在电力系统上的用电设备所消耗的功率称为用电负荷或电力负荷。根据电力负荷对供电可靠性的要求及中断供电在对人身安全、经济损失上所造成的影响程度进行分级，并应符合下列规定。

1. 一级负荷

符合下列条件之一的，为一级负荷。

（1）中断供电将造成人身伤害时。如医院急诊室、监护病房、手术室等的负荷。

（2）中断供电将在经济上造成重大损失时。如由于停电，使重大设备损坏、重大产品报废、用重要原料生产的产品大量报废、国民经济中重点企业的连续生产过程被打乱需要长时间才能恢复等的负荷。

（3）中断供电将影响重要用电单位的正常工作。如重要交通枢纽、重要通信枢纽、重要宾馆、大型体育场馆、经常用于国际活动的大量人员集中的公共场所等用电单位中的重要负荷。

在一级负荷中，当中断供电将造成人员伤亡或重大设备损坏或发生中毒、爆炸和火灾等情况的负荷，以及特别重要场所的不允许中断供电的负荷，应视为一级负荷中特别重要的负荷。如在工业生产中正常电源中断时处理安全停产所必需的应急照明、通信系统、保证安全停产的自动装置等；民用建筑中大型金融中心的关键电子计算机系统和防盗报警系统、大型国际比赛场馆的记分系统及监控系统等。

2. 二级负荷

符合下列条件之一的，为二级负荷。

（1）中断供电将在经济上造成较大损失时。如由于停电，使主要设备损坏、大量产品报废、连续生产过程被打乱需较长时间才能恢复、重点企业大量减产等的负荷。

（2）中断供电将影响较重要用电单位的正常工作。如交通枢纽、通信枢纽等用电单位中的重要负荷，以及中断供电将造成大型影剧院、大型商场等较多人员集中的重要公共场所秩序混乱的负荷。

3. 三级负荷

不属于一、二级负荷者为三级负荷。

在一个工业企业或民用建筑中，并不一定所有用电设备都属于同一等级的负荷，因此在进行系统设计时应根据其负荷级别分别考虑。

不同等级负荷对电源的要求如下。

1. 一级负荷对电源的要求

一级负荷分为普通一级负荷和一级负荷中特别重要的负荷。

（1）普通一级负荷应由两个电源供电，且当其中一个电源发生故障时，另一个电源不应同时受到损坏。例如，电源来自两个不同的发电厂；电源来自两个不同的区域变电站，且区域变电站的进线电压不低于35kV；电源来自一个区域变电站、一个自备发电设备。

（2）一级负荷中特别重要的负荷供电，除应由双重电源供电外，尚应增设应急电源，并严禁将其他负荷接入应急供电系统。设备的供电电源的切换时间，应满足设备允许中断供电的要求。

应急电源可以是独立于正常电源的发电机组、供电网络中独立于正常电源的专用馈电线路、蓄电池、干电池等。

2. 二级负荷对电源的要求

二级负荷的供电系统应做到当发生变压器故障或线路常见故障时不致中断供电（或中断供电后能迅速恢复供电）。二级负荷宜由两条回线路供电，当电源来自同一区域变电站的不同变压器时，即可认为满足要求。在负荷较小或地区供电条件困难时，可由一回6kV及以上专用的架空线路或电缆线路供电。当采用架空线时，可为一回架空线供电；当采用电缆线路时，应采用两根电缆组成的线路供电，且每根电缆应能承受100%的二级负荷。

3. 三级负荷对电源的要求

三级负荷对供电电源无要求，一般单电源供电即可，但在可能的情况下，也应提高其供电的可靠性。

三、建筑供电系统

建筑供电系统由高压电源、变配电所和输配电线路组成。

（一）建筑供电系统的基本方式

（1）大型民用建筑的电源进线可采用35kV。常用两级配电方式，一级配电电压应采用10kV。即先将35kV的电压降为10kV，由高压配电线输送到各建筑物变电所后，再降为380/220V低压。

（2）用电负荷较大且使用多台变压器的民用建筑，一般采用10kV高压供电，经高压配电后，分别送到各变压器，再将10kV高压降为380/220V低压，然后配电给用电设备。

（3）小型民用建筑的供电，只需设置一个降压变电所，把6～10kV的进线电压降到380/220V。

（4）小于100kW的用电负荷，一般采用380/220V低压供电，所以无须设置变压器室，只需设置低压配电室将电能分配给各用电负荷即可。

（二）变配电所

变配电所主要用来变换供电电压，集中和分配电能，并实现对供电设备和线路的控制与保护。

1. 变配电所的基本组成

变配电所主要由变压器室、高压配电室、低压配电室、电容器室与值班室等组成。变压器可采用油浸式或干式，安置必须合理，安全距离和散热条件必须满足。高压配电室是供电系统高压配电的中枢，主要设备有高压断路器、电流互感器、计量仪表等。低压配电室是供电系统低压配电的中枢，主要设备有隔离刀闸、空气开关、电流互感器、计量仪表等。当高压电容器较多时应设置电容器室。需要有人值班的变配电所还应设置值班室。

2. 变配电所的类型

变配电所按设置的位置可分为独立式变配电所、附设变配电所、户内变配电所、户外杆上或台上变配电所。

变配电所的形式应根据用电负荷的状况和周围环境情况确定。负荷较大的车间和站房，宜设附设变配电所或半露天变配电所；负荷较大的多跨厂房，负荷中心在厂房的中部且环境许可时，宜设车间内变配电所或组合式成套变配电站；高层或大型民用建筑内，宜设室内变配电所或组合式成套变电站；负荷小而分散的工业企业和大中城市的居民区，宜设独立变配电所，有条件时也可设附设变配电所或户外箱式变配电站；环境允许的中小城镇居民区和工厂的生活区，当变压器容量在 315kV·A 及以下时，宜设杆上式或高台式变配电所。

3. 交流电压为 10(6)kV 及以下的变配电所位置的选择

变配电所位置选择，应根据以下要求综合确定：深入或接近负荷中心；进出线方便；接近电源侧；设备吊装、运输方便；不应设在有剧烈振动或有爆炸危险介质的场所；不宜设在多尘、水雾或有腐蚀性气体的场所，当无法远离时，不应设在污染源的下风侧；不应设在厕所、浴室、厨房或其他经常积水场所的正下方，且不宜与上述场所贴邻。如果贴邻，相邻隔墙应做无渗漏、无结露等防水处理；配变电所为独立建筑物时，不应设置在地势低洼和可能积水的场所。

变配电所可设置在建筑物的地下层，但不宜设置在最底层。配变电所设置在建筑物地下层时，应根据环境要求加设机械通风、去湿设备或空气调节设备。当地下只有一层时，尚应采取预防洪水、消防水或积水从其他渠道淹渍配变电所的措施。

民用建筑宜集中设置变配电所，当供电负荷较大，供电半径较长时，也可分散设置；高层建筑可分设在避难层、设备层及屋顶层等处。

住宅小区可设独立式变配电所，也可附设在建筑物内或选用户外预装式变电所。

4. 交流电压为 10(6)kV 及以下的变配电所对土建专业的要求

（1）可燃油油浸电力变压器室的耐火等级应为一级。非燃或难燃介质的电力变压器室、电压为 10(6)kV 的配电装置室和电容器室的耐火等级不应低于二级。低压配电装置室和电容器室的耐火等级不应低于三级。

（2）配变电所的门应为防火门，并应符合下列规定：

① 配变电所位于高层主体建筑（或裙房）内时，通向其他相邻房间的门应为甲级防火门，通向过道的门应为乙级防火门；

② 配变电所位于多层建筑物的二层或更高层时，通向其他相邻房间的门应为甲级防火门，通向过道的门应为乙级防火门；

③ 配变电所位于多层建筑物的一层时，通向相邻房间或过道的门应为乙级防火门；

④ 配变电所位于地下层或下面有地下层时，通向相邻房间或过道的门应为甲级防火门；

⑤ 配变电所附近堆有易燃物品或通向汽车库的门应为甲级防火门；

⑥ 配变电所直接通向室外的门应为丙级防火门。

（3）配变电所的通风窗，应采用非燃烧材料。

（4）配电装置室及变压器室门的宽度宜按最大不可拆卸部件宽度加 0.3m，高度宜按不可拆卸部件最大高度加 0.5m。

（5）当配变电所设置在建筑物内时，应向结构专业提出荷载要求并应设有运输通道。当其通道为吊装孔或吊装平台时，其吊装孔和平台的尺寸应满足吊装最大设备的需要，吊钩与吊装孔的垂直距离应满足吊装最高设备的需要。

（6）当配变电所与上、下或贴邻的居住、办公房间仅有一层楼板或墙体相隔时，配变电所内应采取屏蔽、降噪等措施。

（7）电压为 10(6)kV 的配电室和电容器室，宜装设不能开启的自然采光窗，窗台距室外地坪不宜低于1.8m。临街的一面不宜开设窗户。

（8）变压器室、配电装置室、电容器室的门应向外开，并应装锁。相邻配电室之间设门时，门应向低电压配电室开启。

（9）配变电所各房间经常开启的门、窗，不宜直通含有酸、碱、蒸汽、粉尘和噪声严重的场所。

（10）变压器室、配电装置室、电容器室等应设置防止雨、雪和小动物进入屋内的设施。

（11）长度大于7m的配电装置室应设两个出口，并宜布置在配电室的两端。

当配变电所采用双层布置时，位于楼上的配电装置室应至少设一个通向室外的平台或通道的出口。

（12）配变电所的电缆沟和电缆室，应采取防水、排水措施。当配变电所设置在地下层时，其进出地下层的电缆口必须采取有效的防水措施。

（13）电气专业箱体不宜在建筑物的外墙内侧嵌入式安装，当受配置条件限制需嵌入安装时，箱体预留孔外墙侧应加保温或隔热层。

四、建筑低压配电系统

低压配电系统的功能是将电能合理分配给低压用电设备，一般由配电装置（配电柜或配电箱）和配电线路（干线及分支线）组成。配电系统应满足安全、可靠、经济等原则。低压配电系统又分为动力配电系统和照明配电系统。一栋建筑物的配电系统分支级数不宜超过三级。

（一）低压配电方式

低压配电方式是指由变配电所低压配电箱（屏）分路开关至各建筑物楼层配电箱或大型用电设备干线的配线方式。常用的低压配电方式主要有以下几种。

1. 放射式

放射式配电是由总低压配电装置直接供给各分配电箱或用电设备，如图7-2（a）所示。

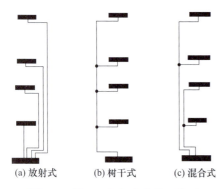

图7-2 低压配电方式分类示意图

该配电方式由于各负载独立受电，配电线路之间相互独立，发生故障时仅限于本身，而其余回路不受影响，供电可靠性较高；但该系统所需线路多，金属材料消耗大，系统灵活性差，线路不易更改，适用于用电设备大而集中，对供电可靠性要求较高的场所。

2. 树干式

树干式配电指从总低压配电装置引出一条主干线路，由主干线不同的位置分出支线并连至各分配电箱或用电设备，如图7-2（b）所示。该配电方式线路简单，投资低，施工方便，但供电可靠性差，干线发生故障时影响范围大，适用于负荷分散、容量不大、线路较长且用电无特殊要求的场所。

3. 混合式

放射式与树干式相结合的配电方式称为混合式，如图7-2（c）所示。该方式综合了放射式和树干式的优点，在建筑低压配电系统中得到广泛应用。

一般情况下，动力负荷容量大，配电线路多采用放射式，照明负荷线路多采用树干式或混合式。

(二) 低压配电线路的敷设方式

配电线路的作用是输送和分配电能，按电压等级分，1kV及以下称为低压配电线路，1kV以上称为高压配电线路。低压配电线路是指由变配电所低压配电柜（箱）中引出至分配电箱（盘）和负载的线路，分为室外和室内配电线路。

1. 室外配电线路

室外配电线路主要有架空线路和电缆地下暗敷设线路。

（1）架空线路 用电杆将导线悬空架设，直接向用户供电的电力线路，主要由电杆基础、电杆、横担、导线、绝缘子（瓷瓶）、拉线、金具及避雷装置等组成。电杆装置的结构示意图如图7-3所示。架空线路设备材料简单、造价低、易于发现故障和便于维修，但容易受外界环境的影响，施工难度大，对施工人员技术要求高，供电可靠性较差。

架空线路有电杆架空和沿墙架空两种形式。

① 电杆基础的作用是防止电杆因承受垂直、水平荷重及事故荷重而发生上拔、下陷或倾倒等，包括底盘、卡盘和拉线盘。电杆基础一般为钢筋混凝土预制件。

② 电杆用来安装横担、绝缘子及架设导线和避雷线，并使导线与大地、公路、铁路、河流、弱电线路等被跨物之间，保持一定的安全距离。电杆按材质可分为木杆、钢筋混凝土杆和金属杆；按受力可分为普通型电杆和

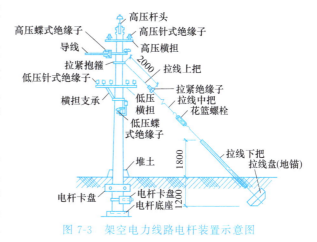

图7-3 架空电力线路电杆装置示意图

预应力电杆；按电杆在线路中的作用可分为直线杆、耐张杆、转角杆、终端杆、跨越杆和分支杆。

③ 横担用于安装绝缘子、固定开关、电抗器、避雷器等。横担按材质可分为木横担、铁横担、瓷横担三种。低压横担根据安装形式可分为正横担、侧横担及和合横担、交叉横担。

④ 导线用于传输电能，应具有足够的截面积以满足发热、电压损失及机械强度的要求。架空线路可按电压等级不同而采用裸绞线和绝缘导线，常用裸绞线的种类有裸铜绞线（TJ）、裸铝绞线（LJ）、钢芯铝绞线（LGJ）和铝合金线（HLJ）。

⑤ 绝缘子俗称瓷瓶，用来固定导线并使导线与导线间、导线与横担间、导线与避雷线间以及导线与电杆之间保持良好的绝缘，同时承受导线的垂直荷重和水平荷重。要求绝缘子必须具有良好的绝缘性能和足够的机械强度。常用的绝缘子有针式绝缘子、蝶式绝缘子、悬式绝缘子和拉紧绝缘子等。

⑥ 拉线的作用是平衡架空线路电杆各方向的拉力，防止电杆弯曲或倾倒。拉线主要由拉线抱箍、拉线钢索、UT形线夹、花篮螺栓、拉线棒和拉线盘等组成。拉线绝缘一般距地不应小于2.5m。

⑦ 金具是用来固定横担、绝缘子、拉线和导线的各种金属联结件，一般统称线路金具，按其作用分为联结金具、横担固定金具和拉线金具。除地脚螺栓外，金具均应采用热浸镀锌制品。

⑧ 避雷线的作用是把雷电流引入大地，以保护线路绝缘，免遭大气过电压（雷击）的侵袭。对避雷线的要求，除电导率较低外，其余各项基本上与导线相同。

架空配电线路施工的主要程序为线路路径选择→测量定位→基础施工→杆顶组装→电杆组立→拉线组装→导线架设及弛度观测→杆上设备安装以及架空接户线安装。

若由于与建筑物之间的距离较小，无法埋设电杆，可采用导线穿钢管或电缆沿墙架空明设，架设的部位距地面高度不小于2.5m。

（2）电缆线路　其特点是受外界环境影响小，人为损失少，供电可靠性高；电缆阻抗小，供电容量大；有利于美化环境；材料和安装成本高，造价约为架空线路的10倍。

电缆的敷设方式有直接埋地敷设，电缆沟敷设，电缆隧道敷设，电缆桥架敷设，电缆排管敷设，穿钢管、混凝土管、石棉水泥管等管道敷设，以及用支架、托架、悬挂方法敷设等。具体敷设方式应根据电缆线路的长度、电缆数量、环境条件等综合决定。电缆敷设应遵守以下规定。

① 电缆敷设施工前应检验电缆电压系列、型号、规格等是否符合设计要求，表面有无损伤等。对6kV以上的电缆，应做交流耐压和直流泄漏试验，6kV及以下的电缆应测试其绝缘电阻，500V电缆其绝缘电阻值应大于0.5MΩ，1000V及以上电缆绝缘电阻值应大于1MΩ。

② 电缆敷设时，电缆中间头及终端头附近，电缆进入电缆沟、建筑物、配电柜及穿管的出入口时应留有一定余量的备用长度，用作温度变化引起变形时的补偿和安装检修。

③ 电缆敷设时，不应破坏电缆沟、隧道、电缆井和人井的防水层。

④ 并联运行的电力电缆，其长度应相等。

⑤ 在三相四线制系统中使用的电力电缆，不得采用三芯电缆外加一根单芯电缆或导线，也不可将电缆金属护套线作为中性线。

⑥ 电缆敷设时，应将电缆排列整齐，不宜交叉，并应按规定在一定间距上加以固定，及时装设标志牌。

⑦ 电缆在屋内、电缆沟、电缆隧道和电气竖井内明敷时，不应采用易延燃的外保护层。

⑧ 电缆不应在易燃、易爆及可燃的气体管道或液体管道的隧道或沟道内敷设。当受条件限制需要在这类隧道或沟道内敷设电缆时，应采取防爆、防火的措施。

⑨ 电力电缆不宜在有热力管道的隧道或沟道内敷设。当需要敷设时，应采取隔热措施。

⑩ 露天敷设的有塑料或橡胶外护层的电缆，应避免日光长时间的直晒；当无法避免时，应加装遮阳罩或采用耐日照的电缆。

电缆敷设方式有以下几种。

① 电缆直埋敷设。在同一路径上敷设的室外电缆根数超过6根，且场地有条件时，宜采用直埋电缆敷设方式。电缆直接埋设在地下，不需要复杂的结构设施，故施工简便，造价低，电缆散热好，但不宜检修和查找故障，且易受外来机械损伤和水土侵蚀。直埋电缆宜采用有外护套的铠装电缆，在无机械损伤可能的场所，也可采用塑料护套电缆或带外护套的铅（铝）包电缆。在直埋电缆线路路径上，如果存在电缆可能受机械损伤、化学作用、地下电流、振动、热影响、腐殖物质、鼠害等的危险地段，应采用保护措施。在含有酸、碱强腐蚀或杂散电化学腐蚀的地段，电缆不宜采用直埋敷设。直埋电缆敷设应符合下列要求。

a. 直埋敷设时，电缆埋设深度不应小于0.7m，穿越农田时不应小于1m，并应在电缆上、下各均匀铺设100mm厚的软土或细砂，在砂层应覆盖混凝土保护板等保护层，保护层宽度应超出电缆两侧各50mm。只有在引入建筑物、与地下建筑物交叉及绕过地下建筑物处，可埋设浅些，但应采取保护措施。

b. 在寒冷地区，电缆应埋设于冻土层以下，当受条件限制不能深埋时，应采取防止电缆受到损伤的措施。电缆沟的宽度根据电缆的根数与散热所需的间距而定。电缆沟的形状一般为梯形，如图 7-4 所示。电缆通过有振动和承受压力的地段应穿入保护管。

c. 电缆与铁路、公路、街道、厂区道路交叉时，穿入保护管应超出保护区段路基或街道路面两边各 1m，管的两端宜伸出道路路基两边各 2m，且应超出排水沟边 0.5m；在城市街道应伸出车道路面。保护管的内径应不小于电缆外径的 1.5 倍，使用水泥管、陶土管、石棉水泥管时，内径不应小于 100mm。

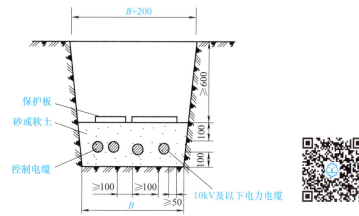

图 7-4　10kV 及以下电缆沟结构示意

d. 重要回路的电缆接头，宜在其两侧约 1m 开始的局部段，按留有备用余量方式敷设电缆。电缆直埋敷设时，电缆长度应比沟槽长出 1.5%～2%，呈波状敷设。

e. 电缆与建筑物平行敷设时，电缆应埋设在建筑物的散水坡外。电缆引入建筑物时，所穿入的保护管应超出建筑物散水坡 100mm。

f. 埋地敷设的电缆，接头盒下面必须垫混凝土基础板，其长度应伸出接头盒两侧 0.6～0.7m。

g. 电缆在拐弯、接头、终端和进出建筑物等地段，应装设明显的主位标志。直线段上应适当增设标桩，标桩露出地面一般为 0.15m。

电缆直埋敷设的施工程序为电缆检查→挖电缆沟→电缆敷设→铺砂盖砖→盖盖板→埋标桩。

② 电缆沟内敷设。电缆在专用电缆沟或隧道内敷设，是室内外常见的电缆敷设方法。电缆沟一般设在地面下，四周由混凝土浇筑或由砖砌成，沟顶部用防滑钢板或钢筋混凝土盖板封住。一般在同一路径敷设的电缆根数较多，而且按规划沿此路径敷设的电缆线路有所增加时，为施工及维护方便，宜采用电缆沟敷设。

电缆沟内敷设应符合下列要求。

a. 电缆沟或电缆隧道应有防水排水措施，其底部应设坡度不小于 0.5% 的排水沟。积水可直接接入排水管道或经集水坑用泵排出。

b. 电缆沟底应平整，沟壁、沟底需用水泥砂浆抹面。

c. 电缆支架的长度，在电缆沟内不宜大于 0.35m；在隧道内不宜大于 0.5m。在盐雾地区或化学气体腐蚀地区，电缆支架应涂防腐漆或采用铸铁支架。

d. 电缆敷设在电缆沟或隧道的支架上时，电缆应按下列顺序排列：高压电力电缆应放在低压电力电缆的上层；电力电缆应放在控制电缆的上层；强电控制电缆应放在弱电控制电缆的上层。若电缆沟或隧道两侧均有支架时，1kV 以下的电力电缆与控制电缆应与 1kV 以上的电力电缆分别敷设在不同侧的支架上。

e. 电缆沟宜用有一定承重能力的防滑钢板作为盖板，也可用钢筋混凝盖板，但每块盖板的重量不能超过50kg，必要时还应将盖板缝隙密封，以免水汽、油侵入。

f. 电缆沟在进入建筑物处应设防火墙。电缆隧道进入建筑物处或变配电所围墙处应设防水墙。防火门应采用非燃材料或防燃材料制作，并应装锁。

g. 敷设在电缆沟的电缆与热力管道、热力设备之间的净距，平行时不应小于1m，交叉时不应小于0.5m。如果受条件限制，无法满足净距要求，则应采取隔热保护措施。

h. 电缆隧道内的净高不应低于1.9m。局部或与管道交叉处净高不宜小于1.4m。隧道内应采取通风措施，有条件时宜采用自然通风。

i. 当电缆隧道长度大于7m时，电缆隧道两端应设出口；两个出口间的距离超过75m时，尚应增加出口。人孔井可作为出口，人孔井直径不应小于0.7m。

j. 电缆隧道内应设照明，其电压不应超过36V；当照明电压超过36V时，应采取安全措施。

电缆沟一般由土建专业施工，砌筑沟底、沟壁，沟壁上用膨胀螺栓固定电缆支架，也可将支架直接埋入沟壁。电缆沟的宽度应根据土质情况、人体宽度、沟深、电缆条数和电缆间距离来确定。在电缆沟开挖前应先挖样坑，以帮助了解地下管线的布置情况和土质对电缆护层是否会有损害，以进一步采取相应措施。样坑的宽度和深度一定要大于施放电缆本身所需的宽度和深度。

电缆沟应垂直开挖，不可上狭下宽或淘空挖掘，开挖出来的泥土与其他杂物应分别堆置于距沟边0.3m以外的两侧，这样既可避免石块等硬物滑进沟内使电缆受到机械损伤，又留出了人工牵引电缆时的通道，还方便电缆施放后从沟边取细土覆盖电缆。人工开挖电缆沟时，电缆沟两侧应根据土壤情况留置边坡，防止塌方。

在土质松软的地段施工时，应在沟壁上加装护土板，以防挖好的电缆沟坍塌。在挖沟时，如遇到有坚硬的石块，砖块和含有酸、碱等腐蚀物质的土壤，应清除干净，调换成无腐蚀性的松软土质。

在有地下管线地段挖掘时，应采取措施防止损伤管线。在杆塔或建筑物附近挖沟时，应采取防止倒塌的措施。直埋电缆沟在电缆转弯处应挖成圆弧形，以保证电缆的弯曲半径。在电缆接头的两端以及电缆引入建筑物和引上电杆处，应挖出备用电缆的余留坑。

当电缆沟全部挖出后，应将沟底铲平夯实。

③ 电缆桥架敷设。电缆桥架由托盘、梯架的直线段、弯通、附件及支、吊架等构成，是用以支撑电缆的连续性刚性结构系统的总称。电缆桥架按结构形式分为托盘式、梯架式、组合式、全封闭式；按材质分为钢电缆桥架和铝合金电缆桥架。电缆桥架的特点是制作工厂化、系列化、安装及维修方便、安装后整齐美观，多用于工业厂房和高层建筑中，图7-5为电缆桥架无孔托盘结构示意图。

电缆桥架安装技术要求如下。

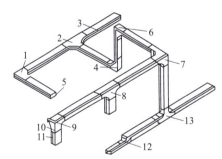

图7-5 电缆桥架无孔托盘结构示意图
1—水平弯通；2—水平三通；3—直线段桥架；
4—垂直下弯通；5—终端板；
6—垂直上弯通；7—上角垂直三通；
8—上边垂直三通；9—垂直右上弯通；
10—连接螺栓；11—扣锁；
12—异径接头；13—下边垂直三通

a. 相关建筑物、构筑物的建筑工程均完工,并且工程质量符合国家现行的建筑工程质量验收规范。

b. 配合土建结构施工穿越墙、楼板的预留孔(洞)、预埋件的尺寸应符合设计规定。电缆托盘、梯架经过伸缩沉降缝时,电缆桥架、梯架应断开,断开距离以100mm左右为宜。电缆桥架在穿过防火墙及防火楼板时,应采取防火隔离措施。

c. 电缆沟、电缆隧道、竖井内、顶棚内、预埋件的规格尺寸、坐标、标高、间隔距离、数量不应遗漏,应符合设计图规定。电缆桥架(托盘、梯架)水平敷设时的距地高度,一般不宜低于2.5m;无孔托盘(槽式)桥架距地高度可降低到2.2m。垂直敷设时应不低于1.8m。低于上述高度时应加金属盖板保护,但敷设在电气专用房间(如配电室、电气竖井、电缆隧道、技术层)内的除外。

d. 电缆桥架安装部位的建筑装饰工程全部结束;通风、暖卫等各种管道施工已经完工;材料、设备全部进入现场经检验合格。

e. 为保证线路运行安全,不同用途、不同电压的电缆不宜敷设在同一层桥架上。

f. 电缆桥架内的电缆应在首端、尾端、转弯及每隔50m处,设置编号、型号、规格及起止点等标记。

g. 屋内相同的电压的电缆并列明敷时,除敷设在托盘、梯架和槽盒内外,电缆之间的净距不应小于35mm,且不应小于电缆外径。1kV及以下电力电缆及控制电缆与1kV以上电力电缆并列明敷时,其净距不应小于150mm。

h. 在屋内架空明敷的电缆与热力管道的净距,平行时不应小于1m;交叉时不应小于0.5m;当净距不能满足要求时,应采取隔热措施。电缆与非热力管道的净距,不应小于0.5m;当净距不能满足要求时,应在与管道接近的电缆段上,采取防止电缆受机械损伤的措施。在有腐蚀性介质的房屋内明敷的电缆,宜采用塑料护套电缆。

i. 电缆在托盘和梯架内敷设时,电缆总截面积与托盘和梯架横断面面积之比,电力电缆不应大于40%,控制电缆不应大于50%。

电缆线路施工完毕,经试验合格后办理交接验收手续方可投入运行。电力电缆的试验项目如下。

a. 测量绝缘电阻。

b. 直流耐压试验并测量泄漏电流。

c. 检查电缆线路的相位,要求两端相位一致,并与电网相位相吻合。

电缆施工质量检查及验收方法如下。

a. 电缆规格应符合规定。电缆应排列整齐,无机械损伤。电缆标示牌应装设齐全、正确、清晰。

b. 电缆固定、弯曲半径、有关距离和单芯电力电缆的金属护层的接线、相序排列等应符合要求。

c. 电缆终端、电缆接头及充油电缆的供油系统应安装牢固,不应有渗漏现象。充油电缆的油压应符合要求。

d. 应接地良好。充油电缆及护层保护器的接地电阻应符合设计要求。

e. 电缆终端的相别标志色应正确。电缆支架等的金属部件防腐层应完好。

f. 电缆沟、电缆隧道内无杂物,盖板齐全,照明、通风、排水等设施应符合设计要求。

g. 直埋电缆路径标志应与实际路径相符。路径标志应清晰、牢固,间距适当,在直埋电缆直线段每隔50～100m处、电缆接头处、转弯处、进入建筑物等处,都应有明显的方位标志或标桩。

h. 防火措施应符合设计，且施工质量合格。

i. 隐蔽工程应在施工过程中进行中间验收，并做好签证。

④ 电缆在多孔导管内敷设

a. 电缆在多孔导管内的敷设，应采用塑料护套电缆或裸铠装电缆。

b. 多孔导管可采用混凝土管或塑料管。

c. 多孔管应一次留足备用管孔数；当无法预计发展情况时，可留1~2个备用孔。

d. 当地面上均匀荷载超过 $10t/m^2$ 或通过铁路及遇有类似情况时，应采取防止多孔导管受到机械损伤的措施。

e. 多孔导管孔的内径不应小于电缆外径的1.5倍，且穿电力电缆的管孔内径不应小于90mm；穿控制电缆的管孔内径不应小于75mm。

f. 多孔导管的敷设，应符合下列规定：多孔导管敷设时，应有倾向人孔井侧大于等于0.2%的排水坡度，并在人孔井内设集水坑，以便集中排水；多孔导管顶部距地面不应小于0.7m，在人行道下面时不应小于0.5m；多孔导管沟底部应垫平夯实，并应铺设厚度大于等于60mm的混凝土垫层。

g. 采用多孔导管敷设，在转角、分支或变更敷设方式改为直埋或电缆沟敷设时，应设电缆人孔井。在直接段上设置的电缆人孔井，其间距不宜大于100m。

h. 电缆人孔井的净空高度不应小于1.8m，其上部人孔的直径不应小于0.7m。

2. 室内配电线路

敷设在建筑物内部的配线，统称为室内配线或室内配线工程。按线路敷设方式，可以分为明敷和暗敷两种。不论哪种敷设方式均应符合电气装置安装安全、可靠、经济、方便和美观的原则。

室内配线工程应满足以下要求。

① 所用导线的额定电压应大于线路的工作电压。导线的绝缘应符合线路安装方式和敷设环境的条件。导线截面应满足供电负荷和机械强度的要求。

② 导线敷设时，应尽量避免接头。若必须接头，应保证接头牢靠，接触良好。

③ 导线在连接处或分支处，不应受机械作用。导线与设备接线端子，连接要可靠。

④ 穿在管内的导线，在任何情况下不得有接头，必须接头时，应把接头放在接线盒、灯头盒或开关盒内。

⑤ 导线穿越墙体、楼板时，应加装保护管。穿越墙体时，保护管的两端出线口伸出墙面距离不应小于10mm；穿越楼板时，保护管上端距地面不小于1.8m，下端口到楼板为止。

⑥ 导线相互交叉时，为避免碰线，应在每根导线上套绝缘管保护，并将套管牢靠固定。

⑦ 各种明配线应垂直和水平敷设，要求横平竖直。导线水平高度距地不小于2.5m；垂直敷设不低于1.8m，否则应加管、槽保护，以防机械损伤。

⑧ 导线穿过建筑物、构筑物的伸缩缝或沉降缝时，应装设补偿装置，导线应留有余量。

⑨ 除下列回路的线路可穿在同一根导管内外，其他回路的线路不应穿于同一根导管内。

a. 同一设备或同一流水作业线设备的电力回路和无防干扰要求的控制回路；

b. 穿在同一管内绝缘导线总数不超过8根，且为同一照明灯具的几个回路或同类照明的几个回路。

⑩ 在同一个槽盒里有几个回路时，其所有的绝缘导线应采用与最高标称电压回路绝缘

相同的绝缘。

(1) 明线敷设　将导线直接或穿管敷设于建筑物的墙壁、顶棚、桁架、柱子等表面。该敷设方式安装简便、易于维修、造价低，但影响室内美观，易受有害气体腐蚀和机械损伤而发生事故。明线敷设主要用于原有建筑物的电气改造或因土建无条件而不能采用暗敷设线路的建筑。

室内线路的明敷设常采用瓷夹、瓷瓶、槽板、线槽、塑料护套线及穿管等配线方式（现代建筑物中较少采用瓷夹、瓷瓶的配线方法）。不论采用何种配线方式进行明配线，都应做到横平竖直。

① 塑料护套线配线。采用铝片线卡固定塑料护套线的配线方式，称为塑料护套线配线。塑料护套线具有防潮和耐蚀等性能，可用于较潮湿和有腐蚀性的特殊场所。塑料护套线多用于照明线路，可以直接敷设在楼板、墙壁等建筑物表面上，但不得直接埋入抹灰层内暗设或建筑物顶棚内。室外受阳光直射的场所不宜明配塑料护套线。

塑料护套线一般是在木结构，砖、混凝土结构，沿钢索上敷设，以及在砖、混凝土结构上粘接。塑料护套线在砖、混凝土结构上敷设的施工程序是测位、划线、打眼、埋螺钉、下过墙管、上卡固定、装开关盒、配线、焊接线头。

② 槽板配线。将绝缘导线敷设在木槽板或塑料槽板内，上部用盖板把导线盖住，使导线不外露。槽板配线整齐美观、使用安全、造价低，适用于负荷小、干燥的民用建筑和古建筑的修复，房屋内照明线路及室内线路的改造。

槽板配线施工程序是定位划线、槽板固定、敷设导线、固定盖板。

③ 线槽配线。将导线敷设于塑料线槽或金属线槽内的配线方式，称为线槽配线。塑料线槽采用非燃性塑料制成，由槽体和槽盖两部分组成，槽盖和槽体挤压结合。塑料线槽配线方式安装、维修及更换导线方便，适用于正常环境的室内场所，特别是潮湿及酸碱腐蚀的场所，但在高温和易受机械损伤的场所不宜使用。

金属线槽多由厚度为 0.4～1.5mm 的钢板或镀锌薄钢板制成，适用于正常环境的室内场所明配，但不适用于有严重腐蚀的场所。具有槽盖的封闭式金属线槽，其耐火性能与钢管相似，可敷设在建筑物的顶棚内。

④ 穿管明配线。是将导管敷设于墙壁、桁架等建筑物的表面明露处，绝缘导线穿在导管内的配线方式。常用的导管有塑料管（PVC管）、水煤气管、薄壁钢管、金属软管和瓷管等。导管配线安全可靠，可避免腐蚀性气体的侵蚀和机械损伤，更换导线方便，普遍应用于重要公用建筑和工业厂房中，以及易燃、易爆和潮湿的场所。

穿钢管明配线施工程序是定位、锯管、套丝、弯管、钢管连接、钢管固定、焊接地跨接线、管内穿线等。

(2) 暗管敷设　在建筑土建工程施工过程中将管子预先埋入建筑物的墙壁、顶棚、地板及楼板内，再将导线穿入管内。这种敷设方式不影响建筑物的美观整洁，而且能防潮和防止导线受到机械损伤和有害气体的侵蚀。但该配线方式管材耗费高、一次性投资大、安装费用高，由于导线穿在管内，管子又是暗敷设，施工、维护困难。暗线敷设主要用于新建筑物、装修要求较高场所及易引起火灾和爆炸的特殊场所。所用管材一般有钢管、PVC阻燃硬塑料管、半硬塑料管、波纹塑料管等。钢管由于造价高、施工困难，一般用于一类建筑电气配线及特殊场合的配线。而半硬塑料管由于具有可挠性、造价低、易加工、具有一定阻燃性、施工方便的特点，目前得到普遍应用。

钢管在现浇混凝土楼板、柱、墙内暗敷设时，应在土建钢筋绑扎完毕后进行。暗配的钢管、接线盒、配电箱、开关盒、插座盒等可用细钢丝绑扎固定，也可焊接固定在结构钢筋上，固定后应对管口、箱或盒的开口进行封口保护，防止浇混凝土时被堵。钢管在砖墙内暗敷设时，应在土建砌墙时，将钢管、配电箱、开关盒、插座盒等埋设在相应位置，注意防止砂浆流入管、箱、盒内造成堵塞。室内布线工程质量控制见表7-1、表7-2。

表7-1 室内布线工程施工主控项目质量要求

项 目	验 收 要 求
金属导管、金属线槽的接地或接零	金属导管和金属线槽必须接地或接零可靠，并符合下列规定： ①镀锌的钢导管、可挠性导管和金属线槽不得熔焊跨接接地线，以专用接地卡跨接的两卡间连线为铜芯软导线，截面积不小于4mm² ②当非镀锌钢管采用螺纹连接时，连接处两端焊跨接接地线；当镀锌钢管采用螺纹连接时，连接处两端用专用接地卡固定跨接地线 ③金属线槽不做设备的接地导体，当设计无要求时，金属线槽全长不少于2处与接地或接零干线连接 ④非镀锌金属线槽间连接板的两端跨接铜芯接地线，镀锌线槽间连接板的两端不跨接接地线，但连接板两端有不少于2个防松螺母或防松的连接固定螺栓
金属导管的连接	①镀锌钢导管、可弯曲金属导管和金属柔性导管不得熔焊连接； ②当非镀锌钢导管采用螺纹连接时，连接处的两端应熔焊焊接保护联结导体； ③镀锌钢导管、可弯曲金属导管和金属柔性导管连接处的两端宜采用专用接地卡固定保护联结导体； ④机械连接的金属导管，管与管、管与盒（箱）体的连接配件应选用配套部件，其连接应符合产品技术文件要求，当连接处的接触电阻值符合现行国家标准《电缆管理用导管系统 第1部分：通用要求》(GB/T 20041.1—2015)的相关要求时，连接处可不设置保护联结导体，但导管不应作为保护导体的接续导体； ⑤金属导管与金属梯架、托盘连接时，镀锌材质的连接端宜用专用接地卡固定保护联结导体，非镀锌材质的连接处应熔焊焊接保护联结导体； ⑥以专用接地卡固定的保护联结导体应为铜芯软导线，截面积不应小于4mm²；以熔焊焊接的保护联结导体宜为圆钢，直径不应小于6mm，其搭接长度应为圆钢直径的6倍； ⑦钢导管不得采用对口熔焊连接；镀锌钢导管或壁厚小于或等于2mm的钢导管，不得采用套管熔焊连接
绝缘导管在砌体内剔槽埋设	当绝缘导管在砌体内剔槽埋设时，应采用强度等级不小于M10的水泥砂浆抹面保护，保护层厚度大于15mm
爆炸危险环境照明线路电线选用和穿管	爆炸危险环境下照明线路电线的额定电压不得低于750V，且电线必须穿于钢管内
槽板敷设和木槽板阻燃处理	槽板敷设应紧贴建筑物表面，且横平竖直、牢固可靠，严禁用木楔固定；木槽板应经过阻燃处理，塑料槽板表面应有阻燃标识
低压电线、电缆绝缘电阻	低压电线、电缆，线间和线对地间的绝缘电阻值必须大于0.5MΩ

表7-2 室内布线工程施工一般项目质量要求

项 目	验 收 要 求
埋地导管的选择与埋深	室外埋地敷设的导管埋深不应小于0.7m；壁厚小于等于2mm的钢制电线导管不应埋设于室外土壤中
导管管口设置与处理	室外导管的管口应设置在盒、箱内；落地式配电箱内管口，箱底无封板时，管口应高出基础面50～80mm；所有管口在穿入电线后应做密封处理；由箱式变配电所和落地式配电箱引向建筑物的导管，建筑物一侧导线管口应设在建筑物内
金属导管的防腐	金属导管内、外壁应做防腐处理；埋设于混凝土内的导管内壁应防腐处理，外壁可以不做防腐处理
柜、台、箱、盘内导管管口高度	室内进入落地柜、台、箱、盘内的导管管口，应高出基础面50～80mm

续表

项　　目	验　收　要　求
暗配导管埋深和明配导管规定	暗配导管埋设深度与建筑物表面的距离不应小于15mm；明配导管应排列整齐，固定点间距均匀，安装牢固；中断、弯头中点或距柜、台、箱、盘等边缘距离为150～500mm之间应设管卡，中间直线段管卡间最大距离应符合下面规定 {见下表}

支架敷设或沿墙明敷设	导管种类	导管直径/mm				
		15～20	25～32	32～40	50～65	65以上
		管卡间最大距离/mm				
	壁厚>2mm钢管	1.5	2.0	2.5	2.5	3.5
	壁厚≤2mm钢管	1.0	1.5	2.0	—	—
	硬质绝缘导管	1.0	1.5	1.5	2.0	2.0

项　　目	验　收　要　求
线槽固定及外观检查	线槽应安装牢固，无扭曲变形，紧固件的螺母应在线槽外侧
防爆导管的连接、接地、固定和防腐	防爆导管敷设应符合下列规定： ①导管间以及与灯具、开关、线盒等的螺纹连接处紧密牢固，除设计有特殊要求外，连接处不跨接接地线，在螺纹上涂以电力复合脂或导电性防锈脂 ②安装牢固顺直，镀锌层锈蚀或剥落处做防腐处理
绝缘导管的连接和保护	绝缘导管敷设应符合下列规定： ①管口平整光滑，管与管、管与盒等器件采用插入法连接时，连接处结合面涂以专用胶合剂，接口牢固密封 ②直埋于地下或楼板内的硬质绝缘导管，在穿出地面或楼板易受机械损伤的一段应采取保护措施 ③当设计无要求时，埋设在墙内或混凝土内的绝缘导管，宜采用中型以上的导管 ④沿建筑物表面和支架上敷设的硬质绝缘导管，按设计要求装设温度补偿装置
柔性导管的长度、连接和接地	金属、非金属柔性导管敷设应符合下列规定： ①刚性导管经柔性导管与电气设备、器具连接时，柔性导管的长度在动力工程中不大于0.8m，在照明工程中不大于1.2m ②可挠金属管或其他柔性导管与刚性导管或电气设备、器具间的连接采用专用接头；复合型可挠金属或其他柔性导管的连接处应密封良好，防潮覆盖层完整无损 ③可挠金属导管和金属柔性导管不能作为接地或接零的接续导体
导管和线槽在建筑物变形缝处的处理	导管和线槽在建筑物变形缝处，应设补偿装置
电线管内清扫和管口处理	电线穿管前，应清除管内杂物和积水。管口应有保护措施，不进入接线盒的垂直管口在穿入电线后管口应密封

课题2 ▶ 建筑电气照明

一、电气照明基础知识

电气照明是建筑物的重要组成部分，良好的照明环境是保证人们进行正常工作、学习和生活的必要条件。照明还能对建筑进行装饰，表现建筑物的美感。

1. 常用的光学物理量

（1）光通量　是指光源在单位时间内，向空间发射出使人产生光感觉的能量，也称为发光量，用符号Φ表示，单位为流[明]（lm）。

光通量是光源的一个基本参数，是说明光源发光能力的基本量。例如，一只220V、40W的白炽灯发射的光通量为350lm，而一只220V、36W荧光灯发射的光通量为2000lm以上，是白炽灯的几倍。光通量越大，人对周围环境的感觉越亮。

（2）发光强度　简称光强，是指发光体在给定方向的立体角内传输的光通量与该立体角之比，即单位立体角的光通量。发光强度的符号为 I，单位为坎［德拉］（cd），是国际单位制中七个基本单位之一，1cd＝1lm/sr。

（3）亮度 是指单位投影面积上的发光强度。亮度的符号为 L，单位为坎［德拉］/平方米（cd/m^2）。亮度表示物体的明亮程度。

（4）照度 表面上一点的照度是入射在包含该点的面元上的光通量与该面元面积之比。照度的符号为 E，单位为勒［克斯］（lx），$1lx＝1lm/m^2$。照度表示被照物体表面的被照亮程度。

《建筑照明设计标准》（GB 50034—2013）对几种场所的照度标准值做了规定，见表7-3～表7-5。

表7-3 居住建筑照明标准值

房间或场所		参考平面及其高度	照度标准值/lx
起居室	一般活动	0.75m 水平面	100
	书写、阅读		300*
卧室	一般活动	0.75m 水平面	75
	床头、阅读		150*
餐厅		0.75m 餐桌面	150
厨房	一般活动	0.75m 水平面	100
	操作台	台面	150*
卫生间		0.75m 水平面	100

注：* 表示宜用混合照明。

表7-4 办公建筑照明标准值

房间或场所	参考平面及其高度	照度标准值/lx	房间或场所	参考平面及其高度	照度标准值/lx
普通办公室	0.75m 水平面	300	营业厅	0.75m 水平面	300
高档办公室	0.75m 水平面	500	设计室	实际工作面	500
会议室	0.75m 水平面	300	文件整理、复印、发行室	0.75m 水平面	300
接待室、前台	0.75m 水平面	300	资料、档案室	0.75m 水平面	200

表7-5 学校建筑照明标准值

房间或场所	参考平面及其高度	照度标准值/lx	房间或场所	参考平面及其高度	照度标准值/lx
教室	课桌面	300	多媒体教室	0.75m 水平面	300
实验室	实验桌面	300	教室黑板	黑板面	500
美术教室	桌面	500			

2. 照明质量

（1）照度水平 照度决定物体的明亮程度。合理的照度能够提高工作效率，保护人眼的视力。不同场所对照度的要求不同，除应满足《建筑照明设计标准》（GB 50034—2013）规定的照度标准值外，有些情况下还需要将照度标准值提高一级。例如，对视觉要求高的精细作业的场所、视觉作业对操作安全有重要影响的场所、连续长时间紧张的视觉作业且对视觉器官有不良影响的场所等。在进行很短时间的作业或作业精度、速度无关紧要时，也可将照度标准值降低一级。

（2）照度均匀度 是指规定表面上的最小照度与平均照度之比。室内照度的分布应具有一定的均匀度，合理的照度均匀度能够减轻因频繁适应照度变化较大的环境而对人眼造成的视觉疲劳，并防止因亮度差别过大而产生的不适眩光。

照度均匀度应满足以下要求。

① 公共建筑的工作房间和工业建筑作业区域内的一般照明照度均匀度不应小于0.7，而作业面邻近周围的照度均匀度不应小于0.5。

② 房间或场所内的通道和其他非作业区域的一般照明的照度值不宜低于作业区域一般照明照度值的1/3。

（3）眩光限制　眩光是指由于视野中的亮度分布或亮度范围的不适宜，或存在极端的对比，以致引起不舒适感觉或降低观察细部或目标的能力的视觉现象。眩光会产生不舒适感，严重的还会损害视觉功效，所以工作必须避免眩光干扰。可用下列方法防止或减少眩光：避免将灯具安装在干扰区内；采用低光泽度的表面装饰材料；限制灯具亮度；照亮顶棚和墙表面，但应避免出现光斑。

（4）光源颜色　光源的发光颜色与温度有关，当温度不同时，光源发出光的颜色不同，光源的显色性也不同。一般用显色指数评价光源的显色性。显色指数越高，光源的显色性越好。显色指数是指在具有合理允差的色适应状态下，被测光源照明物体的心理物理色与参比光源照明同一色样的心理物理色符合程度的度量。长期工作或停留的房间或场所，照明光源的显色指数不宜小于80。在灯具安装高度大于6m的工业建筑场所，显色指数可低于80，但必须能够辨别安全色。

二、照明的种类和方式

1. 照明的种类

（1）正常照明　是指在正常情况下使用的室内外照明。

（2）应急照明　是指因正常照明的电源失效而启用的照明。应急照明包括以下几种照明。

① 疏散照明。是在正常照明因故障熄灭后，为了避免发生意外事故，而需要对人员进行安全疏散时，在出口和通道设置的指示出口位置及方向的疏散标志灯和照亮疏散通道而设置的照明。疏散照明的地面水平照度不宜低于0.5lx。

② 安全照明。是指用于确保处于潜在危险之中的人员安全的照明，如使用圆盘锯等作业场所。工作场所的安全照明照度不应低于该场所正常照明的5%。

③ 备用照明。是在当正常照明因故障熄灭后，可能会造成爆炸、火灾和人身伤亡等严重事故的场所，或停止工作将造成很大影响或经济损失的场所而设的继续工作用的照明，或在发生火灾时为了保证消防能正常进行而设置的照明。一般场所的备用照明照度不应低于正常照明的10%。

应急照明应选用能快速点燃的光源，如白炽灯、卤钨灯、荧光灯，因为这些灯在正常照明断电时可在几秒内达到标准光通量；对于疏散标志灯还可采用发光二极管（LED）。采用高强度气体放电灯则达不到快速点燃的要求。

（3）值班照明　是指在非工作时间里，为需要值班的车间、商店营业厅、展厅等大面积场所提供的照明。它对照度要求不高，可以利用工作照明中能单独控制的一部分，也可利用应急照明，对其电源没有特殊要求。

（4）警卫照明　是指在重要的厂区、库区等有警戒任务的场所，为了防范的需要，根据警戒范围的要求设置的照明。

（5）障碍照明　是指在有危及航行安全的建筑物、构筑物上，根据航行要求而设置的照明。例如，在飞机场周围建设的高楼、烟囱、水塔等，对飞机的安全起降可能构成威胁，应按民航部门的规定，装设障碍标志灯。船舶在夜间航行时航道两侧或中间的建筑物、构筑物或其他障碍物，可能危及航行安全，应按交通部门有关规定，在有关建筑物、构筑物或障物上装设障碍标志灯。

2. 照明的方式

照明方式是指照明设备按照安装部位或使用功能而构成的基本形式。一般分为以下几种。

（1）一般照明　　是指为照亮整个场所而设置的均匀照明。为照亮整个场所，除旅馆客房外，均应设一般照明。

（2）分区一般照明　　是指对某一特定区域，如进行工作的地点，设计成不同的照度来照亮该区域的一般照明。同一场所的不同区域有不同照度要求时，为节约能源，贯彻照度"该高则高"和"该低则低"的原则，应采用分区一般照明。

（3）局部照明　　是指特定视觉工作用的、为照亮某个局部而设置的照明。如在书房、舞台等场所使用的台灯、射灯等就属于局部照明。在一个工作场所内，如果只设局部照明往往形成亮度分布不均匀，从而影响视觉作业，故不应只设局部照明。

（4）混合照明　　是指由一般照明与局部照明组成的照明。对于部分作业面照度要求较高，但作业面密度又不大的场所，若只装设一般照明，会大大增加安装功率，而采用混合照明的方式（增加局部照明来提高作业面照度），则既可以满足照度要求又可以节约能源。

三、常用照明电光源和灯具

（一）电光源的分类

电光源是指将电能转化为光能的设备。在照明工程中使用的各种各样的电光源，根据发光原理的不同，可分为热辐射发光光源、气体放电发光光源和其他发光光源。

1. 热辐射发光光源

（1）白炽灯　　是最早出现的电光源，它是依靠钨丝通过电流时被加热至白炽状态而发光的热辐射光源。白炽灯由灯头、玻璃泡、支架、钨丝及惰性气体构成，如图 7-6 所示。白炽灯的优点是结构简单，使用方便，价格便宜，无频闪现象，能瞬间点燃，显色性能好等；缺点是光效很低，对电压变化较敏感，且由于钨丝在高温时存在蒸发现象，所以寿命较短，抗振性差。

图 7-6　普通白炽灯结构

白炽灯种类较多，有普通白炽灯、信号灯、指示灯、磨砂灯、乳白灯、彩色灯等。其灯头形式有螺口和插口两种。

（2）卤钨灯　　是在白炽灯的基础上改进而成的，工作原理与普通白炽灯基本一致，不同的是卤钨灯泡内填充的气体含有部分卤族元素或卤化物。卤素物质的作用是当灯泡通电工作时，从灯丝蒸发出来的钨在灯泡壁区域内与卤素化合，形成一种挥发性的卤钨化合物。该化合物扩散到较热的灯丝周围时，分解为卤素和钨，释放出的钨沉积在灯丝上，卤素可在温度较低的灯泡壁附近与钨再次化合，从而形成卤钨循环。这样就抑制了钨的蒸发，不仅延长了卤钨灯的使用寿命，而且提高了光效。卤钨灯的结构如图 7-7 所示。

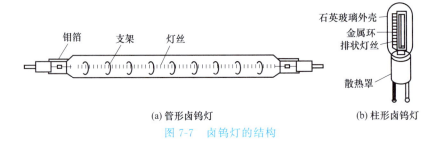

(a) 管形卤钨灯　　(b) 柱形卤钨灯

图 7-7　卤钨灯的结构

根据充入灯泡内卤素的不同，卤钨灯可分为碘钨灯和溴钨灯；按外形的不同可分为管形卤钨灯和柱形卤钨灯。卤钨灯的优点是体积小、功率大、光色好、光效高、寿命长；缺点是电压变化较敏感，不耐振动。卤钨灯主要用在大范围照明的场所，如广场、工地照明等。

卤钨灯不能在低温环境下工作。双端卤钨灯的灯管应水平安装，倾斜角度不得超过4°。灯具周围应无易燃物质，且避免振动和撞击。

2. 气体放电发光光源

（1）荧光灯　是低压汞蒸气放电灯。在外加电压作用下，汞蒸气放电会产生的大量紫外线和少量的可见光，紫外线激活管内壁涂敷的荧光粉发出的光与可见光混合在一起，发出的光接近于白色，故荧光灯又称日光灯。荧光粉的化学成分不同，荧光灯发出的光颜色也不同，常见的有日光色（RR）、冷光色（RL）、白色（RB）、白炽灯色（RD）和三基色（即由蓝、绿、红三色光混合而成的白光）。

荧光灯一般由灯管、启动器、镇流器和补偿电容组成，如图7-8～图7-10所示。灯管两边有钨丝电极，电极表面涂有氧化钡，灯管内壁涂有荧光粉，管内充有氩气和少量的汞。启动器由封装在玻璃泡内的一个固定的静触片和用双金属片制成U形的动触片组成，玻璃泡内充有氖气。当接通电源后，静触片和动触片在电压作用下产生辉光放电，使玻璃泡内的温度迅速升高，双金属片受热膨胀使动触片与静触片接触，电路闭合，同时辉光放电结束，玻璃泡内的温度降低，双金属片恢复原状，动、静触片分开。电感式镇流器的内部是一只绕在硅钢片铁芯上的电感线圈，其自感系数很大。当启动器的动、静触片分开的瞬间，线圈产生很高的电压脉冲，从而使灯管两电极之间产生弧光放电，灯管点燃。荧光灯点燃后，启动器端的电压较低，不能使其产生辉光放电而处于常开状态。为消除启动器断开时对周围电子设备产生电磁干扰，所以在启动器内并联一个小电容。

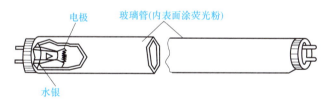

图7-8　双端荧光灯的构造

图7-9　启动器的构造　　　图7-10　镇流器的构造

荧光灯的电路如图7-11所示。

荧光灯的分类方式有多种。根据形状不同分为直管型和紧凑型荧光灯；根据电源加电端不同分为单端（图7-12）和双端荧光灯；根据启动方式不同分为预热启动、快速启动和瞬时启动等。单端荧光灯按照放电管的数量和形状的不同又可分为单管、双管、四管、多管、

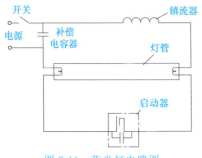

图 7-11 荧光灯电路图

方形、环形荧光灯等类型。

荧光灯的优点是发光效率高（是相同功率白炽灯的 2~5 倍）、显色性好、表面亮度低、光线柔和、寿命长（约为 2000~10000h）、眩光影响小，光谱接近日光等。新型直管 T5 型荧光灯，比 T8、T12 型荧光灯的光效更高，环保、节能效果更明显。环形荧光灯的光源集中、照度均匀且造型美观，在家庭居室照明中应用较多。紧凑型节能荧光灯兼具白炽灯和荧光灯二者的优点，具有较好的显色性和较高的光效，且寿命长、使用方便，可制成各种造型新颖的台灯、吊灯、装饰灯等，广泛应用于家庭、宾馆、办公室等场所的照明。荧光灯的缺点是功率因数低，约为 0.5，在低温环境中难启动，频闪效应严重，附件多，不宜频繁开关。

双曲灯　　　　环形荧光灯　　　　双D灯　　　　H灯

图 7-12　常见的单端荧光灯

（2）高压汞灯　也称高压水银灯，常用于车间、施工现场等需要大面积照明的场所。按构造的不同分为外镇流式和自镇流式高压汞灯两种，其构造如图 7-13 和图 7-14 所示。

自镇流式高压汞灯去掉了镇流器，采用自镇流灯丝，不需要任何附件，旋入灯座即可点燃，较外镇流式高压汞灯结构简单。高压汞灯的优点是发光效率高、省电、耐振、耐热、寿命长、发光强等；缺点是点燃和再点燃的时间较长，启动一般需 4~8min，再点燃需 5~10min，对电压变化敏感，当电压波动过大时，会导致灯自动熄灭。

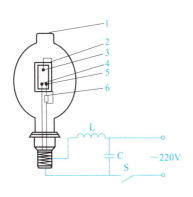
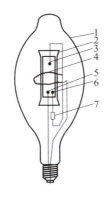
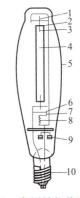

图 7-13　外镇流式高压汞灯的　　图 7-14　自镇流式高压汞灯的构造　　图 7-15　高压钠灯构造示意图
构造和工作线路图　　　　　　1—外泡壳；2—石英内管；3—主极1；　　1—铌排气管；2—铌帽；3—钨丝电极；
1—外泡壳；2—放电管；3—主电极1；　　4—自镇流灯丝；5—主极2；　　　　4—放电管；5—外泡壳；
4—主电极2；5—辅助电极；6—灯丝；　　6—辅助电极；7—电阻　　　　　　6—双金属片；7—触头；8—电阻；
L—镇流器材；C—补偿电容器；S—开关　　　　　　　　　　　　　　　　　　9—钡钛消气剂；10—灯帽

（3）高压钠灯　其发光原理与荧光灯类似，除灯管外也需要镇流器和启动器（采用双金属片开关），通过高压钠蒸气放电而发出金白色光。其结构如图 7-15 所示。高压钠灯的放电管内除钠外，还充入汞和惰性气体（氩或氙）。高压钠灯按泡壳分为普通型和漫射椭圆形；按触发方式不同分为内启动型（不需要触发器）和外触发型，目前应用较多的是外触发型。高压钠灯的发光效率较高，约为高压汞灯的两倍，属节能型光源。它结构简单，使用平均寿命长，紫外线辐射小，不会招引飞虫；透雾性能和耐振性能好，受环境温度变化影响小，特别适合交通道路照明。其缺点是对电压偏移较为敏感，电源电压过高或过低，灯泡的正常燃点和寿命都会受较大影响。

使用时需注意：灯泡必须按线路图正确接线，并与相应的专用镇流器、触发器配套使用；避免使灯头温度高于 250℃，在重要场合及安全性要求高的场合使用时，应选用密封型、防爆型或其他专用工具；为防止破壳爆裂，灯泡点燃时应避免与水或冷物接触；由于热态启动容易使灯泡损坏或烧毁，所以必须在点燃的灯泡关闭或熄灭 15min 后，待灯泡温度降下来，才能通电再次启动。

（4）金属卤化物灯　是在高压汞灯的基础上发展而来的，其结构与高压汞灯类似。不同之处在于，金属卤化物灯的放电管内，不仅充有汞和氩气，还充入能发光的金属卤化物（一般为金属碘化物）。放电管工作时，金属卤化物在电弧的高温下被分解成金属和卤素原子，金属原子在电弧中受激发而辐射该金属特征的光谱线，从而弥补了高压汞蒸气放电辐射光谱中的不足，因此发光效率显著提高。不同的金属卤化物所发出的光颜色不同，如碘化铊汞灯发出的光为绿色，钠铊铟灯发出的光为白色，镝灯为日光型光源，铟灯发出蓝色光等。钠铊铟灯结构示意图如图 7-16 所示。

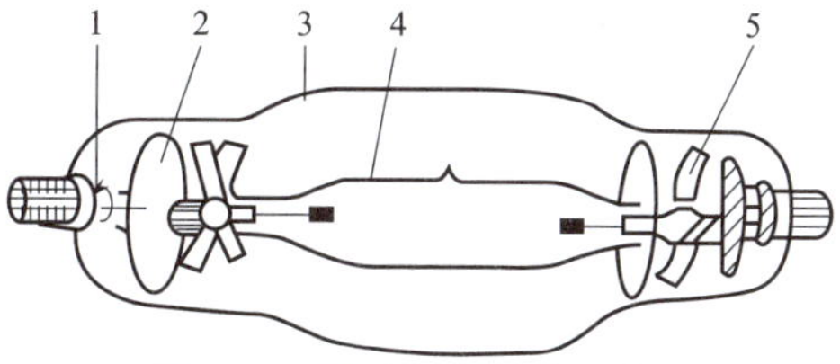

图 7-16　钠铊铟灯结构示意图
1—引线；2—云母片；3—硬玻璃外壳；
4—石英玻璃放电管；5—点架

金属卤化物灯的尺寸小、功率大、发光效率高、显色性好、所需启动电流小、抗电压波动稳定性较高，是一种较理想的光源，常用在高照度或要求显色性好的场所，如码头、繁华街道、体育馆等。

金属卤化物灯的平均寿命比高压汞灯短，对电压变化敏感，要求电压变化不宜超过额定值的±5%。灯管熄灭约 10min 后才能再次启动。不宜频繁启动，否则将使灯泡寿命显著缩短。当环境温度较低时，灯泡启动变得困难。

（5）氙灯　通过高压氙气的放电产生很强白光，与太阳光相似，显色性很好、发光效率高、功率大，又称为"小太阳"。氙灯适用于广场、飞机场、海港等大面积的照明，分为长弧氙灯和短弧氙灯两种，在建筑施工现场一般使用的是长弧氙灯。氙灯能瞬时点燃，且工作稳定、耐高、低温性能好、耐振动。但平均寿命较短，约 500~1000min，价格较高。氙灯的工作温度较高，所以灯座和灯具的引入线应耐高温，工作时辐射的紫外线较多，人应与其保持适当距离。

（6）霓虹灯　是一种冷阴极辉光放电灯，由电极、引入线以及灯管组成。正常工作时处于高电压、小电流状态，一般通过特殊设计的漏磁式变压器给霓虹灯供电。接通电源后，变压器次级产生的高电压（为保证安全，一般不大于 15000V）使灯管内气体电离，发出彩色的辉光。

霓虹灯的发光效率特别低，能耗较大，但颜色鲜艳，控制方便，多用于广告图案。因为变压器的次级电压较高，所以二次回路必须与所有金属构架或建筑物完全绝缘。

3. 其他发光光源

（1）场致发光灯（屏）　是利用场致发光现象制成的发光灯（屏）。它可以通过分割做成各种图案与文字，多用于指示照明、电脑显示屏等照度要求不高的场所。

（2）LED发光二极管　是一种半导体光源。一般由电极、PN结芯片和封装树脂组成。它具有发光效率高、反应速度快、无冲击电流、可靠性高、寿命长等特点，多用作指示灯、显示器、交通信号灯、汽车灯等，是一种非常有前途的照明光源。

（3）光纤照明　是利用光纤将光线导向被照物体。因为光纤具有柔韧性，所以可以用其勾勒出建筑物的外形轮廓，突出建筑物的特点。

（4）无极灯　无极灯是高频等离子体放电无极灯的简称。它是通过高频发生器的电磁场以感应的方式耦合到灯内，使灯泡内的气体雪崩电离，形成等离子体。等离子受激原子返回基态时辐射出紫外线。灯泡内壁的荧光粉受到紫外线激发产生可见光。

无极灯分为高频无极灯和低频无极灯。其优点是：灯泡内无灯丝、无电极，产品使用寿命达60000h以上；发光效率高，显色指数高，宽电压工作，安全没有频闪效应，光衰小。瞬时启动再启动时间均小于0.5s，启动温度低，适应温度范围大，零下25℃均可正常启动和工作，功率因数可高达0.95以上，安全可靠，绿色环保，真正实现免维护、免更换。缺点是：存在电磁干扰和空间电磁辐射问题；限于散热，无极灯还不能实现大功率化，一般在185W以内；与紧凑型荧光灯相比，价格较高。无极灯如图7-17所示。

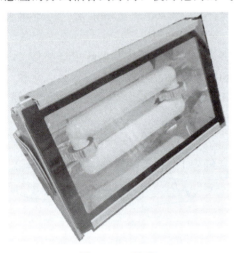

图7-17　无极灯

（5）LED灯　LED即发光二极管，是一种能够将电能直接转化为可见光的固态的半导体器件。LED灯（图7-18）是一种固态的半导体组件，其利用电流顺向流通到半导体PN结耦合处产生光子发射。LED灯的核心是一个半导体的晶片，晶片的一端附在一个支架上，一端是负极，另一端连接电源的正极，使整个晶片被环氧树脂封装起来。

① LED灯优点。

节能环保：其发光效率达到100lm/W以上，普通的白炽灯约40lm/W，节能灯约70lm/W。

长寿命：一般可以达到5万小时，且没有辐射。

外观：造型别致优雅、防尘、防振动、防漏电、防腐蚀、美观大方、绿色、节能、环保，可在－40～50℃环境温度下正常使用。

图7-18　LED灯

② LED灯缺点。

散热需求高；高起始成本；大功率LED灯的效率仍待加强；生产误差大。

（二）照明灯具

灯具是能透光、分配和改变光源光分布的器具，包括除光源外所有用于固定和保护光源所需的全部零、部件，以及与电源连接所必需的线路附件。灯具由光源和控照器组成。控照器也称为灯罩或灯具，其主要功能是固定光源，透光、分配和改变光源光分布。灯具对创造舒适的照明环境非常重要，它不仅能使光线按所需方向投射，还可以降低眩光，装饰和美化环境，改善人们的视觉效果。

1. 灯具的分类

（1）按灯具光通量在空间中的分配特性分类

① 直接型灯具。是能向灯具下部发射90%~100%直接光通量的灯具。一般由搪瓷、铝或镀银镜面等反光性能良好的不透明材料制成，绝大部分光线被反射向下，使灯的上部几乎没有光线，顶棚很暗，很容易与明亮灯光形成对比眩光。直接型灯具光线集中，方向性很强，灯具的光通量利用率最高，适合于工作环境照明。直接型灯具又可按其配光曲线的形状分为特深照型、深照型、广照型、配照型和均匀配照型5种。

② 半直接型灯具。是能向灯具下部发射60%~90%直接光通量的灯具。一般由半透明材料制成下面开口的式样，它能将较多的光线照射到工作面上，又能发出少量的光线照射顶棚，使空间环境得到适当的亮度，减小灯具与顶棚间的强烈对比，改善房间内的亮度比，使室内环境亮度更舒适。这种灯具常用于办公室、书房等场所。

③ 漫射型灯具。是能向灯具下部发射40%~60%直接光通量的灯具。这类灯具采用漫射透光材料制成封闭式的灯罩，选型美观，光线均匀柔和，如乳白玻璃球形灯。它常用于起居室、会议室和厅堂的照明。缺点是光的损失较多，光效较低。

④ 半间接型灯具。半间接型灯具是能向灯具下部发射10%~40%直接光通量的灯具。它的上半部一般用透光材料制成，下半部用漫射透光材料制成，这样就把大部分光线投向顶棚和上部墙面，使室内光线更为柔和宜人。使用中上半部容易聚集灰尘，影响灯具的效率。

⑤ 间接型灯具。是能向灯具下部发射10%以下的直接光通量的灯具。大部分光线投向顶棚，使顶棚成为二次光源，使室内光线扩散性极好，光线均匀柔和。缺点是光通损失较大，不经济。

（2）按灯具结构分类

① 开启型灯具。其特点是没有灯罩，光源直接照射周围环境。

② 闭合型灯具。采用闭合的透光罩，但灯具内部与外界能自然通气，不防尘，如半圆罩天棚灯和乳白玻璃球形灯等。

③ 封闭型灯具。与闭合型灯具结构类似，但封闭型灯具的透光罩接合处做一般封闭，与外界隔绝较可靠，罩内外空气只能有限流通。

④ 密闭型灯具。其透光罩接合处严密封闭，具有防水、防尘功能。

⑤ 防尘型灯具。灯具密闭，灯具外壳与玻璃罩以螺钉连接。防尘式灯具不能完全防止灰尘进入，但进入量不妨碍设备的正常使用。

⑥ 防水灯具。是指在构造上具有防止水浸入功能的灯具，如防滴水、防溅水、防喷水、防雨水等。

⑦ 防爆型灯具。其透光罩及接合处、灯具外壳均能承受要求的压力，用于爆炸危险场所，它能保证在任何条件下，不会因灯具引起爆炸危险。

⑧ 隔爆型灯具。结构坚实，能承受灯具内部爆炸性气体混合物的爆炸压力，并能阻止内部的爆炸向灯具外罩周围爆炸性混合物传播，适用于有可能发生爆炸的场所。

⑨ 增安型灯具。是指正常运行条件下，在不能产生火花或可能点燃爆炸性混合物的高温的灯具结构上，采取措施提高安全度，以避免在正常条件下或认可的不正常的条件下出现上述现象的灯具。

⑩ 防振型灯具。采取了防振或减振措施，可安装在有振动的环境中，如吊车、行车或有振动的车间、码头等场所。

(3) 按灯具的安装方式分类

① 悬吊式灯具。用吊绳、吊链、吊管等悬吊在顶棚上或墙支架上的灯具。

② 吸顶灯具。直接安装在顶棚表面的灯具。

③ 嵌入式灯具。安全或部分地嵌入安装表面的灯具。

④ 壁灯。直接固定在墙上或柱子上的灯具。

⑤ 落地灯。装在高支柱上并立于地面上的可移式灯具。

⑥ 可移式灯具。在接上电源后，可轻易地由一处移至另一处的灯具。

2. 照明灯具及其附属装置的选择

灯具的选择应在满足使用功能和照明质量的要求下，便于安装和维护，长期运行费用低。因此，应优先采用高效节能电光源和高效灯具。

对于灯具的具体选择应考虑如下原则。

(1) 选用的照明灯具应符合国家现行相关标准的有关规定。

(2) 在满足眩光限制和配光要求条件下，应选用效率高的灯具，并应符合下列规定。

① 荧光灯灯具的效率不应低于表 7-6 的规定。

表 7-6 荧光灯灯具的效率

灯具出光口形式	开敞式	保护罩（玻璃或塑料）		格栅
		透明	磨砂、棱镜	
灯具效率/%	75	65	55	60

② 高强度气体放电灯灯具的效率不应低于表 7-7 的规定。

表 7-7 高强度气体放电灯灯具的效率

灯具出光口形式	开 敞 式	格栅或透光罩
灯具效率/%	75	60

(3) 根据照明场所的环境条件，分别选用下列灯具。

① 在有蒸汽场所当灯泡点燃时由于温度升高，在灯具内产生正压，而灯泡熄灭后，由于灯具冷却，内部产生负压，将潮气吸入，容易使灯具内积水。所以在潮湿的场所，应采用相应防护等级的防水灯具或带防水灯头的开敞式灯具。

② 在有腐蚀性气体或蒸汽的场所，宜采用耐蚀密闭式灯具。若采用开敞式灯具，各部分应有耐蚀或防水措施。

③ 在高温场所，宜采用散热性能好、耐高温的灯具。

④ 在有尘埃的场所，应按防尘的相应防护等级选择适宜的灯具。

⑤ 在装有锻锤、大型桥式吊车等振动、摆动较大场所使用的灯具，应有防振和防脱落措施。因为振动对光源寿命影响较大，甚至可能使灯泡自动松脱掉下，既不安全，又增加了维修工作量和费用，所以，在此种场所应采用防振型软性连接的灯具或防振的安装措施，并在灯具上加保护网，以防止灯泡掉下。

⑥ 在易受机械损伤、光源自行脱落可能造成人员伤害或财物损失的场所使用的灯具，应有防护措施。

⑦ 在有爆炸或火灾危险场所使用的灯具，应符合国家现行相关标准和规范的有关规定。

⑧ 在有洁净要求的场所，应采用不易积尘、易于擦拭的洁净灯具。

⑨ 在需防止紫外线照射的场所，应采用隔紫灯具或无紫光源。

（4）直接安装在可燃材料表面的灯具，应采用标有 F 标志的灯具。

（5）自镇流荧光灯应配用电子镇流器，直管形荧光灯应配用电子镇流器或节能型电感镇流器，高压钠灯、金属卤化物灯应配用节能型电感镇流器。在电压偏差较大的场所，宜配用恒功率镇流器；功率较小者可配用电子镇流器。采用的镇流器应符合该产品的国家能效标准。

（6）高强度气体放电灯的触发器与光源的安装距离应符合产品的要求。

四、照明供电线路

（一）照明负荷的供电方式

1. 一级负荷

一级负荷应由两个电源供电，当一个电源发生故障时，另一个电源可以照常供电。照明一级负荷与电力一级负荷应结合一起考虑。对一级负荷中的特别重要负荷，除上述两个电源外，还必须增设应急电源，以保证对特别重要负荷的供电。严禁将其他负荷接入应急供电系统。常用的应急电源有独立于正常电源的发电机组、供电网络中有效独立于正常电源的专门馈电线路、蓄电池、干电池。

根据允许中断供电的时间可分别选择下列应急电源：允许中断供电时间为 15s 以上的供电，可选用快速自启动的发电机组；自投装置的动作时间能满足允许中断供电时间的，可选用带有自动投入装置的独立于正常电源的专用馈电线路；允许中断供电时间为毫秒级的供电，可选用蓄电池静止型不间断供电装置、蓄电池机械贮能发电机型不间断供电装置或柴油机不间断供电装置。应急电源的工作时间应按生产技术上要求的停车时间考虑，当与自动启动的发电机组配合使用时，不宜少于 10min。

2. 二级负荷

二级负荷一般由两回线路供电，其高压电源可以是一个电源。当电力变压器或线路发生故障时不致中断供电，或中断后能迅速恢复。

3. 三级负荷

三级负荷对照明没有特殊要求。动力和照明负荷功率较大时应分开供电，功率较小时可合并供电。动力和照明应在进户线处分开。

（二）照明供电系统的组成

1. 进户线

进户线的引入方式主要有两种，即架空引入和电缆引入。架空引入是由建筑物外部低压架空供电线路的电杆上将电线接到外墙横担的绝缘子上。电缆引入是将电缆由室外埋地穿过基础进入建筑物内。架空引入施工简单，造价低，但影响建筑物的整体美感。当架空线下方有道路时，对通行的车辆有高度限制。电缆进线美观，对周围环境影响小，但施工复杂。

2. 配电箱

配电箱是接受和分配电能的装置。配电箱中一般装有开关、熔断器及电能计量仪表（如电度表）等。

3. 干线和支线

用电负荷较大的建筑物一般设有总配电箱和分配电箱。汇集干线接入总进户线的配电装置称为总配电箱，汇集支线接入干线的配电装置称为分配电箱。干线是指从总配电箱到分配电箱的线路。支线是指从分配电箱到灯具或其他用电器的线路。

（三）常用的照明配电方式

配电方式有多种，可根据实际情况选定。基本的照明配电有放射式、树干式、混合式三种。放射式的优点是各负荷独立受电，可靠性较高，但投资较高，有色金属消耗量较大，一般用于重要的负荷。树干式虽然建设费用低，但当干线出现故障时影响范围较大，可靠性差。混合式是放射式和树干式的综合，兼具二者优点，应用最为广泛。

《建筑照明设计标准》（GB 50034—2013）规定：照明配电宜采用放射式和树干式结合的系统。三相配电干线的各相负荷宜分配平衡，最大相负荷不宜超过三相负荷平均值的115%，最小相负荷不宜小于三相负荷平均值的85%。照明配电箱宜设置在靠近照明负荷中心便于操作维护的位置。每一照明单相分支回路的电流不宜超过16A，所接光源数不宜超过25个；连接建筑组合灯具时，回路电流不宜超过25A，光源数不宜超过60个；连接高强度气体放电灯的单相分支回路的电流不应超过30A。插座不宜和照明灯接在同一分支回路。在电压偏差较大的场所，有条件时，宜设置自动稳压装置。供给气体放电灯的配电线路宜在线路或灯具内设置电容补偿，功率因数不应低于0.9。

五、照明配电箱与控制电器的安装

（一）照明配电箱的安装

照明配电箱分为明装式和嵌入式两种，主要由箱体、箱盖、汇流排（接线端子排）、断路器安装支架等部分组成。

1. 照明配电箱安装的作业条件

（1）室内门窗、玻璃安装完毕，土建装修作业完毕，作业场地干净平整。

（2）土建施工已按设计要求预埋线管，预留孔洞的位置和尺寸符合图纸设计要求。

（3）安装照明配电箱的建筑物或构筑物应保证足够的强度，土建工程质量应符合国家现行的施工及验收规范要求。

2. 照明配电箱的安装要求

（1）照明配电箱应安装在干燥、明亮、不易受振、便于操作的场所，不得安装在水池的上、下侧，若安装在水池的左、右侧时，其净距不应小于1m。

（2）配电箱的安装高度应按设计要求确定。配电箱应安装牢固，垂直度允许偏差为0.15%；底边距地面为1.5m，照明配电板底边距地面不小于1.8m，相互间接缝不应大于2mm，成列盘面偏差不应大于5mm。

（3）配电箱应采用不可燃材料制作。

（4）箱体开孔与导管管径适配，箱体涂层完整。箱内配线整齐，无绞接现象，回路编号齐全，标识正确。导线连接紧密，不伤芯线，不断股。垫圈下螺钉两侧压的导线截面积相同，同一端子上导线连接不多于2根，防松垫圈等零件齐全。箱内开关动作灵活可靠，带有漏电保护的回路，漏电保护装置动作电流不大于30mA，动作时间不大于0.1s。照明配电箱内，分别设置零线（N）和保护地线（PE线）汇流排，零线和保护地线经汇流排配出。

（5）配电箱外壁与墙面的接触部分应涂防腐漆，箱内壁及盘面均刷两道驼色油漆。除设计有特殊要求外，箱门油漆颜色一般均应与工程门窗颜色相同。

（6）暗装配电箱箱盖紧贴墙面，墙壁内的预留孔洞尺寸应比配电箱的外形尺寸略大。

3. 成品保护

（1）在安装过程中，不能碰坏室内墙面、地面、顶板、门窗、装饰等，严禁剔槽、打孔。安装配电箱面板时，应注意保护墙面整洁。

（2）应对已完工项目及设备配件进行成品保护，避免设备磕碰、倒立，防止设备油漆及电器元件损伤。不能及时安装的设备，应存放在室内，防止设备被风吹、日晒或雨淋。

（3）土建工程不能在设备安装完毕后再进行施工。

（4）设备安装完毕后，周边不能有存水管道。

4. 安全环保措施

（1）配电箱需刷防腐漆时，不得污染设备和室内地面。

（2）吊装前应认真检查机具和索具，确认合格后方能进行吊装作业。

（3）试运行前应准备好安全防护用品，应严格按试运行方案操作，操作和监护人员不得随意改变操作程序。

（二）灯具的安装

1. 作业条件

（1）土建工程全部结束，场地清理干净，对照明灯具的安装无任何妨碍。

（2）预埋件及预留孔洞的位置、几何尺寸符合图纸要求。

（3）灯头盒内刷防锈漆，灯头盒四周修补完整。

（4）剔除盒内残存的灰块及杂物，并用湿布将盒内灰尘擦净。

2. 灯具的安装要求

（1）灯具固定应符合下列规定：灯具固定应牢固可靠，在砌体和混凝土结构上严禁使用木楔、尼龙塞或塑料塞固定；重量大于10kg的灯具，固定装置及悬吊装置应按灯具重量的5倍恒定均布载荷做强度试验，且持续时间不得少于15min。

（2）悬吊式灯具安装应符合下列规定：

带升降器的软线吊灯在吊线展开后，灯具下沿应高于工作台面0.3m；质量大于0.5kg的软线吊灯，灯具的电源线不应受力；重量大于3kg的悬吊灯具，固定在螺栓或预埋吊钩上，螺栓或预埋吊钩的直径不应小于灯具挂销直径，且不应小于6mm；当采用钢管作灯具吊杆时，其内径不应小于10mm，壁厚不应小于1.5mm；灯具与固定装置及灯具连接件之间采用螺纹连接的，螺纹啮合扣数不应少于5扣。

（3）吸顶或墙面上安装的灯具，其固定用的螺栓或螺钉不应少于2个，灯具应紧贴饰面。

（4）由接线盒引至嵌入式灯具或槽灯的绝缘导线应符合：绝缘导线应采用柔性导管保护，不得裸露，且不应在灯槽内明敷；柔性导管与灯具壳体应采用专用接头连接。

（5）普通灯具的Ⅰ类灯具外露可导电部分必须采用铜芯软导线与保护导体可靠连接，连接处应设置接地标识，铜芯软导线的截面积应与进入灯具的电源线截面积相同。除采用安全电压以外，当设计无要求时，敞开式灯具的灯头对地面距离应大于2.5m。

（6）埋地灯安装应符合：埋地灯的防护等级应符合设计要求；埋地灯的接线盒应采用防护等级为IPX7的防水接线盒，盒内绝缘导线接头应做防水绝缘处理。

（7）庭院灯、建筑物附属路灯安装应符合：灯具与基础固定应可靠，地脚螺栓备帽应齐全；灯具接线盒应采用防护等级不小于IPX5的防水接线盒，盒盖防水密封垫应齐全、完整。灯具的电器保护装置应齐全，规格应与灯具适配。灯杆的检修门应采取防水措施，且闭锁防盗装置完好。

(8）安装在公共场所的大型灯具的玻璃罩，应采取防止玻璃罩向下溅落的措施。

(9）LED 灯具安装应符合下列规定：

灯具安装应牢固可靠，饰面不应使用胶类粘贴。灯具安装位置应有较好的散热条件，且不宜安装在潮湿场所。灯具用的金属防水接头密封圈应齐全、完好。灯具的驱动电源、电子控制装置室外安装时，应置于金属箱（盒）内；金属箱（盒）的 IP 防护等级和散热应符合设计要求，驱动电源的极性标记应清晰、完整；室外灯具配线管路应按明配管敷设，且应具备防雨功能，IP 防护等级应符合设计要求。

检查数量：按灯具型号各抽查 5%，且各不得少于 1 套。

检查方法：观察检查，查阅产品进场验收记录及产品质量合格证明文件。

3. 成品保护

(1）灯具应设专人保管，操作人员应有成品保护意识，领料时不应过早地拆去包装物，防止灯具损伤。

(2）灯具应码放整齐、稳固，注意防潮。搬运时轻拿轻放，避免碰坏表面的防护性镀层或玻璃罩、装饰性镀层或装饰物。

(3）安装灯具时应保持墙面、地面清洁，不得碰坏墙面。对施工中无法避免的损伤，应在施工结束后，及时修补破损部分。

(4）灯具安装完毕后，不得再次进行喷涂作业，防止照明器具污染。其他工种作业时，应注意避免碰坏灯具。

（三）开关、插座、风扇的安装

1. 作业条件

(1）顶板和墙面应刷完涂料或油漆，地面清洁，无妨碍施工的模板或脚手架。

(2）线路的导线已敷设完毕，各回路电线已做完绝缘摇测。

(3）吊扇的吊钩预埋完成。

(4）开关、插座、风扇进场验收合格。

2. 安装要求

(1）当交流、直流或不同电压等级的插座安装在同一场所时，应有明显的区别，且必须选择不同结构、不同规格和不能互换的插座；配套的插头应按交流、直流或不同电压等级区别使用。

(2）单相两孔插座，面对插座的右孔或上孔与相线连接，左孔或下孔与零线连接；单相三孔插座，面对插座的右孔与相线连接，左孔与零线连接；单相三孔、三相四孔及三相五孔插座的接地（PE）或接零（PEN）线接在上孔。插座的接地端子不与零线端子连接。同一场所的三相插座，接线的相序一致。接地（PE）或接零（PEN）线在插座间不串联连接。

(3）当接插有触电危险家用电器的电源时，采用能断开电源的带开关插座，开关断开相线；潮湿场所采用密封型并带保护地线触头的保护型插座，安装高度不低于 1.5m。

(4）当不采用安全型插座时，托儿所、幼儿园及小学等儿童活动场所安装高度不小于 1.8m；暗装的插座面板紧贴墙面，四周无缝隙，安装牢固，表面光滑整洁、无碎裂、划伤，装饰帽齐全；车间及试（实）验室的插座安装高度距地面不小于 0.3m；特殊场所暗装的插座不小于 0.15m；同一室内插座安装高度一致；地插座面板与地面齐平或紧贴地面，盖板固定牢固，密封良好。

(5) 开关安装位置便于操作,开关边缘距门框边缘的距离为 0.15～0.2m,开关距地面高度为 1.3m;拉线开关距地面高度为 2～3m,层高小于 3m 时,拉线开关距顶板不小于 100mm,拉线出口垂直向下;相同型号并列安装及同一室内开关安装高度一致,且控制有序不错位。并列安装的拉线开关的相邻间距不小于 20mm;暗装的开关面板应紧贴墙面,四周无缝隙,安装牢固、表面光滑整洁、无碎裂、划伤,装饰帽齐全。

(6) 吊扇挂钩安装牢固,吊扇挂钩的直径不小于吊扇挂销直径,且不小于 8mm;有防振橡胶垫;挂销的防松零件齐全、可靠;吊扇扇叶距地高度不小于 2.5m;吊扇组装不改变扇叶角度,扇叶固定螺栓防松零件齐全;吊杆间、吊杆与电动机间的螺纹连接,啮合长度不小于 20mm,且防松零件齐全紧固;吊扇接线正确,当运转时扇叶无明显颤动和异常声响;同一室内并列安装的吊扇开关高度一致,且控制有序不错位。

(7) 壁扇底座采用尼龙塞或膨胀螺栓固定;尼龙塞或膨胀螺栓的数量不少于 2 个,且直径不小于 8mm。固定牢固可靠;壁扇防护罩扣紧,固定可靠,当运转时扇叶和防护罩无明显颤动和异常声响;壁扇下侧边缘距地面高度不小于 1.8m。

3. 成品保护

(1) 开关、插座、风扇安装完毕后,不得再次进行喷涂作业,其他工种作业时,应注意避免碰撞。

(2) 安装时不得污染墙面、地面,应保持其清洁。对不能避免的损伤,应在安装后及时进行修复。

(3) 施工中需要临时插接电源时,应首先看清插座的额定电流和额定电压值,避免插接超过插座允许的临时负荷。

4. 安全环保措施

(1) 熔化焊锡时,锡锅要干燥,防止锡液爆溅。

(2) 插座安装完成后,应检测插座接线是否正确,并用漏电检测仪检测插座的所有漏电开关是否动作正确、可靠。

(3) 吊扇安装完毕后应做通电试验,以确定吊扇转动是否平稳。

(4) 应做到工完场清,保持地面清洁,包装盒、电线头及绝缘层外皮等应分类收集,统一清运。

六、配电与照明节能

《建筑节能工程施工质量验收标准》(GB 50411—2019)对建筑配电与照明节能做了如下规定。

(1) 照明光源、灯具及其附属装置的选择必须符合设计要求,进场验收时应对下列技术性能进行核查,并经监理工程师(建设单位代表)检查认可,形成相应的验收核查记录。质量证明文件和相关技术资料应齐全,并符合国家现行有关标准和规定。

(2) 低压配电系统选择的电缆、电线截面不得低于设计值,进场时应对其截面和每芯导体电阻进行见证取样送检。每芯导体电阻值应符合国家现行有关标准和规定。

(3) 工程安装完成后应对低压配电系统进行调试,调试合格后应对低压配电电源质量进行检测。

① 供电电压允许偏差:三相供电电压允许偏差为标称系统电压的 $\pm 7\%$;单相 220V 为 $+7\%$、-10%。

② 公共电网谐波电压限值:380V 的电网标称电压,电网总谐波畸变率为 5%,奇次 (1～25 次) 谐波含有率为 2%。

③ 谐波电流不应超过规定的允许值。

④ 三相电压不平衡允许值为2%，短时不得超过4%。

⑤ 照明值不得小于设计值的90%。

⑥ 功率密度值应符合《建筑照明设计标准》（GB 50034—2013）的规定。

（4）母线与母线或母线与电器接线端子，当采用螺栓搭接连接时，应采用力矩扳手拧紧，制作应符合《建筑电气工程施工质量验收规范》（GB 50303—2015）的有关规定。

（5）交流单芯电缆分相后的每相电缆宜"品"字形（三叶形）敷设，且不得形成闭合铁磁回路。

（6）三相照明配电干线的各相负荷宜分配平衡，其最大相负荷不宜超过三相负荷平均值的115%，最小相负荷不宜小于三相负荷平均值的85%。

（7）输配电系统的节能

① 输配电系统的功率因数、谐波的治理是节约电能提高输配电质量的有效途径。

② 输配电系统应选择节约电能设备，减少设备本身的电能损耗，提高系统整体节约电能的效果。

③ 输配电系统电压等级的确定：选择市电较高的输配电电压深入负荷中心。设备容量在100kW及以下或变压器容量在50kV·A及以下者，可采用380/220V配电系统。如果条件允许或特殊情况可采用10kV配电，对于大容量用电设备（如制冷机组）宜采用10kV配电。

（8）功率因数补偿

① 输配电设计通过合理选择电动机、电力变电器容量以及对气体放电灯的启动器，降低线路阻抗（感抗）等措施，提高线路的自然功率因素。

② 民用建筑输配电的功率因数由低压电容器补偿，宜由变配电所集中补偿。

③ 对于大容量负载，稳定、长期运行的用电设备宜单独就地补偿。

④ 集中装设的静电电容器应随负荷和电压变化及时投入或切除，防止无功负荷倒送。电容器组采用分组循环自动切换运行方式。

（9）电气照明节能

① 在满足照明质量的前提下应选择适合的高效照明光源。

② 在满足眩光限值的条件下，应选用高效灯具及开启式直接照明灯具。室内灯具效率不低于70%，反射器应具有较高的反射比。

③ 为节约电能，在灯具满足最低安装高度前提下，降低灯具的安装高度。

④ 高大空间区域设一般照明方式。对有高照度要求的部位设置局部照明。

⑤ 荧光灯应选用电子镇流器或节约电能的电感镇流器。大开间的场所选用电子镇流器，小开间的房间选用节能的电感镇流器。

⑥ 限制白炽灯的使用量。室外不宜采用白炽灯，特殊情况下也不应超过100W。

⑦ 荧光灯应选用光效高、寿命长、显色性好的直管稀土三基色细管荧光灯（T8、T5）和紧凑型。照度相同的条件下宜首选紧凑型荧光灯，取代白炽灯。

（10）照明控制

① 应根据建筑物的特点、功能、标准、使用要求等，对照明系统采用分散、集中、手动、自动等控制方式，进行节能有效的控制。

② 对于功能复杂、照明环境要求较高的建筑物，宜采用专用智能照明控制系统。

③ 大中型建筑宜采用集中或分散控制；高级公寓宜采用多功能或单一功能的自动控制

系统；别墅宜采用智能照明控制系统。

④ 应急照明与消防系统联动，保安照明应与安防系统联动。

⑤ 根据不同场所的照度要求采用分区一般照明、局部照明、重点照明、背景照明等照明方式。

⑥ 对于不均匀场所采用相应的节电开关，如定时开关、接触开关、调光开关、光控开关、声控开关等。

⑦ 走廊、电梯前室、楼梯间及公共部位的灯光控制可采用光时控制、集中控制、调光控制和声光控制等。

课题 3 ▶ 建筑施工现场临时用电

一、建筑施工现场临时用电的特点

建筑施工现场的供电和用电是保证高速度、高质量施工的重要前提，施工现场的用电设施一般都是临时设施，但它对建筑整体施工的质量、安全、进度及整个工程的造价构成直接影响。建筑施工现场的临时用电主要集中在动力设备和照明设备上，为保障施工现场用电的安全可靠，防止触电和火灾的发生，施工现场供电方式采用电源中性点直接接地的 380/220V 三相五线制供电。该供电方式既可满足施工现场用电需求，也利于现场临时用电设备采用保护接零和重复接地等保护措施，符合原建设部制定的《施工现场临时用电安全技术规范》（JGJ 46—2005）。施工现场临时用电具有以下特点。

① 用电设备移动性大、用电量大、负荷变化量大，主体施工较基础施工及装修和收尾阶段用电量大。

② 施工环境复杂，施工现场多工种交叉作业，安全性差，发生触电事故多。

③ 用电设备、设施多且分散，供电线路长，临时性强，施工及用电管理难度大。

④ 供电电源引入受限，引线及接线标准低，安全隐患大。

⑤ 供电多采用架空方式引入电源。

规范要求：当建筑施工现场临时用电量达到 50kW，或临时用电设备有 5 台以上时，应做临时用电施工组织设计。临时用电施工组织设计主要包括以下内容。

① 估算施工现场临时用电负荷，并根据总计算负荷确定容量合适的变压器。

② 确定变配电所的最佳位置，布置施工现场供电线路，确定各级配电箱及开关箱的数量及位置。

③ 确定配电导线的截面及各种电器的型号规格。

④ 根据施工现场总平面图，绘制临时供电平面图。

二、施工现场的临时电源设施

为保证施工现场对供电的要求，需要合理选择临时电源，并根据建筑工程及设备安装工程的总工程量、施工精度、施工条件等多种因素选择供电方式。所有工作均应按规范要求进行。

1. 施工现场临时电源的选择

（1）施工现场临时电源的确定原则

① 低压供电能满足要求时，尽量不再另设变压器。

② 当施工用电能进行复核调度时，应尽量减少申报的需用电源容量。

③ 工期较长的工程，应做分期增设与拆除电源设施的规划方案，力求结合施工总进度合理配置。

(2) 施工现场常用临时供电方案

① 建立永久性的供电设施。对于较大工程，其工期较长，应考虑将临时供电与长期供电统一规划，在全面开工前，完成永久性供电设施建设，包括变压器选择、变电站建设、供电线路敷设等。临时电源由永久性供电系统引出，当工程完工后，供电系统可继续使用以避免浪费。如施工现场用电量远小于永久性供电能力，以满足施工用电量为基准，可选择部分完工。

② 利用就近供电设施。对于较小工程或施工现场用电量少，附近有能力向其供电，并能满足临时用电要求的设施，应尽量加以利用。施工现场用电完全可由附近的设施供电，但应做负荷计算，进行校验以保证原供电设备正常运行。

③ 建立临时变配电所。对于施工用电量大，附近又无可利用电源，应建立临时变配电所。其位置应靠近高压配电网和用电负荷中心，但不宜将高压电源直接引至施工现场，以保证施工的安全。

④ 安装柴油发电机。对于边缘远地区或移动较大的市政建设工程，常采用安装柴油发电机以解决临时供电电源问题。

2. 施工现场变压器的选择

配电变压器选择的任务是确定变压器的原、副边电压，容量，台数，型号及安装位置等。

变压器的原、副边额定电压应与当地高压电源的供电电压和用电设备的额定电压一致，一般配电变压器的额定电压，高压为 6～10kV，低压为 380/220V。为减少供电线路的电压损失，其供电半径一般不大于 700m。

变压器的台数由现场设备的负荷大小及对供电的可靠性来确定。单台变压器的容量一般不超过 1000kV·A，一般对于负荷较小工程，选取一台变压器即可，但单台变压器的容量应能承担施工最大用电负荷。当负荷较大或重要负荷用电时，需要考虑选择两台以上变压器。

变压器的容量应由施工现场用电设备的计算负荷确定。变压器容量选择应适当，容量过大会使损耗增加，投资费用增加；容量过小，用电设备略有增添或电动机略有过载时，变压器易发热超过允许温度，影响变压器的使用寿命。具体选择应遵循变压器的额定容量大于或等于施工用电最大计算负荷的原则，按下式选择，即

$$S_N \geqslant S_{\Sigma C}$$

式中　S_N——变压器的总容量；

　　　$S_{\Sigma C}$——施工现场总计算负荷。

临时配电变压器应安装在地势较高、不受振动、腐蚀性气体影响小、高压进线方便、易于安装、运输方便的场所，并应尽可能靠近施工负荷中心。但应注意不得让高压线穿越施工现场，室内变压器地面应高出室外地面 0.15m 以上。

三、施工现场低压配电线路和电气设备安装

《施工现场临时用电安全技术规范》明确规定施工现场内不允许架设高压电线，特殊情况下，应按规范要求，使高压线线路与在建工程脚手架、大型机电设备间保持必要的安全距离，一般 1～10kV 架空线与在建工程外缘间最小安全距离不小于 6m，与其他配电线路最小垂直距离不小于 2m。如因现场施工条件受限，无法保证安全距离时，可采取设防护栏、悬

挂警示牌、增设电线保护网等措施。在电线入口处，还应设有带避雷器的油开关装置。

按《低压配电设计规范》（GB 50054—2011）规定，施工现场低压配电线路应装设短路保护、过载保护、接地故障保护等相关保护措施，用于切断供电电源或报警信号。一般施工现场采用三相五线制（TN-S系统）供电，它可提供380/220V两种电压，供不同负荷选用，也便于变压器中性点的工作接地，用电设备的保护接零和重复接地，以利于安全用电。

1. 施工现场配电线路的敷设和要求

建筑施工现场的配电线路，其主干线一般采用架空敷设方式，特殊情况下可采用电缆敷设。施工现场临时架空线路安装必须注意下列问题。

（1）架空线路必须敷设在专用的电杆上，严禁架设在树木、脚手架及其他设施上。电杆宜采用钢筋混凝土杆或木杆。采用钢筋混凝土杆时，电杆不能有露筋、宽度大于0.4mm的裂纹或扭曲；采用木杆时，木杆不能腐朽。

（2）电杆应完全无损，不得倾斜、下沉及扭曲。两个电线杆相距不大于35m，线间距不小于30cm。终点杆和分支杆的零线应重复接地，以减小接地电阻和防止零线断线而引起的触电事故。

（3）施工现场临时用电架空线路的导线不得使用裸导线，一般采用绝缘铜芯导线。小区建筑施工若利用原有的架空线路为裸导线时，应根据施工情况采取保护措施。外电架空线路的边线与在建筑工程（含脚手架具）的外侧边缘之间必须保持安全操作距离，不小于表7-8所列数值。

表7-8 最小安全操作距离

外电线路电压等级/kV	<1	1～10	35～110	220	330～500
最小安全操作距离/m	4.0	6.0	8.0	10	15

（4）施工现场的机动车道与外电架空线路交叉时，架空线路的最低点与路面的垂直距离不小于表7-9所列数值。

表7-9 架空线路的最低点与路面的最小垂直距离

外电线路电压等级/kV	<1	1～10	35
最小垂直距离/m	6.0	7.0	7.0

（5）旋转臂架式起重机的任何部位或被吊物边缘与10kV以下的架空线路边线最小水平距离不小于2m。

（6）架空线路导线截面应符合电流要求、压降要求和机械强度要求。

（7）架空线路跨越铁路、公路、河流、电力线路的档距内严禁有接头。线路在其他档距内每一层架空线路的接头数不得超过该层导线条数的50%，且一根线只允许有一个接头。

（8）无条件做架空线路的工程地段，应采用护套电缆线敷设。电缆敷设地点应能保护电缆不受机械损伤及其他热辐射，要尽量避开建筑物和交通要道。缆线易受损伤的线段应采取防护措施，所有固定设备的配电线路不得沿地面敷设，埋地敷设必须穿管（直埋电缆除外）。

（9）临时线路架设时，应先安装用电设备一端，再安装电源侧一端。拆的时候顺序相反。严禁将大地作为中心线或零线。

2. 施工现场电气设备安装及要求

施工现场中配电箱及动力设备是施工中使用较为频繁的电气设备，其性能好坏、安全与否对整个现场施工影响较大。正确地安装和使用现场电气设备，对保障安全施工，尽可能减少电气事故发生具有重要意义。

(1) 配电箱的安装和使用要求

① 建筑施工现场用电采取分级配电制度，配电箱一般分三级设置，即总配电箱、分配电箱和开关箱。总配电箱应尽可能设置在负荷中心，靠近电源的地方，箱内应装设总隔离开关、分路隔离开关和总熔断器、分路熔断器或总自动开关和分路自动开关以及漏电保护器。

② 分配电箱应装设在用电设备相对集中的地方。分配电箱与开关箱的距离不超过30m。动力、照明公用的配电箱内要装设四极漏电开关或防零线断线的安全保护装置。

③ 开关箱应由末级分配电箱配电。开关箱内的控制设备不可一闸多用，应做到每台机械有专用的开关箱，即"一机、一闸、一漏、一箱"的要求。严禁用同一个开关箱直接控制2台及2台以上用电设备（含插座）。开关箱与它控制的固定电气相距不得超过3m。设备进入开关箱的电源线严禁采用插销连接。

④ 施工用电气设备的配电箱应装设在干燥、通风、常温、无气体侵害、无振动的场所。露天配电箱应有防雨防尘措施，暂时停用的线路及时切断电源。工程竣工后，配电线应随即拆除。

⑤ 配电箱和开关箱不得用木材等易燃材料制作，箱内的连接线应采用绝缘导线，不应有外露带电部分，工作零线应通过接线端子板连接，并与保护零线端子板分开装设。金属箱体、金属电器安装板和箱内电器不应带电的金属底座、外壳等必须保护接零。

⑥ 配电箱内在总的开关和熔断器后面可按容量和用途的不同设置数条分支架路，并标以回路名称，每条支路也应设置容量合适的开关和熔断器。

⑦ 施工现场配电箱颜色：消防箱为红色，照明箱为浅驼色，动力箱为灰色，普通低压配电屏也为浅驼色。

⑧ 所有配电箱、开关箱在使用中必须按照下述操作顺序。关电顺序：总配电箱→分配电箱→开关箱；停电顺序：开关箱→分配电箱→总配电箱（出现电气故障的紧急情况例外）。配电屏（盘）或配电线路维修时，应悬挂停电标志牌，停送电必须由专人负责。

(2) 动力及其他电气设备的安装和使用要求

① 在建筑施工工地，塔式起重机是最重要的垂直运输机械，起重机的所有电气保护装置，安装前应逐项进行检查，确认其完好无损才能安装。安装后应对地线进行严格检查，使起重机轨道和起重机机身的绝缘电阻不得大于4Ω。当塔身高于30m时，应在塔顶和背端部安装防撞的红色信号灯。起重机附近有强电磁场时，应在吊钩与机体之间采取隔离措施，以防感应放电。

② 电焊机一次侧电源应采用橡胶套缆线，其长度不得大于5m，进线处必须设防护罩。当采用一般绝缘导线时应穿塑料管或橡胶管保护。电焊机二次线宜采用橡胶护套铜芯多股软电缆，其长度不得大于50m。电焊机集中使用的场所，须拆除其中某台电焊机时，断电后应在其一侧验电，确定无电后才能进行拆除。

③ 移动式设备及手持电动工具，必须装设漏电保护装置，并要定期检查。其电源线必须使用三芯（单相）或三相四芯橡胶套缆线，电缆不得有接头，不能随意加长或随意调换。接线时，缆线护套应在设备的接线盒固定，施工时不可硬拉电缆线。

④ 露天使用的电气设备及元件，都应选用防水型或采取防水措施，浸湿或受潮的电气设备应进行必要的干燥处理，绝缘电阻符合要求后才能使用。建筑工地常用的振捣器、地面抹光机、水磨石机等经常和水泥混凝土、砂浆等接触，环境潮湿，应注意维护保养，所装设的漏电保护器要经常检查，使之安全可靠运行。

3. 施工现场电气消防技术要求

施工现场的消火栓泵应采用专用消防配电线路。专用消防配电线路应自施工现场总配电箱的总断路器上端接入，且应保持不间断供电。

自备发电机房及变配电房、水泵房、无天然采光的作业场所及疏散通道、高度超过100m的在建工程的室内疏散通道、发生火灾时仍需坚持工作的其他场所应配备临时应急照明。

作业场所应急照明的照度不应低于正常工作所需照度的90%，疏散通道的照度值不应小于0.5lx。临时消防应急照明灯具宜选用自备电源的应急照明灯具，自备电源的连续供电时间不应小于60min。

施工现场用电还应符合下列规定：

① 施工现场供用电设施的设计、施工、运行和维护应符合现行国家标准《建设工程施工现场供用电安全规范》（GB 50194—2014）的有关规定。

② 电气线路应具有相应的绝缘强度和机械强度，严禁使用绝缘老化或失去绝缘性能的电气线路，严禁在电气线路上悬挂物品。破损、烧焦的插座、插头应及时更换。

③ 电气设备与可燃、易燃易爆危险品和腐蚀性物品应保持一定的安全距离。

④ 有爆炸和火灾危险的场所，应按危险场所等级选用相应的电气设备。

⑤ 配电屏上每个电气回路应设置漏电保护器、过载保护器，距配电屏2m范围内不应堆放可燃物，5m范围内不应设置可能产生较多易燃、易爆气体、粉尘的作业区。

⑥ 可燃材料库房不应使用高热灯具，易燃易爆危险品库房内应使用防爆灯具。

⑦ 普通灯具与易燃物的距离不宜小于300mm，聚光灯、碘钨灯等高热灯具与易燃物的距离不宜小于500mm。

⑧ 电气设备不应超负荷运行或带故障使用。

课题 4 ▶ 建筑物防雷和安全用电

一、建筑物防雷

（一）雷电的形成及作用形式

1. 雷电的形成

雷电是雷云之间或雷云对地面放电的一种自然现象。关于大气中的电荷是如何产生的，目前有多种学说，如水滴冻裂效应、水滴破裂效应、吸收电荷效应等。常见的说法是在雷雨季节，地面上的水蒸发变成水蒸气，随热空气上升，在空气中与冷空气相遇，气体体积膨胀，温度下降凝结成水滴或冰晶，形成积云。云中的水滴受强烈气流摩擦产生电荷，微小的水滴带负电，较大的水滴带正电。带不同电荷的水滴分别聚集，形成带电的雷云。由于静电感应，带电的雷云在大地表面会感应出与雷云性质相反的异种电荷，当雷云与大地之间以及雷云之间电场强度达到一定值时，便会发生空气被击穿而产生强烈的放电现象。雷电具有极大的破坏性，其电压可达数百万伏，电流可高达数万安至数十万安。雷电放电时，温度可高达20000℃，容易对建筑物、电气设施造成破坏，甚至使人、畜造成伤亡。因此必须根据被保护物的不同要求、雷电的不同形式，采取有效的措施进行防护。

2. 雷电的种类及危害

根据雷电对建筑物、电气设施、人、畜的危害方式不同，雷电可分为以下几类。

(1) 直击雷 雷云与地面建筑物或其他物体之间直接放电形成的雷击称为直击雷。直击雷形成强大的雷电流，流过被击中物体时会产生巨大的热量，使物体燃烧、金属材料熔化、使物体内部的水分急剧蒸发造成爆裂等破坏；雷电流在流过电气设施时，还会形成过电压破坏绝缘、产生火花、引起燃烧和爆炸等，对电气设施及人员造成危害。

(2) 雷电感应 分为静电感应和电磁感应两种，是建筑物或其他物体附近有雷电或落雷所引起的电磁作用的结果。静电感应是由于雷云靠近建筑物，使建筑物顶部由于静电感应而聚集了大量与雷云性质相反的异种电荷，当雷云对地放电后，这些电荷流散不及时，形成很高的对地电位，对建筑物可能引起火花放电而造成火灾。电磁感应是当雷电流通过金属导体流散到大地时，在雷电流周围空间形成强大的变化磁场，能在附近的金属导体内感应出很高的电动势，在闭合回路导体中产生强大的感应电流，而在导体回路接触不良或有间隙的地方产生局部过热或火花放电，引起火灾。

(3) 雷电波侵入 架空线路、金属管道受直击雷或产生雷电感应后会感应出过电压，若不能及时将大量电荷导入大地，雷电过电压就会沿导体快速流动而侵入建筑物内，破坏建筑物和电气设备，并会造成人身触电。

(4) 球状雷电 又称滚地雷或球雷，是雷电放电时形成的一团处在特殊状态下的带电气团。球状雷电直径一般为 20cm，存在时间为 3～5s，移动速度每秒数米。通常在距地面 1m 处移动或滚动，能通过门、窗、烟囱等通道侵入室内，释放能量并造成人、畜烧伤，引发火灾、爆炸等灾难。

(二) 建筑物防雷的分类

根据建筑物的重要性、使用性质、发生雷击事故的可能性和后果，建筑物防雷分为三类。

1. 第一类防雷建筑物

(1) 凡制造、使用或贮存炸药、起爆药、火药、火工品等大量爆炸危险物质的建筑物，遇电火花会引起爆炸，造成巨大破坏和人身伤亡的建筑物。

(2) 具有 0 区或 20 区爆炸危险环境的建筑物。

(3) 具有 1 区或 21 区爆炸危险场所的建筑物，因电火花而引起爆炸，会造成巨大破坏和人身伤亡的建筑物。

2. 第二类防雷建筑物

(1) 国家级重点文物保护的建筑物。

(2) 国家级的会堂、办公建筑物、大型展览和博览建筑物、大型火车站和飞机场、国宾馆、国家级档案馆、大型城市的重要给水泵房等特别重要的建筑物。

注：飞机场不含停放飞机的露天场所和跑道。

(3) 国家级计算中心、国际通信枢纽等对国民经济有重要意义且装有大量电子设备的建筑物。

(4) 国家特级和甲级大型体育馆。

(5) 制造、使用或贮存火炸药及其制品的危险建筑物，且电火花不易引起爆炸或不致造成巨大破坏和人身伤亡者。

(6) 具有 1 区或 21 区爆炸危险场所的建筑物，且电火花不易引起爆炸或不致造成巨大破坏和人身伤亡者。

(7) 具有 2 区或 22 区爆炸危险场所的建筑物。

(8) 有爆炸危险的露天钢质封闭气罐。

(9) 预计雷击次数大于 0.05 次/年的部、省级办公建筑物和其他重要或人员密集的公共建筑物以及火灾危险场所。

（10）预计雷击次数大于 0.25 次/年的住宅、办公楼等一般性民用建筑物或一般性工业建筑物。

3. 第三类防雷建筑物

（1）省级重点文物保护的建筑物及省级档案馆。

（2）预计雷击次数大于或等于 0.01 次/年，且小于或等于 0.05 次/年的部、省级办公建筑物和其他重要或人员密集的公共建筑物。

（3）预计雷击次数大于或等于 0.05 次/年，且小于或等于 0.25 次/年的住宅、办公楼等一般性民用建筑物或一般性工业建筑物。

（4）在平均雷暴日大于 15d/年地区，高度在 15m 及以上的烟囱、水塔等孤立的高耸建筑物；在平均雷暴日小于或等于 15d/年地区，高度在 20m 及以上的烟囱、水塔等孤立的高耸建筑物。

（三）建筑物的防雷措施

建筑物采取何种防雷措施要根据建筑物的防雷等级来确定。按《建筑物防雷设计规范》(GB 50057—2010) 的规定，第一类防雷建筑物和第二类防雷建筑物中有爆炸危险的场所，应有防直击雷、防雷电感应和防雷电波侵入的措施。第二类防雷建筑物除有爆炸危险的场所外及第三类防雷建筑物，应有防直击雷和防雷电波侵入的措施。

1. 防直击雷的措施

防直击雷采取的措施是引导雷云与避雷装置之间放电，将雷电流直接导入大地，以保护建筑物、电气设备及人身不受损害。避雷装置主要由接闪器、引下线和接地装置三部分组成。

（1）接闪器　是引雷电流装置，也称为受雷装置。接闪器的作用是使其上空电场局部加强，将附近的雷云放电诱导过来，通过引下线注入大地，从而使距接闪器一定距离内一定高度的建筑物免遭直接雷击。接闪器的类型主要有避雷针、避雷线、避雷带、避雷网和避雷笼等。

① 避雷针适用于保护细高建（构）筑物或露天设备，如水塔、烟囱、大型用电设备等。避雷针一般用镀锌圆钢或镀锌钢管制成，其长度在 1m 以下时，圆钢直径不小于 12mm，钢管直径不小于 20mm；长度在 1～2m 时，圆钢直径不小于 16mm，钢管直径不小于 25mm。烟囱顶上的避雷针，圆钢直径不小于 20mm，钢管直径不小于 40mm。屋顶上永久性金属物也可兼作避雷针使用，但各部分之间应能很好地连成电流通道，其壁厚不小于 2.5mm。

② 避雷线也称架空地线，采用截面不小于 50mm^2 的热镀锌钢绞线或铜镀线，架设在架空线路上方，用来保护架空线路避免遭雷击。

③ 避雷带是用小截面圆钢或扁钢做成的条形长带，装设在屋脊、屋檐、女儿墙等易受雷击的部位。避雷带一般高出屋面 100～150mm，支持卡间距为 1～1.5m，两根平行的避雷带之间的距离应在 10m 以内。避雷带在建筑物上的位置如图 7-19 所示。

④ 避雷网是在屋面上纵横敷设由避雷带组成的网格形状导体。高层建筑常把建筑物内的钢筋连接成笼式避雷网，避雷网宜采用圆钢和扁钢，优先采用圆钢。圆钢直径不应小于 12mm。扁钢截面不应小于 100mm^2，其厚度不应小于 4mm。避雷网是接近全保护的一种方法，它还起到使建筑物不受感应雷害的作用，可靠性更高。

⑤ 避雷笼也称法拉第笼，适用于高层、超高层建筑物。它是利用建筑结构配筋所形成

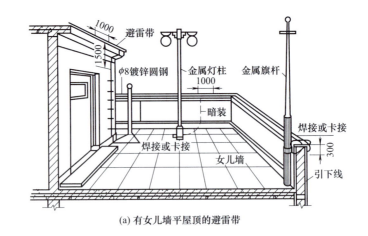

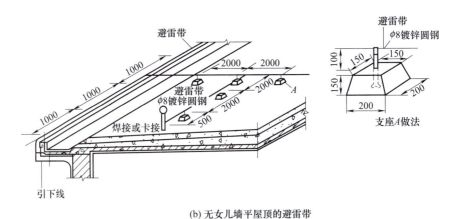

图 7-19 建筑物的避雷带

的笼网来保护建筑。一般是将避雷带、避雷网按一定间距焊为一个整体，30m以上每6m在外墙的圈梁内用扁钢带连接并与引下线焊接，30m以下每3层沿四周将圈梁内的主筋焊接并与引下线焊好。避雷笼对雷电能起到均压和屏蔽的作用，使笼内人身和设备被保护。

《建筑电气工程施工质量验收规范》(GB 50303—2015)规定：建筑物顶部的避雷针、避雷带等必须与顶部外露的其他金属物体连成一个整体的电气通路，且与避雷引下线连接可靠。

(2) 引下线 是将雷电流引入大地的通道。引下线的材料应采用圆钢或扁钢，宜优先采用圆钢。圆钢直径不应小于8mm。扁钢截面不应小于$48mm^2$，其厚度不应小于4mm，在易遭受腐蚀的部位，其截面应适当加大。引下线的敷设方式分为明敷和暗敷两种：明敷引下线应沿建筑物外墙敷设，固定于埋设在墙内的支持件上，支持件间距应均匀，水平直线部分0.5～1.5m；垂直直线部分1.5～3m；弯曲部分0.3～0.5m。引下线应平直、无急弯并经最短路径接地；与支架焊接处需刷油漆防腐，且无遗漏。

建筑艺术要求较高者可暗敷，但其圆钢直径不应小于10mm，扁钢截面不应小于$80mm^2$。暗敷在建筑物抹灰层内的引下线应有卡钉分段固定。引下线的安装路径应短直，其紧固件及金属支持件均应采用镀锌材料，在引下线距地面1.8m处设断接卡。

引下线不得少于两根，其间距不大于30m。当技术上处理有困难时，允许放宽至40m，但对于周长和高度均不超过40m的建筑，可只设一根引下线。引下线应避开建筑物的出入口和行人较易接触的地点，以避开接触电压的危险。

在没有特殊要求时，允许用建筑物或构筑物的金属结构作为引下线，但必须连接可靠。

明敷安装时，应在引下线距地面上 1.7m 至地面下 0.3m 的一段加装塑料管或钢管加以保护。

（3）接地装置　包括接地线和接地体，是将引下线引入的电流迅速疏散到大地的装置，其材料应采用镀锌钢材。

接地线通常采用截面不小于 $100mm^2$，厚度不小于 4mm 的扁钢或直径为 12mm 的圆钢焊接，埋入地下 1m 为宜。

接地体是专门用于防雷保护的接地装置，分垂直接地体和水平接地体两类。埋于土壤中的垂直接地体可采用直径为 20～50mm 的钢管（壁厚 3.5mm）、直径为 19mm 的圆钢或截面为 20mm×3mm～50mm×5mm 的等边角钢制成。长度均为 2～3m，间隔 5m 埋一根。顶端埋深为 0.5～0.8m，用接地线或水平接地体将其连成一体；埋于土壤中的人工水平接地体宜采用扁钢或圆钢。圆钢直径不应小于 10mm；扁钢截面不应小于 $100mm^2$，其厚度不应小于 4mm；角钢厚度不应小于 4mm；钢管壁厚不应小于 3.5mm。

除上述人工接地体外，还可利用埋于地下的、有其他功能的金属物体（如直埋铠装电缆金属外皮、直埋金属水管、钢筋混凝土电杆等）或建筑物中的基础钢筋作为防雷保护的接地装置，但必须具有一定的长度，并满足接地电阻的要求。

接地装置安装应符合下列规定：

① 接地装置在地面以上的部分，应按设计要求设置测试点，测试点不应被外墙饰面遮蔽，且应有明显标识。

② 接地装置的接地电阻值应符合设计要求。

③ 接地装置的材料规格、型号应符合设计要求。

④ 当设计无要求时，接地装置顶面埋设深度不应小于 0.6m，且应在冻土层以下。圆钢、角钢、钢管、铜棒、铜管等接地极应垂直埋入地下。间距不应小于 5m；人工接地体与建筑物的外墙或基础之间的水平距离不宜小于 1m。

⑤ 接地装置的焊接应采用搭接焊，除埋设在混凝土中的焊接接头外，应采取防腐措施，焊接搭接长度应符合下列规定：

a. 扁钢与扁钢搭接不应小于扁钢宽度的 2 倍，且应至少三面施焊；

b. 圆钢与圆钢搭接不应小于圆钢直径的 6 倍，且应双面施焊；

c. 圆钢与扁钢搭接不应小于圆钢直径的 6 倍，且应双面施焊；

d. 扁钢与钢管，扁钢与角钢焊接，应紧贴角钢外侧两面，或紧贴 3/4 钢管表面，上下两侧施焊；

e. 当接地极由铜材和钢材组成，且铜与铜或铜与钢材连接采用热剂焊时，接头应无贯穿性的气孔且表面平滑。

当接地电阻达不到设计要求需采取措施降低接地电阻时，应符合下列规定：

① 采用降阻剂时，降阻剂应为同一品牌的产品，调制降阻剂的水应无污染和杂物；降阻剂应均匀灌注于垂直接地体周围。

② 采取换土或将人工接地体外延至土壤电阻率较低处时，应掌握有关的地质结构资料和地下土壤电阻率的分布，并应做好记录。

③ 采用接地模块时，接地模块的顶面埋深不应小于 0.6m，接地模块间距不应小于模块长度的 3～5 倍。接地模块埋设基坑宜为模块外形尺寸的 1.2～1.4 倍，且应详细记录开挖深

度内的地层情况；接地模块应垂直或水平就位，并应保持与原土层接触良好。

采取降阻措施的接地装置应符合下列规定：

① 接地装置应被降阻剂或低电阻率土壤所包覆；

② 接地模块应集中引线，并应采用干线将接地模块并联焊接成一个环路，干线的材质应与接地模块焊接点的材质相同，钢质的采用热浸镀锌材料的引出线不应少于 2 处。

2. 防雷电感应的措施

为防止静电感应产生高电位和放电火花，应把建筑物内部的设备金属外壳、金属管道、构架、钢窗电缆外皮以及凸出屋面的水管、风管等金属物件与接地装置可靠连接。屋面结构钢筋应绑扎或焊接成闭合回路并良好接地。

为防止电磁感应，平行敷设的金属管道、构架、电缆等间距应不小于 100mm，若达不到时，应每隔 20~30mm 用金属线跨接，交叉敷设的管道间距小于 100mm，交叉处也应用金属线跨接。管道接头、弯头等接触不可靠的部位，也应用金属线跨接，其接地装置可与其他接地装置共用。

3. 防雷电波侵入的措施

通常在架空线路上装设避雷线，在进入建筑物变压器高压侧装设避雷器，低压侧留有保护间隙。凡进入建筑物的各种线路及金属管道采用全线埋地引入的方式，并在入户处将其有关部分与接地装置连接。当低压线采用全线埋地有困难时，可采用一段长度不小于 50m 的铠装电缆直接埋地引入，并在入户端将电缆外皮与接地装置相连接。

（四）高层建筑防侧击和等电位连接

高层建筑物必然是钢筋混凝土结构、钢结构的建筑物，应充分利用其金属物做防雷装置的一部分，将其金属物尽可能连成整体。从经济、安全可靠、电磁屏蔽、美观、最少的维护工作量等许多因素出发，规范对第二类、第三类高层建筑物提出应采取以下防侧击和等电位的保护措施。

① 钢筋架和混凝土构件中的钢筋应互相连接。构件内有箍筋连接的钢筋或成网状的钢筋，其箍筋与主钢筋的连接，钢筋与钢筋的连接应采用土建施工的绑扎法连接或焊接。单根钢筋或圆钢以及外引预埋连接板（线）与上述钢筋的连接应焊接或采用螺栓紧固的卡夹器连接。构件之间必须连接成电气通路。

② 应利用钢柱或混凝土柱中钢筋作为防雷装置引下线。

③ 应将距地等于滚球半径及以上的外墙的栏杆、门窗等较大的金属物与防雷装置连接。

④ 竖直敷设的金属管道及金属物的顶端和底端与防雷装置连接。

（五）建筑施工工地的防雷措施

建筑施工工地中，15m 以上的施工建筑和临时设施，由于雷击的可能性很高，必须采取防雷措施。一般采取的防雷措施如下。

（1）施工时首先做好全部永久性的接地装置，随时将混凝土柱内的主筋与接地装置连接，将其作为引下线，对施工的建筑本身进行保护。对各层地面的配筋，应随时使其成为一个等电位面并与混凝土主筋相连。

（2）在脚手架上做树根避雷针，杉木的顶针至少高于杉木 30cm，并直接连接到接地装置上。

（3）施工用起重机最上端务必装设避雷针，并将其下部的钢架连接于接地装置上，移动式起重机须将其两条滑行用钢轨接到接地装置上。

二、安全用电

建筑电气施工中，在电气设备的安装、使用、维护任一环节中，如果人们不掌握电气的安全知识，违反安全规程，在用电过程中有可能引发故障，甚至造成触电伤亡事故。

（一）电气危害的种类

人体接触带电导体或漏电的金属外壳，使人体任两点间形成电流，即触电事故。此时流过人体的电流称为触电电流。电流对人体的伤害主要分为电击和电伤两大类。

1. 电击

电击是指电流流过人体内部而对呼吸、内脏、神经系统造成一定影响，并导致人体器官受到损伤，甚至造成人体残废或伤亡。绝大部分的触点死亡事故都是电击造成的。当人体触及带电导体、漏电设备的金属外壳、近距离接触高电压以及遭遇雷击、电容器放电等情况下，都可能导致电击。电击的主要特征是人体内部受伤害；在人体外表无明显痕迹；伤害程度取决于触电电流大小和触电持续时间。

2. 电伤

电伤是指触电时电流的热效应、化学效应以及电刺击引起的生物效应对人体造成的伤害。电伤多见于人体表面，常见的电伤有电灼伤、电烙印和皮肤金属化。

电灼伤一般由弧光放电引起，低压系统带负荷（特别是感性负荷）分合裸露的刀开关、错误操作造成的线路短路、人体与高压带电部位距离过近而引起的放电等，都会造成强烈的弧光放电。弧光放电产生的电弧会烧伤人的手部和面部，电弧的辐射会造成眼部受伤，严重时会造成电击死亡或大面积烧伤而死亡。

电烙印通常发生在人体与带电体良好接触的情况下，由于电流的热效应和化学效应，使皮肤受伤并硬化，在皮肤表面形成圆形或椭圆形的肿块痕迹，颜色呈灰色或淡黄色。

皮肤金属化是在电流的作用下，使一些熔化和蒸发的金属微粒渗入人体皮肤表层，使皮肤受伤部位变得粗糙而坚硬，导致皮肤金属化。

（二）触电对人体的危害因素

电流通过人体，对人的危害程度与通过的电流大小、持续时间、电压高低、频率以及通过人体的途径、人体电阻状况和人的身体健康状况有关。

1. 触电电流

通过人体的电流越大，人体生理反应越明显，引起心室颤动所需的时间越短，致命的危险越大。通过人体的电流强度取决于触电电压和人体电阻。人体电阻主要由比较稳定的体内电阻和易随外界变化的表皮电阻组成，一般在 $1\sim 2k\Omega$ 之间。体内电阻一般为 500Ω 左右，表皮电阻与皮肤湿度、粗糙程度、触电面积等有关。

2. 持续时间

触电时间越长人体电阻值就越低，人体允许的电流值就越小。通常将触电电流与触电时间的乘积作为触电安全参数，国际上目前公认 30mA（即人体通过 30mA 的电流）、时间为 1s 时便能使人体受到伤害。

3. 电流频率

常用的 $50\sim 60Hz$ 的工频交流电对人体的伤害最严重，低于或高于此频率段的电流对人体伤害小。交流电危险性比直流电大。

4. 电流途径

电流通过心脏、呼吸系统和中枢神经时，其危害程度较其他途径大。

5. 人体健康情况

触电伤害程度与人体健康及精神状况有密切关系。身体患有心脏病、结核病等疾病承受电击力更差，触电后果更为严重。醉酒、疲劳过度也会增加触电的概率和危险性。

(三) 触电方式

按照人体接触带电体的方式和电流流过人体的途径，人体触电一般有单相触电、两相触电、跨步电压触电和接触电压触电。

1. 单相触电

当人体的一部分直接或间接触及带电设备其中的一相时，电流通过人体流入大地，使电源和人体及大地之间形成了一个电流通路，这种触电方式称为单相触电。若人体过于接近高压带电体，超过安全距离，高电压会对人体放电，造成单相接地而引起的触电，也属于单相触电。

2. 两相触电

人体两部分直接或间接同时触及带电设备或电源的两相，或在高压系统中人体同时接近两相带电导体，发生电弧放电，在电源与人体之间构成电流通路，这种触电方式称为两相触电。

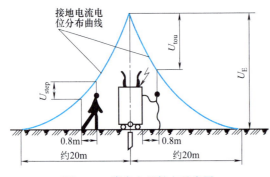

图 7-20 跨步电压触电示意图

3. 跨步电压触电

当电气设备或线路发生接地故障，接地电流从接地点向大地流散，在地面形成分布电位，若人体进入地面带电区域时，其两脚之间存在电位差，即为跨步电压。由跨步电压引起的人体触电，称为跨步电压触电，如图 7-20 所示。跨步电压的大小受接地电流大小、鞋和地面特征、两脚的方位及离接地点的距离等众多因素影响。成人的跨距一般按 0.8m 考虑。

4. 接触电压触电

电气设备由于绝缘损坏、安装不良等原因致使设备金属外壳带电，在身体可同时触及的不同部位之间出现电位差，人若触及带电外壳，便会发生触电事故，这种触电称为接触电压触电。一般认为接触电压是指人站在带电金属外壳旁（水平方向 0.8m 处），人手触及带电外壳时，其手、脚之间所承受的电位差。

(四) 安全电流与安全电压

安全电流是指人体触电后最大的摆脱电流。电击触电的危害程度决定于通过人体电流的大小及通电时间的长短。我国一般取 30mA（50Hz 交流电）为安全电流值，即人体触电后最大的摆脱电流为 30mA（50Hz），但通电时间不超过 1s，所以该安全电流也称 30mA·s。如果通过人体电流不超过 30mA·s 时，不致引起心室纤维性颤动和器质性损伤，所以对人身机体不会有损伤；但如果通过人体电流达到 50mA·s 时，对人就有致命危险；而达到 100mA·s "致命电流" 时，一般会致使人死亡。

安全电压，是指不致使人直接致死或致残的电压。一般根据具体环境条件的不同，规定了安全电压有三个电压等级：12V、24V、36V，一般情况下空气干燥、工作条件好时为 36V；较潮湿的环境下为 24V；潮湿环境下为 12V 或更低。值得注意的是，安全电压是一个相对的概念，在某一种工作环境中的安全电压，而在另一种工作环境中可能不再是安全的！

安全电压与人体电阻是有关联的，而人体电阻的大小又与皮肤表面的干、湿程度、接触电压有关，从人身安全的角度考虑，取人体电阻的下限1700Ω，根据人体可以承受的电流值30mA，可以用欧姆定律求出安全电压值。即 $U_{saf}=30\mathrm{mA}\times1700\Omega\approx50\mathrm{V}$。这50V（50Hz）称为一般正常环境下允许持续接触的"安全特低电压"。

（五）供电系统接地形式

为了避免触电危险，保证人身安全和电气系统、电气设备的正常工作需要，采取各种安全保护措施很有必要。IEC标准中，根据系统接地型式，将低压配电系统分为三种：IT系统、TT系统和TN系统，其中TN系统又分为TN-C系统、TN-S系统和TN-C-S系统。

TN系统的电源中性点直接接地，并引出有N线，属三相四线制大电流接地系统。系统上各种电气设备的所有外露可导电部分，必须通过保护线与低压配电系统的中性点相连。

TT系统的中性点直接接地，并引出有N线，而电气设备经各自的PE线接地与系统接地相互独立。TT系统一般作为城市公共低压电网向用户供电的接地系统，即通常所说的三相四线供电系统。

在IT系统中，系统的中性点不接地或经阻抗接地，不引出N线，属三相三线制小电流接地系统。正常运行时不带电的外露可导电部分如电气设备的金属外壳必须单独接地、成组接地或集中接地，传统称为保护接地。该系统的一个突出优点就在于当发生单相接地故障时，其三相线电压仍维持不变，三相用电设备仍可暂时继续运行，但同时另两相的对地电压将由相电压升高到线电压，并当另一相再发生单相接地故障时，将发展为两相接地短路，导致供电中断，因而该系统要装设绝缘监测装置或单相接地保护装置。IT系统的另一个优点与TT系统一样，是其所有设备的外露可导电部分，都是经各自的PE线分别直接接地，各台设备的PE线间无电磁联系，因此也适用于对数据处理、精密检测装置等供电。IT系统在我国矿山、冶金等行业应用相对较多，在建筑供电中应用较少。

在具体应用中保护接地和保护接零是最简单可靠的技术保护措施，其做法是将电气设备的外壳通过一定的装置（人工接地体或自然接地体）与大地直接连接。采取保护接地措施后，如相线发生碰壳故障时，该线路的保护装置则视为单相短路故障，并及时将线路切断，使短路点接地电压消失，确保人身安全。根据电气设备接地不同的作用，可将接地和接零类型分为以下几种。

1. 工作接地

在正常情况下，为保证电气设备的可靠运行并提供部分电气设备和装置所需要的相电压，将电力系统中的变压器低压侧中性点通过接地装置与大地直接相连，该接地方式称为工作接地。工作接地如图7-21所示。

2. 保护接地

为了防止电气设备由于绝缘损坏而造成触电事故，将电气设备在正常情况下不带电的金属外壳或构架通过接地线与接地体连接起来，这种接地方式称为保护接地。连接于接地装置与电气设备之间的金属导线称为保护线（PE）或接地线，与土壤直接接触的金属称为接地体或接地极。接地线和接地体合称接地装置，一般要求接地电阻不大于4Ω。保护接地适用于中性点不接地的三相三线制供电系统。保护接地如图7-22所示。

3. 工作接零

当单相用电设备为获取单相电压而连接零线，称为工作接零。其连接线称中性线（N）或零线，与保护线共用的称为PEN线。工作接零如图7-23所示。

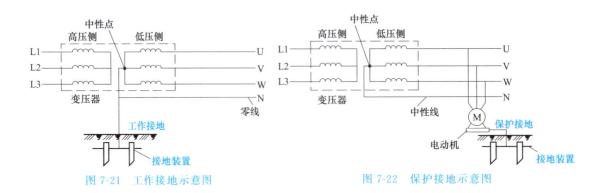

图 7-21　工作接地示意图　　　　　　图 7-22　保护接地示意图

4. 保护接零

在中性点直接接地的三相四线制供电系统中，为防止电气设备因绝缘损坏而使人身遭受触电危险，将电气设备在正常情况下不带电的金属外壳与电源的中性线相连接的方式称为保护接零。其连接线称为保护线（PE）或保护零线。保护接零如图 7-24 所示。

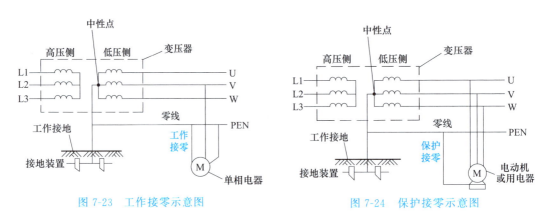

图 7-23　工作接零示意图　　　　　　图 7-24　保护接零示意图

5. 重复接地

当线路较长或要求接地电阻较低时，为尽可能降低零线的接地电阻，除变压器低压侧中性点直接接地外，将零线上一处或多处再进行接地，则称为重复接地。如图 7-25 所示。

6. 防雷接地

防雷接地的作用是将雷电流迅速安全地引入大地，避免建筑物及其内部电器设备遭受雷电侵害。防雷接地如图 7-26 所示。

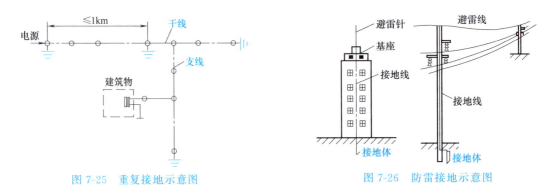

图 7-25　重复接地示意图　　　　　　图 7-26　防雷接地示意图

7. 屏蔽接地

由于干扰电场的作用会在金属屏蔽层感应电荷,而将金属屏蔽层接地,使感应电荷导入大地,该方式称屏蔽接地,如专用电子测量设备的屏蔽接地等。

8. 专用电子设备的接地

如医疗设备、电子计算机等的接地,即为专用电气设备的接地。电子计算机的接地主要有直流接地(即计算机逻辑电路、运算单元、CPU 等单元的直流接地,也称逻辑接地)和安全接地。一般电子设备的接地有信号接地、安全接地、功率接地(即电子设备中所有继电器、电动机、电源装置、指示灯等的接地)等。

9. 接地模块

接地模块是近年来推广应用的一种接地方式。接地模块顶面埋深不小于 0.6m,接地模块间距不应小于模块长度的 3~5 倍。接地模块埋设基坑,一般为模块外形尺寸的 1.2~1.4 倍,且在开挖深度内详细记录地层情况。接地模块应垂直或水平就位,不应倾斜设置,保持与原土层接触良好。接地模块应集中引线,用干线把接地模块并联焊接成一个环路,干线的材质与接地模块焊接点的材质应相同,钢制的采用热浸镀锌扁钢,引出线不少于两处。

(六)电击防护措施

1. 对于经常带电设备的防护

根据电气设备的性质、电压等级、周围环境和运行条件,要求保证防止意外的接触、意外的接近或可能的接触。因此,对于裸导线或母线应采用封闭、高挂或设置等予以绝缘、屏蔽遮拦、保证安全距离的措施。应该注意对于高压设备,不论是否裸露,均应实施屏护遮拦和保证安全距离的措施。此外,还有不少情况可以采用连锁装置来防止偶然触及后接近带电体,一旦接触或走近连锁装置动作,自动切断电源。

2. 对于偶然带电设备的防护

操作人员对于原来不带电部分的金属外壳的接触是难免的,有时接触是正常的操作。操作人员手持电动工具,则在工作时要接触它的外壳,如果这些设备绝缘损坏,就会有电压产生,会出现意外触电的危险。为了减少或避免这种电压出现在设备外壳的危险,可以采用保护接地和保护接零等措施;或将不带电部分采用双重绝缘结构,也可采用使操作人员站在绝缘座或绝缘毯上等临时措施。对于小型电动工具或者经常移动的小型机组也可采取限制电压等级的措施,以控制使用电压在安全电压的范围之内。

3. 检查、修理作业时的防护

在进行电气线路或电气设备的检查、修理维护试验时,为预防工作人员麻痹或偶尔丧失判断的能力,应采用标志和信号帮助其做出正确的判断。标志用来区分电气设备各部分、电缆和导线的用途,可用文字、数字和符号来表示,并用不同的颜色区分,以避免在运行、巡检和检修时发生错误。用红绿信号向工作人员指示电气装置中某设备的情况;用工作牌和告知牌等向其他人员警示和指示运行及正在检修的情况。如遇特殊情况需要带电检修时,应使用适当的防护用具。电工常用的防护用具有绝缘台、绝缘垫、绝缘靴、绝缘手套、绝缘棒、钳、电压指示器和携带式临时接地装置等。

专业配合注意事项

一、交流电压为 10(6)kV 及以下的变配电所对土建专业的要求

（1）可燃油油浸电力变压器室的耐火等级应为一级。非燃或难燃介质的电力变压器室、电压为 10(6)kV 的配电装置室和电容器室的耐火等级不应低于二级。低压配电装置室和电容器室的耐火等级不应低于三级。

（2）配变电所的门应为防火门，并应符合下列规定：

① 配变电所位于高层主体建筑（或裙房）内时，通向其他相邻房间的门应为甲级防火门，通向过道的门应为乙级防火门；

② 配变电所位于多层建筑物的二层或更高层时，通向其他相邻房间的门应为甲级防火门，通向过道的门应为乙级防火门；

③ 配变电所位于多层建筑物的一层时，通向相邻房间或过道的门应为乙级防火门；

④ 配变电所位于地下层或下面有地下层时，通向相邻房间或过道的门应为甲级防火门；

⑤ 配变电所附近堆有易燃物品或通向汽车库的门应为甲级防火门；

⑥ 配变电所直接通向室外的门应为丙级防火门。

（3）配变电所的通风窗，应采用非燃烧材料。

（4）配电装置室及变压器室门的宽度宜按最大不可拆卸部件宽度加 0.3m，高度宜按不可拆卸部件最大高度加 0.5m。

（5）当配变电所设置在建筑物内时，应向结构专业提出荷载要求并应设有运输通道。当其通道为吊装孔或吊装平台时，其吊装孔和平台的尺寸应满足吊装最大设备的需要，吊钩与吊装孔的垂直距离应满足吊装最高设备的需要。

（6）当配变电所与上、下或贴邻的居住、办公房间仅有一层楼板或墙体相隔时，配变电所内应采取屏蔽、降噪等措施。

（7）电压为 10(6)kV 的配电室和电容器室，宜装设不能开启的自然采光窗，窗台距室外地坪不宜低于 1.8m。临街的一面不宜开设窗户。

（8）变压器室、配电装置室、电容器室的门应向外开，并应装锁。相邻配电室之间设门时，门应向低电压配电室开启。

（9）配变电所各房间经常开启的门、窗，不宜直通含有酸、碱、蒸汽、粉尘和噪声严重的场所。

（10）变压器室、配电装置室、电容器室等应设置防止雨、雪和小动物进入屋内的设施。

（11）长度大于 7m 的配电装置室应设两个出口，并宜布置在配电室的两端。

当配变电所采用双层布置时，位于楼上的配电装置室应至少设一个通向室外的平台或通道的出口。

（12）配变电所的电缆沟和电缆室，应采取防水、排水措施。当配变电所设置在地下层时，其进出地下层的电缆口必须采取有效的防水措施。

（13）电气专业箱体不宜在建筑物的外墙内侧嵌入式安装，当受配置条件限制需嵌入安装时，箱体预留孔外墙侧应加保温或隔热层。

二、照明安装

1. 照明配电箱的安装

（1）照明配电箱安装的作业条件

① 室内门窗、玻璃安装完毕，土建装修作业完毕，作业场地干净平整。

② 土建施工已按设计要求预埋线管，预留孔洞的位置和尺寸符合图纸设计要求。

③ 安装照明配电箱的建筑物或构筑物有足够的强度，土建工程质量符合国家现行的施工及验收规范要求。

(2) 成品保护

① 在安装过程中，不能碰坏室内装饰、顶板、墙面、地面、门窗等，严禁剔槽、开孔。安装配电箱面板时，应注意保护墙面整洁。

② 应对已完工项目及设备配件进行成品保护，避免设备磕碰、倒立，防止设备油漆及电器元件损伤。不能及时安装的设备，应存放在室内，防止设备被风吹、日晒或雨淋。

③ 土建工程不能在设备安装完毕后再进行施工。

④ 设备安装完毕后，周边不能有存水管道。

(3) 安全环保措施

① 配电箱需刷防腐漆时，不得污染设备和室内地面。

② 吊装前应认真检查机具和索具，确认合格后方能进行作业。

③ 试运行前应准备好安全防护用品，应严格按试运行方案操作，操作和监护人员不得随意改变操作程序。

2. 灯具的安装

(1) 作业条件

① 土建工程全部结束，场地清理干净，对照明灯具的安装无任何妨碍。

② 预埋件及预留孔洞的位置、几何尺寸符合图纸要求。

③ 灯头盒内刷防锈漆，灯头盒四周修补完整。

④ 剔除盒内残存的灰块及杂物，并用湿布将盒内灰尘擦净。

(2) 成品保护

① 灯具应设专人保管，操作人员应有成品保护意识，领料时不应过早地拆去包装物，防止灯具损伤。

② 灯具应码放整齐、稳固，注意防潮。搬运时轻拿轻放，避免碰坏表面的防护性镀层或玻璃罩，装饰性镀层或装饰物。

③ 安装灯具时应保持墙面、地面清洁，不得碰坏墙面。对施工中无法避免的损伤，应在施工结束后，及时修补破损部分。

④ 灯具安装完毕后，不得再次进行喷涂作业，防止照明器具的污染。其他工种作业时，应注意避免碰坏灯具。

3. 开关、插座、风扇的安装

(1) 作业条件

① 顶板和墙面应刷完涂料或油漆，地面清洁，无妨碍施工的模板或脚手架。

② 线路的导线已敷设完毕，各回路电线已做完绝缘摇测。

③ 吊扇的吊钩预埋完成。

④ 开关、插座、风扇进场验收合格。

(2) 成品保护

① 开关、插座、风扇安装完毕后，不得再次进行喷涂作业，其他工种作业时，应注意避免碰撞。

② 安装时不得污染墙面、地面，应保持其清洁。对不能避免的损伤，应在安装后及时进行修复。

③ 施工中需要临时插接电源时，应首先看清插座的额定电流和额定电压值，避免插接超过插座允许的临时负荷。

(3) 安全环保措施

① 熔化焊锡时，锡锅要干燥，防止锡液爆溅。

② 插座安装完成后，应检测插座接线是否正确，并用漏电检测仪检测插座的所有漏电开关是否动作正确、可靠。

③ 吊扇安装完毕后应做通电试验，以确定吊扇转动是否平稳。

④ 应做到工完场清，保持地面清洁，包装盒、电线头及绝缘层外皮等应分类收集，统一清运。

小结

由发电厂、电网和电力用户组成的统一整体称为电力系统。只进行电能接收和分配，没有电压变换功能的场所称为配电所。电力线路是进行电能输送的通道。电能的质量包括：频率质量、电压质量、波形质量。电力负荷分为三级：一级负荷、二级负荷、三级负荷。建筑供电系统由高压电源、变配电所和输配电线路组成。

常用的光学物理量有光通量、发光强度、亮度、照度。照明质量包括：照度水平、照度均匀度、眩光限制、光源颜色。照明的种类：正常照明、应急照明、值班照明、警卫照明、障碍照明，其中应急照明又分为疏散照明、安全照明、备用照明。照明的方式有一般照明、分区一般照明、局部照明、混合照明四种，不同照明方式适用于不同场合。

电光源分为热辐射发光光源、气体放电发光光源和其他发光光源。照明灯具是能透光、分配和改变光源光分布的器具。

照明负荷的供电方式有三种：一级、二级、三级。照明供电系统由进户线、配电箱、干线和支线组成。《建筑照明设计标准》（GB 50034—2013）规定：照明配电宜采用放射式和树干式结合的系统。照明配电箱分为明装式和嵌入式两种。照明配电箱、灯具、开关、插座、风扇安装有一定的作业条件、安装要求，在后续作业时应注意成品保护和安全环保。《建筑节能工程施工质量验收标准》（GB 50411—2019）对建筑配电与照明节能要求做了具体的规定。

施工现场供电方式采用电源中性点直接接地的 380/220V 三相四线制供电。施工现场配电线路的结构形式可分为电缆配线和架空线配线两种。

避雷装置的作用是将雷击电荷或建筑物感应电荷迅速引入大地，以保护建筑物、电气设备及人身不受损害。完整的避雷装置是由接闪器、引下线和接地装置三部分组成的。防雷装置的安装包括接闪器安装、防雷引下线安装、接地装置安装。

电流对人体的伤害主要分为电击和电伤两大类。人体触电一般有单相触电、两相触电、跨步电压触电和接触电压触电。接地和接零类型分为工作接地、保护接地、工作接零、保护接零、重复接地、防雷接地、屏蔽接地、专用电子设备的接地、接地模块等。

推荐阅读资料

[1]《电能质量 供电电压偏差》（GB/T 12325—2008）.

[2] 芮静康. 建筑防雷与电气安全技术. 北京：中国建筑工业出版社，2003.

[3]《智能建筑设计标准》（GB/T 50314—2015）.

其余参考现行国家相关标准图集、企业相关标准。

能力训练题

一、名词解释
1. 照度均匀度
2. 眩光限制
3. 疏散照明
4. 障碍照明
5. 工作接地
6. 保护接地
7. 工作接零
8. 保护接零
9. 防雷接地

二、填空题
1. 根据工作场所对照度的不同要求，照明方式可分为_____、_____、_____三种方式。
2. 凡存在因故障停止工作而造成重大安全事故，或造成重大政治影响和经济损失的场所必须设置_____照明。
3. 在正常照明发生故障时，为保证处于危险环境中工作人员的人身安全而设置的一种应急照明，称为_____。
4. 电光源主要分为两大类：_____光源和_____光源，金属卤化物灯属于_____光源。
5. 高压水银灯靠_____而发光，按结构可分为_____式和_____式两种。
6. 荧光灯接线必须要有配套的_____、_____等附件。
7. 同一工程中成排安装的壁灯，安装高度应一致，高低差不应大于_____ mm。
8. 嵌入顶棚内的灯具应固定在_____上，导线不应贴近_____。
9. 灯开关安装位置应便于操作，开关边缘距门框的距离宜为_____ m；开关距地面高度宜为_____ m；拉线开关距地面高度宜为_____ m，且拉线出口应垂直向下。
10. 电铃安装高度，距顶棚不应小于_____ mm，距地面不应低于_____ m，室外电铃应装设在防雨箱内，下边缘距地面不应低于_____ m。
11. 照明配电箱（盘）应安装牢固，垂直度允许偏差为_____；底边距地面为_____，照明配电板底边距地面不小于_____。
12. 照明配电箱（盘）内开关动作灵活可靠，带有漏电保护的回路，漏电保护装置动作电流不大于_____，动作时间不大于_____。
13. 低压配电系统选择的电缆、电线截面不得低于设计值，进场时应对其截面和_____进行见证取样送检。
14. 三相供电电压允许偏差为标称系统电压的_____；单相220V为_____、_____。
15. 防雷装置主要由接闪器、_____和_____等组成。
16. 接闪器的类型主要有避雷针、避雷线、_____、_____和_____等。
17. 接地支线与电气设备_____与_____的连接时，应采用螺钉或螺栓进行压接。
18. 避雷装置的接地电阻一般为_____、_____、_____ Ω，特殊情况要求在_____ Ω以下。
19. 电力系统是由发电、_____、_____和用电构成的一个整体。
20. 变配电所是接受电能和_____的场所，主要由电力变压器和_____设备等组成。

21. 只接受电能而不改变电压，并进行_____的场所称为配电所。

三、单项选择题

1. 镝灯和钪钠灯属于（　　）。
   A. 卤钨灯　　　B. 荧光灯　　　C. 金属卤化物灯　　　D. 霓虹灯
2. 被人们誉为"小太阳"的弧光放电灯是（　　）。
   A. 溴钨灯　　　B. 钠铊铟灯　　　C. 氖气灯　　　D. 氙灯
3. 三类防雷建筑物是指建筑群中高于其他建筑物或边缘地带的高度为（　　）m以上的建筑物。
   A. 5　　　B. 10　　　C. 15　　　D. 20
4. 水平安装的人工接地体，其材料一般采用镀锌圆钢和扁钢制作。采用圆钢时其直径应大于（　　）mm；采用扁钢时其截面尺寸应大于（　　）mm²，厚度不应小于4mm。
   A. 6　50　　　B. 8　70　　　C. 10　100　　　D. 12　120
5. 第一类防雷建筑物独立避雷针、架空避雷线或架空避雷网应有独立的接地装置，每一引下线的冲击接地电阻不宜大于（　　）Ω。
   A. 4　　　B. 10　　　C. 20　　　D. 30
6. 灯具质量在（　　）及以下时，采用软电线自身吊装。
   A. 0.5kg　　　B. 1kg　　　C. 1.5kg　　　D. 2kg
7. 花灯吊钩圆钢直径不应小于灯具挂销直径，且不应小于（　　）。
   A. 4mm　　　B. 5mm　　　C. 6mm　　　D. 7mm

四、多项选择题

1. 异形荧光灯主要有（　　）这几种形式。
   A. S形　　　B. U形　　　C. 环形　　　D. 双D形
2. 紧凑型荧光灯的特点是（　　）。
   A. 体积小　　　B. 光效高　　　C. 安装方便　　　D. 造型美观
3. 荧光灯的安装方法有（　　）。
   A. 吸顶式　　　B. 嵌入式　　　C. 吊链式　　　D. 吊管式
4. 下列能够明装的是（　　）。
   A. 跷板式　　　B. 按钮　　　C. 插座　　　D. 电铃

五、问答题

1. 电力系统由哪些部分组成？各有什么作用？
2. 为什么电压质量会影响电能的质量优劣？
3. 电力负荷如何分级？各有什么供电要求？
4. 如何选择变配电所的形式？如何确定变配电所的位置？
5. 土建专业在挖电缆沟时应注意什么问题？如何与电气专业配合？
6. 钢管在现浇混凝土楼板、柱、墙内暗敷设时应如何固定？
7. 室内配管配线时，土建专业应注意什么？
8. 卤钨灯的发光原理是什么？为什么它比白炽灯光效高？
9. 荧光灯的工作原理是什么？它有哪些优点和缺点？
10. 照明供电系统由哪些部分组成？各有什么作用？
11. 《建筑照明设计标准》（GB 50034—2013）对照明配电有哪些规定？
12. 照明配电箱安装的作业条件是什么？安装后如何进行成品保护？在施工中有哪些安全环保措施？
13. 灯具安装的作业条件是什么？安装后如何进行成品保护？
14. 开关、插座、风扇安装的作业条件是什么？安装后如何进行成品保护？在施工中有哪些安全环保措施？
15. 《建筑节能工程施工质量验收标准》（GB 50411—2019）对建筑配电与照明节能有哪些规定？
16. 施工现场低压配电线路和电气设备安装时土建专业应如何配合？

17. 你所在的教学楼属于几类防雷建筑物？主要应采用何种防雷措施？
18. 如何检测接地装置是否良好？若接地电阻值不符合规范要求应如何解决？
19. 如何降低人体触电的危害？
20. 建筑工地应采取哪些措施以降低触电事故？
21. 我国电力系统的额定电压等级主要有哪些？各种电压等级的适用范围是什么？
22. 电能的质量优劣由哪些因素决定？
23. 变配电所的作用是什么？它由哪些单元组成？
24. 变配电所对建筑有哪些要求？
25. 常用的低压配电方式主要有哪几种？适用于什么场所？
26. 简述架空配电线路的组成及各部分的作用。
27. 简述架空配电线路施工程序。
28. 电缆的敷设方式有哪些？敷设应注意哪些事项？
29. 什么情况下采用电缆直埋敷设？直埋电缆敷设应符合哪些要求？
30. 什么情况下采用电缆沟敷设？电缆在沟内敷设符合哪些要求？
31. 室内导线常用的敷设方式有哪些？分别适用于什么环境和条件？
32. 室内配线一般技术要求是什么？
33. 简述室内配线工程施工质量检查项目及验收方法。
34. 常用的光学物理量有哪些？
35. 如何衡量照明质量高低？
36. 照明有哪些种类和方式？
37. 如何进行照明灯具的选择？在有蒸汽场所应选择什么灯具？
38. 照明一级负荷有什么特点？如何选择应急电源？
39. 照明配电箱的安装有哪些要求？
40. 灯具的安装有哪些要求？
41. 开关、插座、风扇的安装有哪些要求？
42. 低压配电电源质量有哪些要求？
43. 电气照明节能有哪些要求？
44. 简述施工现场临时用电特点。
45. 如何确定施工现场临时供电方案？
46. 施工现场临时架空线路安装应注意什么问题？
47. 施工现场临时配电箱在安装和使用时有何要求？
48. 施工现场动力及其他电气设备在使用时要注意什么？
49. 建筑物的防雷装置由哪几部分组成？各部分作用是什么？
50. 避雷针、避雷线、避雷带、避雷网和避雷笼适用什么场合？
51. 防雷引下线的敷设要求有哪些？
52. 接地体安装时应注意什么？
53. 建筑施工工地的防雷措施有哪些？
54. 电气危害的种类有哪些？有何特点？
55. 触电对人体的危害因素有哪些？
56. 人体触电方式有哪些？有何特点？
57. 供电系统接地形式有哪些？各适用于什么场合？
58. 简述常用电击防护措施。

单元八
建筑电气施工图识读

学习目标

了解电气施工图的组成和作用；熟悉电气施工图的一般规定、图例、组成及内容；掌握其识读方法。

学习要求

知识要点	能力要求	相关知识
建筑电气施工图的组成及识读	了解建筑电气施工图的一般规定、组成及内容，掌握施工图识读方法，熟悉图例、理解设计意图	建筑电气施工图的一般规定、组成、识读方法及施工要求
智能建筑电气施工图		智能建筑电气施工图的组成、作用、识读方法及施工要求

课题 1 ▶ 建筑电气施工图

一、建筑电气施工图的一般规定

建筑电气施工图纸是电气设计人员依据现行设计规范并结合有关设计资料所表达出的工程语言，这些工程语言由图例符号、元件符号和图表等组成。通过阅读建筑电气施工图可以了解建筑电气工程的构成规模及功能，电气装置的安装技术数据等。

1. 图纸的幅面

图纸的幅面一般分为五类：A0、A1、A2、A3 和 A4，具体尺寸见表 8-1。

表 8-1 基本幅面尺寸　　　　　　　　　　　　　　　　　　　　mm

幅面代号	A0	A1	A2	A3	A4
宽×长（$B \times L$）	841×1189	594×841	420×594	297×420	210×297
留装订边时的边宽（c）	10	10	10	5	5
不留装订边时的边宽（e）	20	20	20	10	10
装订侧边宽（a）	25	25	25	25	25

2. 图线与字体

绘制电气施工图所用的各种线条统称为图线。常用图线见表 8-2。

电气施工图所用的汉字应采用长仿宋体，字母或数字可以用正体或斜体。

3. 图例和文字符号

（1）常用的电气图例符号见表 8-3，常用的文字符号见表 8-4～表 8-7。

表 8-2　图线形式及应用

图线名称	图线形式	图线应用	图线名称	图线形式	图线应用
粗实线	——————	电气线路，一次线路	点画线	— · — · —	控制线
细实线	——————	二次线路，一般线路	双点画线	— ·· — ·· —	辅助围框线
虚线	— — — — —	屏蔽线路，机械线路	波浪线	～～～	断裂处的边界线
折断线	—/\—	被断开部分的分界线			

表 8-3　常用电气图例符号

图例	名称	备注	图例	名称	备注
	双绕组变压器	形式 1 形式 2		电源自动切换箱（屏）	
				隔离开关	
	三绕组变压器	形式 1 形式 2		接触器（在非动作位置触点断开）	
	电流互感器			断路器	
TV TV	电压互感器	形式 1 形式 2		熔断器一般符号	
	屏、台、箱柜一般符号	当需要区分其类型时宜在方框内标注下列字母： LA—照明配电箱；ELB—应急照明配电箱；PB—动力配电箱；EPB—应急动力配电箱；WB—电度表箱；SB—信号箱；TB—电源切换箱；CB—控制箱、操作箱		熔断器式隔离器	
	动力或动力照明配电箱			熔断器式隔离开关	
	照明配电箱（屏）			避雷器	
	事故照明配电箱（屏）		MDF	总配线架（柜）	
FD	楼层配线架		IDF	中间配线架（柜）	

续表

图 例	名 称	备 注	图 例	名 称	备 注
SW	交换机		ODF	光纤配线架(柜)	
⊗	灯的一般符号	当灯具需要区分不同类型时,宜在符号旁标注下列字母:ST—备用照明;SA—安全照明;LL—局部照明灯;W—壁灯;C—吸顶灯;R—筒灯;EN—密闭灯;G—圆球灯;EX—防爆灯;E—应急灯;L—花灯;P—吊灯;BM—浴霸		分线盒的一般符号	
⊢─┤	荧光灯			三联单控开关	
⊢═┤	二管荧光灯		C	三联单控开关(暗装)	EX—防爆;EN—密闭;C—暗装
⊢≡┤	三管荧光灯		n	n联单控开关,n>3	
⊢/n─┤	多管荧光灯,n>3			带指示灯的开关	
	单管格栅灯		SL	单极声光控开关	
	双管格栅灯			双控单极开关	
	三管格栅灯			单极拉线开关	
⊗	投光灯,一般符号			风机盘管三速开关	
⊗→	聚光灯		◎	按钮	
■	自带电源的应急照明灯		⊗	带指示灯的按钮	
	开关,一般符号(单联单控开关)			电源插座、插孔,一般符号(用于不带保护极的电源插座)	当电源插座需要区分不同类型时,宜在符号旁标注下列字母:1P—单相;3P—三相;1C—单相暗敷;3C—三相暗敷;1EX—单相防爆;3EX—三相防爆;1EN—单相密闭;3EN—三相密闭
	双联单控开关		3	多个电源插座(符号表示三个插座)	
V	指示式电压表			带保护极的电源插座	
cosφ	功率因数表			单相二、三极电源插座	
Wh	有功电能表(瓦时计)			带保护极和单极开关的电源插座	

续表

图例	名称	备注	图例	名称	备注
TP　TP	电话插座		(带隔离变压器符号)	带隔离变压器的电源插座	当电源插座需要区分不同类型时，宜在符号旁标注下列字母：1P—单相；3P—三相；1C—单相暗敷；3C—三相暗敷；1EX—单相防爆；3EX—三相防爆；1EN—单相密闭；3EN—三相密闭
TO　TO	数据插座				
TD　TD	信息插座				
nTO　nTO	n孔信息插座				
MUTO	多用户信息插座				
(单极限时开关符号)	单极限时开关		A	指示式电流表	
(调光器符号)	调光器		(匹配终端符号)	匹配终端	
(钥匙开关符号)	钥匙开关		(传声器符号)	传声器一般符号	
(电铃符号)	电铃、电喇叭、电动汽笛		(扬声器符号)	扬声器一般符号	当扬声器箱、音箱、声柱需要区分不同的安装形式时，宜在符号旁标注下列字母，C—吸顶式安装；R—嵌入式安装；W—壁挂式安装
(天线符号)	天线一般符号		S	感烟探测器	
(放大器符号)	放大器、中继器一般符号		(感光火灾探测器符号)	感光火灾探测器	
(两路分配器符号)	分配器，一般符号（表示两路分配器）		(气体火灾探测器符号)	气体火灾探测器（点式）	
(三路分配器符号)	分配器，一般符号（表示三路分配器）		(复合式感光感烟探测器符号)	复合式感光感烟探测器	
(四路分配器符号)	分配器，一般符号（表示四路分配器）		(感温火灾探测器符号)	感温火灾探测器（点型）	
///　3　n	电线、电缆、母线、传输通路、一般符号 三根导线 三根导线 n根导线		Y	手动火灾报警按钮	
(接地装置符号)	接地装置（1）有接地极（2）无接地极		(水流指示器符号)	水流指示器	

249

续表

图 例	名 称	备 注	图 例	名 称	备 注
——TP——	电话线路		★	火灾报警控制器	当火灾报警控制器需要区分不同类型时，符号"★"可采用下列字母表示：C—集中型火灾报警控制器；Z—区域型火灾报警控制器；G—通用火灾报警控制器；S—可燃气体报警控制器
——V——	视频线路		☎	火灾报警电话机（对讲电话机）	
——B——	广播线路		E	应急疏散指示标志灯	
◢	摄像机		→	应急疏散指示标志灯（向右）	
◢	彩色转黑白摄像机		◁	被动红外/微波双技术探测器	
◇EL	电控锁		⬭	投影机	

表 8-4　线路敷设方式文字符号

敷 设 方 式	新符号	旧符号	敷 设 方 式	新符号	旧符号
穿焊接钢管敷设	SC	G	电缆托盘敷设	CT	
穿电线管敷设	MT	DG	金属线槽敷设	MR	GC
穿硬塑料管敷设	PC	VG	塑料线槽敷设	PR	XC
穿阻燃半硬聚氯乙烯管敷设	FPC	ZYG	直埋敷设	DB	
穿塑料波纹电线管敷设	KPC		电缆沟敷设	TC	
穿可绕金属电线保护套管敷设	CP		电缆排管敷设	CE	
穿扣压式薄壁钢管敷设	KBG		钢索敷设	M	
电缆梯架敷设	CL				

表 8-5　线路敷设部位文字符号

敷 设 方 式	新符号	旧符号	敷 设 方 式	新符号	旧符号
沿或跨梁（屋架）敷设	AB	LM	暗敷设在墙内	WC	QA
暗敷设在梁内	BC	LA	沿吊顶或顶板面敷设	CE	PM
沿或跨柱敷设	AC	ZM	暗敷设在顶板内	CC	PA
暗敷设在柱内	CLC	ZA	吊顶内敷设	SCE	
沿墙面敷设	WS	QM	地板或地面下敷设	FC	DA
沿屋面敷设	RS				

表 8-6　标注线路用途文字符号

名　称	常用文字符号			名　称	常用文字符号		
	单字母	双字母	三字母		单字母	双字母	三字母
控制线路	W	WC		电力线路	W	WP	
直流线路		WD		广播线路		WS	
应急照明线路		WE	WEL	电视线路		WV	
电话线路		WF		插座线路		WX	
照明线路		WL					

表 8-7　灯具安装方式文字符号

名　称	新符号	旧符号	名　称	新符号	旧符号
线吊式自在器	SW		顶棚内安装	CR	DR
链吊式	Ch	L	墙壁内安装	WR	BR
管吊式	DS	G	支架上安装	S	J
壁装式	W	B	柱上安装	CL	Z
吸顶式	C	D	座装	HM	ZH
嵌入式	R	R			

（2）线路的文字标注基本格式为 a-b-c(d×e＋f×g)i-j-h。其中，a 表示线缆编号；b 表示型号；c 表示线缆根数；d 表示线缆线芯数；e 表示线芯截面面积，mm^2；f 表示 PE、N 线芯数，当电源线缆 N 和 PE 分开标注时，应先标注 N 后标注 PE，线缆规定的电压值在不会引起混淆时可忽略；g 表示线芯截面面积，mm^2；i 表示线路敷设方式和管径（mm）；j 表示线路敷设部位；h 表示线路敷设安装高度，m。

上述字母无内容时则省略该部分。

【例】　12-BLV(3×70＋1×50)SC70-FC，表示系统中编号为 12 的线路，有三根 $70mm^2$ 和一根 $50mm^2$ 的聚氯乙烯绝缘铝芯导线，穿过直径为 70mm 的焊接钢管沿地板暗敷设在地面内。

（3）用电设备的文字标注格式为 $\dfrac{a}{b}$。其中，a 表示设备编号；b 表示额定功率，kW 或 kV·A。

【例】　$\dfrac{P02C}{40kW}$ 表示设备编号为 P02C，容量 40kW。

（4）动力和照明配电箱的文字标注格式为 a-b-c 或 $a\dfrac{b}{c}$。其中，a 表示设备编号；b 表示设备型号；c 表示设备功率，kW。

【例】　$2\dfrac{PXTR\text{-}4\text{-}3×3/1CM}{52.16}$ 表示 2 号配电箱，型号为 PXTR-4-3×3/1CM，功率为 52.16 kW。

（5）桥架的文字标注格式为 $\dfrac{a×b}{c}$。其中，a 表示桥架的宽度，mm；b 表示桥架的高度，mm；c 表示安装高度，m。

【例】　$\dfrac{800×200}{3.5}$ 表示电缆桥架的宽度是 800mm，高度是 200mm，安装高度为 3.5m。

（6）照明灯具的文字标注格式为 $a\text{-}b\dfrac{c×d×L}{e}f$。其中，a 表示同一个平面内，同种型号灯具的数量；b 表示灯具的型号；c 表示每盏照明灯具中光源的数量；d 表示每个光源的容量，W；e 表示安装高度，当吸顶或嵌入安装时用"-"表示；f 表示安装方式；L 表示光源种类（常省略不标）。

【例】 12-PKY501 $\frac{2\times36}{2.6}$ Ch 表示共有 12 套 PKY501 型双管荧光灯，容量为 2 根 36W 荧光灯管，安装高度 2.6m，采用链吊式安装。

二、建筑电气施工图的组成

常用的建筑电气施工图一般由以下几部分组成。

1. 图纸说明

图纸说明包括图纸目录、设计说明、图例、设备及材料明细表等。图纸目录说明图纸的名称、编号、张数等。设计说明主要阐述工程概况、设计依据、供电方式，以及图纸未能表达清楚的工艺要求、安装方法和有关注意事项的补充说明等。图例主要说明所使用的图形符号和文字代号所代表的意义。设备及材料明细表列出了主要设备和材料的规格、数量、型号、安装方法及其他特殊要求等。

2. 系统图

电气系统图是用单线图表示电气工程的供电方式、电能分配、控制和设备运行状况的图样。从系统图中可以了解系统的回路个数、名称、容量、用途，电气元件的规格、数量、型号和控制方式，导线的数量、型号、敷设方式、穿管管径等。电气系统图包括变配电系统图、动力系统图、照明系统图、弱电系统图等。电气系统图宜按功能布局，位置布局绘制。

3. 平面图

电气平面图是表示各种电气设备、元件、装置和线路平面布置的图。它根据建筑平面图绘制出电气设备、元件等的安装位置、安装方式、型号、规格、数量等，是电气安装的主要依据。常用的电气平面图有变配电所平面图、室外供电线路平面图、照明平面图、动力平面图、防雷平面图、接地平面图、火灾报警平面图、综合布线平面图等。

4. 大样图

大样图又称详图，主要表示电气设备某一具体部位的具体安装方法，例如舞台聚光灯的安装大样图、灯头盒的安装大样图等。大样图一般采用标准通用图集。非标准的或有特殊要求的电气设备或元件安装，需要设计者专门绘制大样图。

三、电气施工图的识读方法

识读电气施工图，应先熟悉该建筑物的功能、结构特点等，特别是与电气设备安装有紧密联系的建筑部分。在识读电气施工图时，一般按照以下程序阅读，能够实现快速读懂图纸的意图。

1. 阅读图纸说明

首先阅读图纸目录和标题栏，了解项目内容、工程名称、图纸内容及数量等。其次看设计说明，了解工程概况、要求、采用的标准规范、标准图册和供电要求、电压等级等，了解图样中未能清楚表明的工艺特点、安装方法、供电电源的来源、施工注意事项等，掌握土建、暖通等专业对电气系统的要求或相互配合的说明，如基准线、抹灰厚度、电气竖井、管道交叉等。看图例说明，主要是熟悉图纸中补充使用的非标图符。最后阅读设备及材料明细表，了解主要设备和材料的规格、数量、型号、安装方法及其他特殊要求等，将其作为编制采购计划的依据。

2. 阅读系统图

阅读系统图应注意了解系统的基本概况，了解各系统的联络关系和联络方式，掌握进线回路的个数、编号、进线方式、容量、相序分配,导线回路的规格、型号、数量,各种电气设备的型号、规格、编号和数量,核对平面图回路标号与系统图是否一致。

3. 阅读平面图

通过阅读平面图,可以了解线路的敷设方式,设备的安装位置,导线的数量、规格、型号等。平面图一般与系统图结合,用以编制工程预算和施工方案。

4. 阅读大样图

通过阅读大样图,能够详细了解设备或元件的正确安装方法,对于指导安装施工和编制工程材料计划具有重要指导作用。

电气施工图往往需要反复阅读才能掌握图纸所表达的意图。一般可以先略读一遍,了解工程的总体情况,然后再精读,仔细阅读每台设备和元件的安装位置和安装要求,所有管线的敷设要求,与土建、暖通等专业的协作关系等。对图纸中的关键部位和重要设备还应反复阅读,力求精确无误。阅读施工图时,还应结合相关的规范、标准以及全国通用电气装置标准图集,以详细指导安装施工。

课题 2 ▶ 建筑电气施工图识读实训

一、动力施工图的识读

1. 动力系统图识读

图 8-1 为某锅炉房的配电系统图。系统总安装容量为 290kW,计算电流为 392A,进线

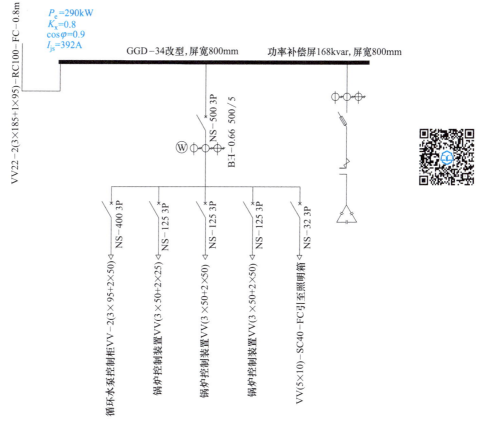

图 8-1 某锅炉房的配电系统图

电缆 VV22-2(3×185+1×95)-RC100-FC-0.8m 为两根 VV22-(3×185+1×95) 电力电缆，分别穿管 RC100 埋地敷设。3 台锅炉的控制柜各为一个回路，电缆为 VV(3×50+2×25)，循环泵的控制柜为一个回路，电缆为 VV-2(3×95+2×50)，接照明控制箱回路的电缆为 VV(5×10)。为补偿系统功率因数，设有功率因数补偿屏，补偿容量 168kvar，屏宽 800mm，补偿后功率因数大于 0.9。

2. 动力平面图识读

图 8-2 为动力平面图。控制室内有 AA1、AA2 两面配电柜及 AC1、AC2、AC3、AC4

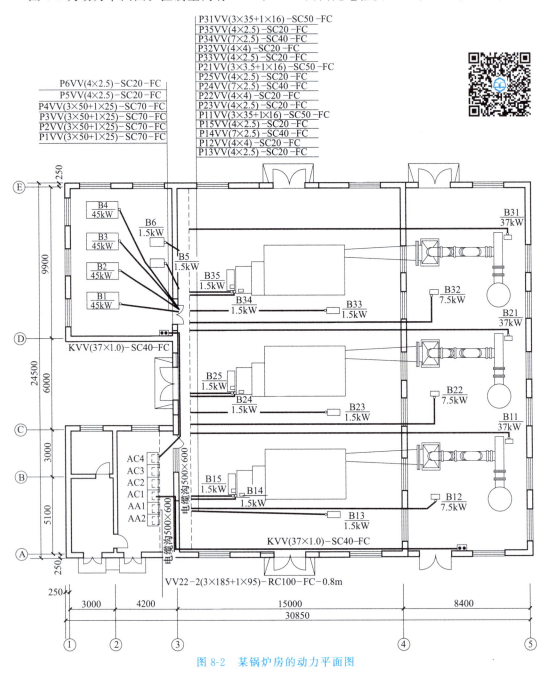

图 8-2 某锅炉房的动力平面图

四面控制柜，各柜采用 GGD 改型，均为落地安装，配电柜后部、下方及锅炉房内部设有电缆沟，电缆沟为 500mm×600mm。锅炉房的进线电缆为埋地敷设，位置在③轴处。控制柜到各设备的电缆先沿电缆沟敷设，然后再穿管引到设备接线盒，配电的管线标注在图样上，各设备的容量及位号均标注在各设备接线盒处。其中 $\dfrac{B1}{45kW}$ 表示设备编号为 B1，设备容量为 45kW。

二、照明施工图的识读

1. 总配电柜系统图

总配电柜系统图如图 8-3 所示。

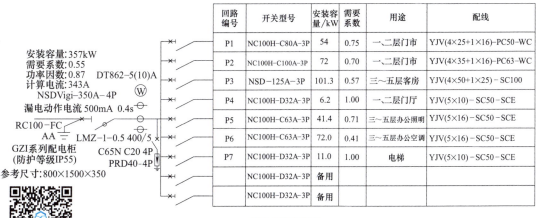

图 8-3　总配电柜系统图

该建筑物为三相四线电缆进户，配电柜 AA 采用 GZI 系列配电柜，其防护等级为 IP55。主开关带有漏电保护，漏电动作电流为 500mA。柜内设有电涌保护器，型号为 PRD40-4P。保护开关型号为 C65N C20 4P，主开关后设有电流互感器及电度表，型号分别为 LMZ-1-0.5 400/5 及 DT862-5(10)A。配电柜配出九路电源，门市为二路，P1 回路干线为 YJV(4×25+1×16)-PC50-WC，保护开关 NC100H-C80A-3P；P2 回路干线为 YJV(4×35+1×16)-PC63-WC，保护开关为 NC100H-C100A-3P；P3、P4、P5、P6、P7 回路与 P1、P2 相似。

2. 配电干线系统图

图 8-4 是配电干线系统图。一、二层门厅部分采用一路树干式配电，其中 P1 回路采用树干式连接了 6 套门市，P2 回路采用树干式连接了 8 套门市，干线敷设在墙内。图中的 P3 回路标注有"参 04D701-1-34"，表示此处选用了国家标准图集，04D701-1 为电气竖井设备安装图集，"-34"为图集所在的页码，经查图集为穿刺分支电力电缆安装。客房部分三～五层采用一路树干式配电，保护开关 NSD-125A-3P，管线为 YJV(4×50+1×25)-SC100；办公部分三～五层照明及空调插座采用一路树干式配电，保护开关为 NC100H-C63A-3P，管线为 YJV(5×16)-SC50-SCE；本工程的电梯在配电室引出专用回路供电，配电管线为 YJV(5×10)-SC50-SCE。

3. 照明平面图

某办公楼三层照明平面图，如图 8-5 所示，图中有一个照明配电箱 AL3，由配电箱 AL3 引出 WL1～WL13 共 13 路配电线和 1 路应急照明回路。

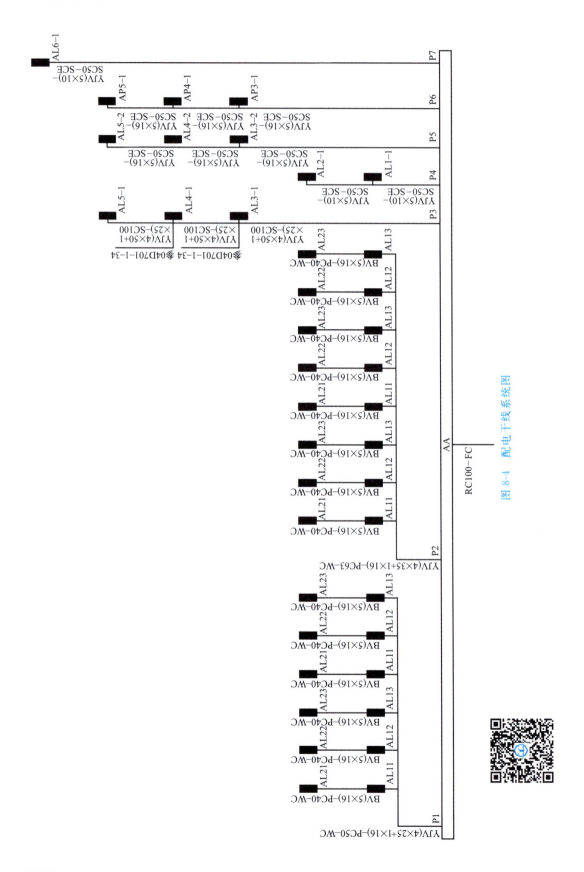

图 8-4 配电干线系统图

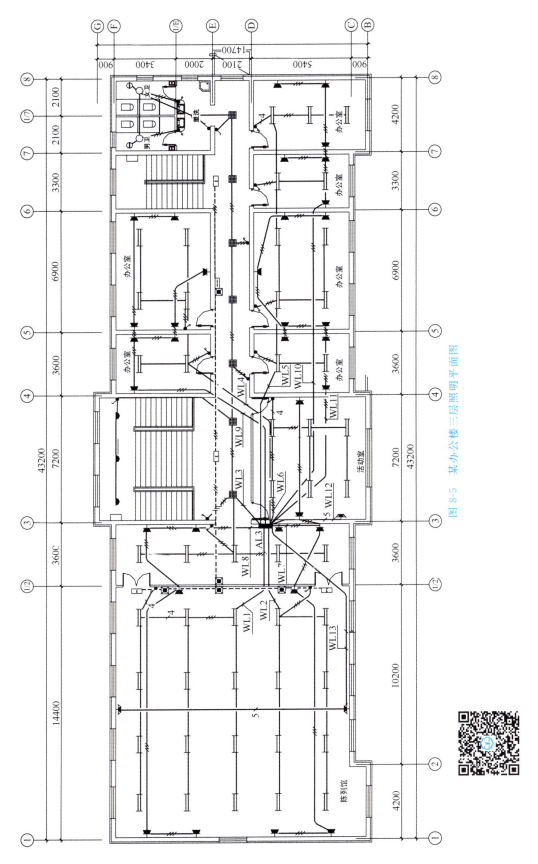

图 8-5 某办公楼三层照明平面图

WL1 照明支路，共有双管荧光灯 12 盏，呈矩形分布，均在陈列馆中。分别位于①轴线的右侧，⑫轴线的左侧，Ⓓ轴线的上侧，Ⓕ轴线的下侧。灯具由一个暗装三极开关控制，它的控制开关位于⑫轴线和Ⓕ轴线交点下方。

　　WL2 照明支路，共有双管荧光灯 8 盏，呈矩形分布，也在陈列馆中。分别位于①轴线的右侧，⑫轴线的左侧，Ⓒ轴线的上侧，Ⓓ轴线的下侧。灯具由一个暗装双极开关控制，它的控制开关位于⑫轴线和Ⓒ轴线交点上方。

　　WL3 照明支路，共有双管荧光灯 5 盏，带遮光罩双管荧光灯 7 盏，天棚灯 3 盏，筒灯 3 盏，轴流风扇 2 个。双管荧光灯位于⑫轴线的右侧，③轴线的左侧，Ⓒ轴线的上侧，Ⓕ轴线的下侧，灯具由一个暗装双极开关控制，其位于③轴线和Ⓔ轴线的交点处。带遮光罩双管荧光灯位于③轴线和⑰轴线之间、Ⓔ轴线和Ⓓ轴线之间，灯具由 3 个暗装双极开关和 1 个暗装单极开关控制，3 个暗装双极开关分别位于③轴线与Ⓔ轴线交点的上方、④轴线与Ⓓ轴线交点的右侧、⑥轴线与Ⓓ轴线交点的左侧，暗装单极开关位于⑦轴线与Ⓔ轴线交点的右侧。天棚灯位于③、④轴线与Ⓕ轴线之间，由 1 个暗装单极开关控制，该开关位于④轴线与Ⓕ轴线的交点。筒灯和轴流风扇位于⑦、⑧轴线之间和Ⓔ、Ⓕ轴线之间的盥洗室内，Ⓔ轴线上方的 1 个筒灯由盥洗室门左边的 1 个暗装单极开关控制，男、女卫生间的筒灯和轴流风扇分别由位于洗手池上方的 2 个暗装双极开关控制。

　　WL4 照明支路，共有双管荧光灯 6 盏。分别位于④、⑥轴线和Ⓔ、Ⓕ轴线之间的两间办公室内。灯具由 2 个暗装双极开关分别控制。

　　WL5 照明支路，共有双管荧光灯 10 盏。分别位于④、⑧轴线和Ⓑ、Ⓓ轴线之间的四间办公室内。灯具由 4 个暗装双极开关分别控制。

　　WL6 照明支路，共有双管荧光灯 6 盏。分别位于③、④轴线和Ⓑ、Ⓓ轴线之间的活动室内。灯具由 1 个暗装三极开关控制。

　　WL7 插座支路，共有单相二孔、三孔带保护接点暗装插座 7 个。位于③、④轴线和Ⓑ、Ⓓ轴线之间的活动室内有 2 个插座，③轴线和Ⓒ、Ⓓ轴线的墙内安装 2 个插座，位于①、⑫轴线之间和Ⓑ、Ⓓ轴线之间的陈列馆内安装有 3 个插座。

　　WL8 插座支路，共有单相二孔、三孔带保护接点暗装插座 5 个。位于③轴线和Ⓔ、Ⓕ轴线之间的墙内安装有 2 个插座，位于①、⑫轴线和Ⓔ、Ⓕ轴线之间的陈列馆内安装有 3 个插座。

　　WL9 插座支路，共有单相二孔、三孔带保护接点暗装插座 8 个。分别位于④、⑥轴线和Ⓔ、Ⓕ轴线之间的两间办公室内。

　　WL10 插座支路，共有单相二孔、三孔带保护接点暗装插座 6 个。分别位于⑥、⑧轴线和Ⓑ、Ⓓ轴线之间的两间办公室内。

　　WL11 插座支路，共有单相二孔、三孔带保护接点暗装插座 8 个。分别位于④、⑥轴线和Ⓑ、Ⓓ轴线之间的两间办公室内。

　　WL12 插座支路，共有单相三孔带保护接点暗装空调插座 1 个。位于③轴线和Ⓒ轴线交点附近。

　　WL13 插座支路，共有单相三孔带保护接点暗装空调插座 2 个。位于②轴线右侧。

　　位于Ⓔ轴线和⑫轴线上共有安全出口标志灯 4 盏，自带电源事故照明灯 5 盏，双向疏散指示灯 1 盏，由应急照明回路供电。

三、火灾自动报警系统施工图的识读

　　火灾自动报警系统施工图是智能建筑电气施工图的重要组成部分，主要包括火灾自动报警系统图和火灾自动报警平面图。下面主要介绍火灾自动报警系统图，如图 8-6 所示。

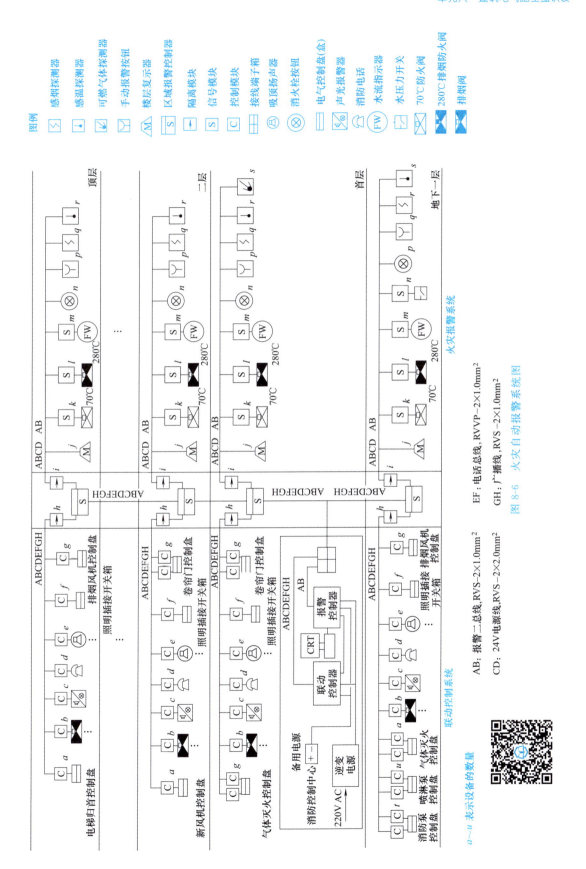

图 8-6 火灾自动报警系统图

火灾自动报警系统图主要反映系统的线制、基本组成、各类设备和元件的相互关系及数量、各类控制线的走向等。由图可知该系统为集中-区域报警系统，消防控制室设在首层，采用总线制配线，按消防分区及规范在各楼层装设感烟、感温探测器及手动报警按钮、声光报警器、各类模块、防火阀、排烟阀、楼层复示器等。每层均设有接线端子箱和总线隔离器，各类信号线和电源线均由隔离器接出。地下室设有消防泵、喷淋泵、排烟风机、气体灭火控制盘等消防联动控制装置。每层均设固定电话连至消防控制中心。控制器采用报警与联动一体化，以实现对建筑物探测区域内的火灾信号采集、传输、报警并联动相关消防设备进行疏散、防排烟、灭火等。控制器可显示各分区、各报警点探测器的状态，彩色CRT可显示建筑物的平面图、立面图，并显示着火部位。

四、电视监控系统施工图的识读

电视监控系统一般由摄像机、监听微型话筒、云台、解码器、监视器、控制器、录像机、控制机柜、传输电缆和控制电缆等组成。监控系统施工图主要由系统图和平面图组成。此处主要介绍电视监控系统图，如图 8-7 所示。

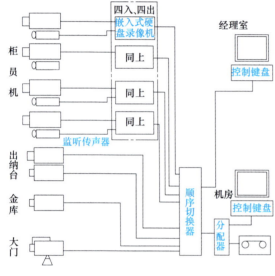

图 8-7 电视监控系统图

电视监控系统主要实现对监控区域实行图像、声音、监视、监听、记录等功能。由图 8-7 可知，该监控系统共采用 8 台摄像机，4 个监听麦克风。其中 4 个柜台各设 1 台摄像机对银行柜台工作人员及工作台面进行监视，并在柜台玻璃上安装监听头，对客户与工作人员的对话进行录音。另外 4 台摄像机分别用于 2 个出纳台各 1 台、金库 1 台、大门出入口 1 台用于对门口人员出入情况和周边环境进行监控。4 台柜台摄像机的音频、视频信号及另 4 台摄像机的视频信号分别送入长时间录像机，再送入顺序切换器。顺序切换器带有时间、日期字符发生功能，顺序切换后接入视频分配器，再分出两路视频信号，一路接控制机房、显示器，另一路接录像机，从切换器再接一路视频信号到经理的副控制器，用以各自选择所需的监视图像。视频信号采用 SYV-75-5 同轴电缆，以视频方式传输，音频信号采用 $3\times 0.5mm^2$ 带屏蔽层、带护套的三芯电缆传输，摄像机电源用 $2\times 0.5mm^2$ 带护套两芯电缆供电，线路穿过 PVC 阻燃管和电缆桥架送到机房。

五、弱电系统平面图示例

1. 住户配电箱接线图

室内电话线采用 RVS-2×0.5，电视线采用 SYWV-75-5，网线采用超五类非屏蔽双绞线，电源线采用 BV-3×2.5，所有弱电分支线路均穿硬质 PVC 管沿墙或楼板暗敷。如图 8-8 所示。

2. 宽带网系统接线图

宽带网线通过 DN50 焊接钢管沿地板暗敷设引入到宽带网前端箱中，通过宽带网前端箱引入各楼层，各楼层的宽带线采用 PVC 管沿墙暗敷设，再由每层的接线箱接入用户。如图 8-9 所示。

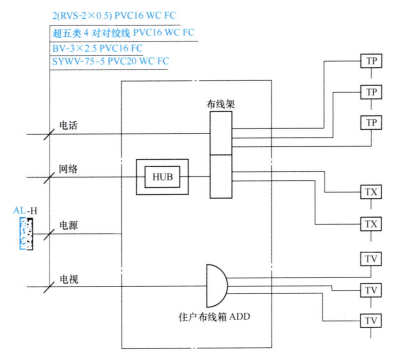

图 8-8 住户配电箱接线图

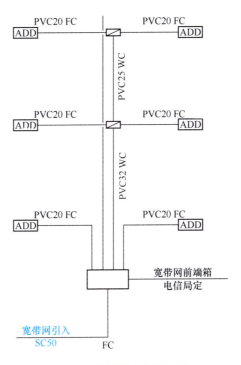

图 8-9 宽带网系统接线图

3. 某工业厂房电话、有线电视平面图（图 8-10）

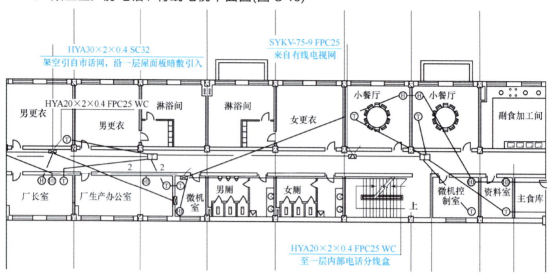

图 8-10　某工业厂房电话、有线电视平面图

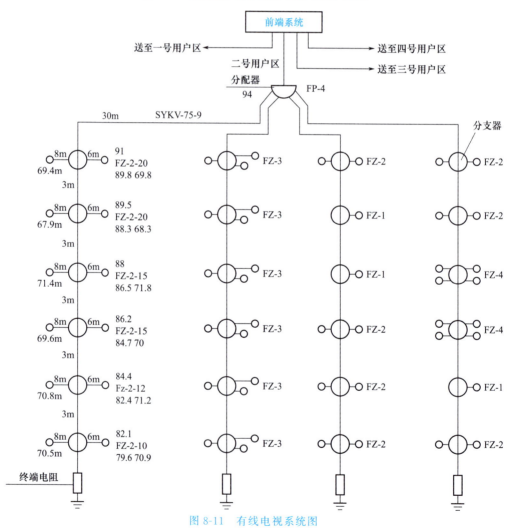

图 8-11　有线电视系统图

图示说明如下。

① ：有线电视终端插座，尺寸 86mm×86mm×60mm，底距地 0.5m。

② ：分支器箱，尺寸 240mm×205mm×100mm，底距地 2500mm。

③ ：放大器箱，尺寸 500mm×600mm×200mm，底距地 1600mm，设在二层。

④ 分支器到终端插座之间连线，采用 ϕ15 阻燃塑料管，无接头。

⑤ 分支器到放大器之间连线，采用 ϕ20 阻燃塑料管，无接头。

⑥ 对于出现管线距离长且有死弯的地方应留有过路盒。

⑦ 放大器电源引自二层照明配电箱 2AL1，采用 ϕ15 阻燃塑料管，BV2×2.5 导线墙内暗敷。

4. 有线电视系统图

电视线干线采用 SYKV-75-9 SC40 WC，支线采用 SYKV-75-5 PVC20 FC，从前端箱系统分四组分别送至一号、二号、三号、四号用户区。其中二号用户区通过四分配器将电视信号传输给四个单元，采用 SYKV-75-9 同轴电缆传输，经分支器把电视信号传输到每层的用户。如图 8-11 所示。

小结

施工图是工程的语言，是施工的依据，是编制施工图预算的基础。建筑电气施工图由图纸说明、系统图、平面图和大样图组成。

识读电气施工图，应先熟悉该建筑物的功能、结构特点等。一般按照阅读图纸说明→阅读系统图→阅读平面图→阅读大样图的程序阅读。

推荐阅读资料

《建筑电气制图标准》（GB/T 50786—2012）.

能力训练题

一、填空题

1. 设计说明主要阐明单项工程的概况、_____、_____以及_____等。
2. 系统图是表明供电分配回路的_____和_____的示意图。
3. 电气工程施工图中一次线路用_____线型表示，屏蔽线路用_____线型表示。
4. SC 表示线路敷设方式为_____，TC 表示_____。
5. 照明平面图中有：$24\dfrac{2\times40}{2.9}$Ch，其中 24 表示_____，2×40 表示_____，2.9 表示_____，Ch 表示_____。
6. 电气工程施工图图纸目录的内容包括：图纸的组成、_____、_____、图号顺序等，绘制图纸目录的目的是_____。

7. 进入二三孔双联暗插座的管内穿线有____根线，进入双联单级扳把开关盒的导线有____根，进入四联单级扳把开关盒的导线有____根。

8. 识别下列图例

序 号	图 例	名 称	序 号	图 例	名 称
1	■		5	⊗	
2	⊠		6	○ EX	
3	▽		7	⫽	
4	⌇		8	◢	

二、问答题

1. 建筑电气施工图由几部分组成？其内容有哪些？
2. 怎样识读电气动力施工图？
3. 怎样识读电气照明施工图？
4. 火灾自动报警系统图的作用是什么？应如何识读？
5. 电视监控系统由哪些部分组成？如何识读电视监控系统施工图？

三、识图题

1. 识读某住宅楼的照明配电系统图，见图 8-12。

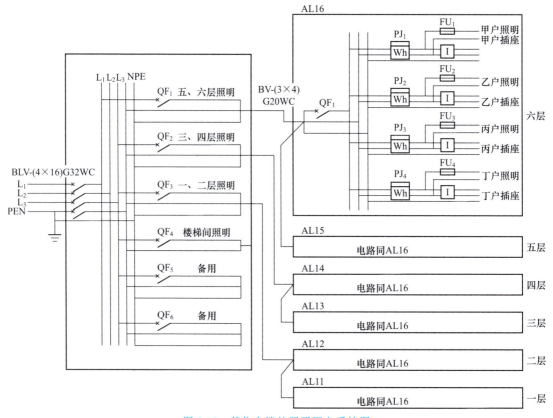

图 8-12　某住宅楼的照明配电系统图

2. 识读火灾自动报警系统图，见图 8-13。

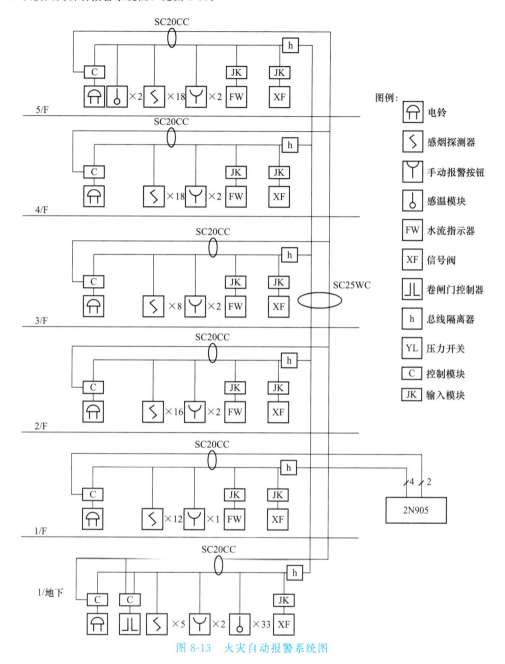

图 8-13　火灾自动报警系统图

参 考 文 献

[1] 《建筑给水排水及采暖工程施工质量验收规范》（GB 50242—2002）.
[2] 《建筑节能工程施工质量验收标准》（GB 50411—2019）.
[3] 《通风与空调工程施工质量验收规范》（GB 50243—2016）.
[4] 《供配电系统设计规范》（GB 50052—2009）.
[5] 《民用建筑电气设计规范》（JGJ 16—2008）.
[6] 《建筑电气工程施工质量验收规范》（GB 50303—2015）.
[7] 《智能建筑工程质量验收规范》（GB 50339—2013）.
[8] 《建筑节能工程施工质量验收标准》（GB 50411—2019）.
[9] 《民用建筑节水设计标准》（GB 50555—2010）.
[10] 《发热电缆地面辐射供暖技术规程》（XJJ 053—2012）.
[11] 《建筑给水排水制图标准》（GB/T 50106—2010）.
[12] 《暖通空调制图标准》（GB/T 50114—2010）.
[13] 《供热工程制图标准》（CJJ/T 78—2010）.
[14] 《民用建筑太阳能空调工程技术规范》（GB 50787—2012）.
[15] 《建筑电气制图标准》（GB/T 50786—2012）.
[16] 《建筑给水排水设计标准》（GB 50015—2019）.
[17] 《民用建筑节水设计标准》（GB 50555—2010）.
[18] 《城镇给水排水技术规范》（GB 50788—2012）.
[19] 《低压配电设计规范》（GB 50054—2011）.
[20] 《住宅建筑电气设计规范》（JGJ 242—2011）.
[21] 《智能建筑工程施工规范》（GB 50606—2010）.
[22] 《火灾自动报警系统设计规范》（GB 50116—2013）.
[23] 《采暖通风与空气调节设计新规范》（GB 50019—2015）.
[24] 汤万龙. 建筑给水排水系统安装. 第2版. 北京：机械工业出版社，2015.
[25] 汤万龙，刘玲. 建筑设备安装识图与施工工艺. 第3版. 北京：中国建筑工业出版社，2019.
[26] 张立新. 建筑电气工程施工工艺标准与检验批填写范例. 北京：中国电力出版社，2008.
[27] 刘金生. 建筑设备工程（工程监理专业）. 北京：中国建筑工业出版社. 2006.
[28] 黄民德，郭福雁. 建筑供配电与照明：下册 照明与电气安全. 北京：人民交通出版社，2008.
[29] 魏珊珊，王林生，刘玲，夏清东. 典型工程施工图图集. 北京：中国建筑工业出版社，2009.